Klaus Gunkel

Vertriebserfolg mit Leidenschaft und Führungskraft

Gebrauchsanweisung für ambitionierte Profis und Praktiker, die schon alles wissen

gunkel consulting
wir alle können mehr

Impressum

Bibliografische Information der Deutschen Bibliothek

Die Deutsche Bibliothek verzeichnet diese Publikation in der Deutschen Nationalbibliografie; detaillierte bibliografische Daten sind im Internet über http://dnb.d-nb.de abrufbar.

ISBN 978-3-937948-03-4

Lektorat: Dr. Sonja Ulrike Klug
Covergestaltung: Martin Zech
Satz und Layout: Andrea Trometer
Druck und Bindung: Aalexx Druck GmbH
Verlag: Minerva Verlag, www.minerva.de

Vertrieb und Auslieferung

Minerva KG
Bunsenstraße 6
D-64293 Darmstadt
Tel.: 0 61 51 / 9 88-0
Fax: 0 61 51 / 9 88-39
minerva@minerva.de
www.minerva.de

seminarRat GmbH
Rosenweg 2
D-64625 Bensheim
Tel.: 0 62 51 / 5 80-5 55
Fax: 0 62 51 / 5 80-5 00
info@seminarrat.de
www.seminarrat.de

Widmung

Ich danke Susanne, Fee, Paul und Tim für ihr Verständnis und die aktive Unterstützung meiner Leidenschaft, dass ich die für sie bestimmte Zeit an Wochenenden und in Urlauben damit verbracht habe, dieses Buch zu schreiben.

Sie wissen, wie wichtig mir meine Leidenschaft für meine Berufung ist und dass ich daraus meine Kraft und Freude schöpfe, die ihnen wieder zugute kommt.

„Leider lässt sich eine wahrhafte Dankbarkeit
mit Worten nicht ausdrücken"
(Johann Wolfgang von Goethe, 1749-1832, deutscher Dichter)

Inhalt

Teil 2 – Praxis: Bausteine zum systematischen Gruppenaufbau

Einführung

Liebe Leserin, lieber Leser,

das Buch, das Sie in Händen halten, ist die Quintessenz aus über 25 Jahren Vertriebserfahrung, die ich als Autor in meiner Praxis und meiner Arbeit als FührungsPartner gewonnen habe. Wenn Sie von den Erkenntnissen profitieren und diese in Ihrer Vertriebspraxis anwenden, ersparen Sie sich Umwege nach der Versuch-Irrtum-Methode. Sie können gleich durchstarten – mit der Expansion Ihres Teams – und dabei die üblichen Fehler vermeiden, die ich erst mühsam erkennen und wieder korrigieren musste, bis sich bei mir der Erfolg einstellte.

Die Erkenntnisse während meines Tagesgeschäftes als Berater zusammenzutragen und schriftlich festzuhalten, erforderte die mehrfache Wiederaufnahme und Optimierung der Inhalte seit dem Jahr 1999. Ich bedanke mich daher für die Geduld meiner Anhänger und Seminarteilnehmer, die schon seit langem auf die Veröffentlichung dieses Werkes gewartet haben.

Gleich zu Beginn sei erwähnt, dass zugunsten der flüssigen Lesbarkeit des Buches auf die getrennte Ansprache weiblicher und männlicher Leser verzichtet wurde. Auch wenn im Buch überwiegend die männliche Form verwandt wird, sind selbstverständlich die Damen gleichermaßen berücksichtigt und angesprochen wie die Herren.

Über den strukturierten Vertrieb

Kein Schneeballsystem

Strukturierter Vertrieb ist für mich die faszinierendste Vertriebsform, die es gibt. Es bestehen meist nur sehr vage Kenntnisse darüber, und manche Vorurteile halten sich hartnäckig. Die Funktionsweisen des strukturierten Vertriebsaufbaus erscheinen suspekt, und leider wird diese Form des Vertriebs fälschlich meist mit dem Begriff des „Schneeballsystems" gleichgesetzt. Fadenscheinig, nebulös und fragwürdig sind Begriffe, mit denen der strukturierte Vertrieb beschrieben wird. Die finanziellen Perspektiven schrecken den Durchschnittsbürger ab und erscheinen ihm unseriös. Dieses Buch kann Ihnen helfen, mit solcherlei Vorurteilen aufzuräumen. Ich gratuliere Ihnen, dass Sie sich nicht abhalten ließen, sich ein eigenes Bild über den strukturierten Vertrieb zu machen. Sie werden einen tiefen Einblick in die Grundlagen und die Funktionsweisen strukturierter Vertriebe gewinnen. Bei der Lektüre werden Sie erkennen, um welch spannendes Thema es sich wirklich handelt.

Als Interessierter werden Sie in diesem Buch genau sehen, wovon der Erfolg in dieser Geschäftsform abhängt und wie Sie Ihr berufliches Glück darin finden. Als Praktiker werden Sie die Gesetzmäßigkeiten, die zum Aufbau Ihres Teams notwendig sind, noch besser verstehen. Sie werden genau erkennen, welche Schritte zu welchem Zeitpunkt sinnvoll sind, weil Sie den Unterschied zwischen wichtigen und dringenden Aufgaben beim Teamaufbau besser nachvollziehen können. Sie werden viel Motivation, wichtige Hilfestellungen und Anregungen sowie viele umsetzbare Hinweise für Ihre praktische Arbeit erhalten. Sie werden wesentliche Details erkennen, die für Ihren bisherigen Erfolg oder Misserfolg verantwortlich waren.

Erfolgreiche Profis

Bereits erfolgreiche Vertriebs-Profis werden bewährte Mechanismen wiedererkennen, und Motivation daraus ziehen, sie wieder mit entsprechender Konsequenz und Beharrlichkeit anzuwenden. Sie werden erleben, welch neuen Spaß Ihnen die Anwendung in der Praxis bringt, weil Sie durch die Umsetzung der vorgeschlagenen Maßnahmen Ihren Erfolg noch besser steuern können.

Manche Leser werden erkennen, dass der Aufbau eines strukturierten Vertriebs nicht zu ihnen passt. In diesem Fall werden sie sich viel Zeit, Mühe und Entbehrungen ersparen, weil sie es einfach sein lassen. Sie werden dieses faszinierende System nicht schlechtreden, weil es für sie persönlich nicht umsetzbar ist.

Aufbau des Buches

Teil 1

Der erste Teil dieses Buches hilft Ihnen, die wichtigsten Voraussetzungen für Ihren Vertriebsaufbau zu erarbeiten. Er ist eine Hilfestellung zur Orientierung für alle, die sich zum Thema Vertriebsaufbau hingezogen fühlen. Einzelverkäufern gibt er eine Entscheidungshilfe, inwieweit eine Vertriebstätigkeit zu ihnen passt. Der erste Teil zeigt auf, wie viel Spaß sich hinter dem Aufbau eines strukturierten Vertriebs verbirgt, welche Aufgaben unerlässlich sind und inwiefern die Arbeit mit Mitarbeitern in diesem Bereich den jeweiligen Neigungen entspricht.

Einerseits erkennt der Vertriebler, aus welchen Gründen sich sein Karriereweg noch nicht mit der erhofften und erwarteten Geschwindigkeit entwickelt hat. Andererseits sehen Top-Leute an der Vertriebsspitze klarer, weshalb sie erfolgreich waren und an welchen Stellen sie Umwege gingen.

Vieles, in diesem Buch, habe ich im Laufe mehrerer Jahre von meinen **Umwege** Führungskräften gelernt und erfolgreich angewandt. Irgendwann habe ich dann, ohne es selbst zu bemerken, die Gesetzmäßigkeiten vernachlässigt, und mit der Zeit wurden meine Ergebnisse schlechter. Das Gesetz von Ursache und Wirkung begann zu greifen. Meine Umwege zum Erfolg haben dabei geholfen, den bekannten Weg zurückzuverfolgen und wieder ins Bewusstsein zu bringen. Möglicherweise ertappen Sie sich dabei, dass Sie ähnliche Umwege wie ich gehen oder gegangen sind, dann können Sie von den Empfehlungen profitieren.

Einige Anregungen sind bekannt. Viele Tipps und Hilfestellungen sind klare Anleitungen – weil die detaillierte Umsetzung noch direkter zum Erfolg führt. Profis des Vertriebsaufbaus werden beim Lesen motiviert. Sie finden hier eine Fülle von Anregungen. Sie werden vieles passgenau für eigene Vorträge, Seminare, Schulungen und Teammeetings einsetzen können.

Erfolgreiche Führungskräfte sind meist diejenigen, die unvoreingenommen alles Know-how genutzt haben, das sie bekommen konnten. Gezielt setzen sie es ein. So können sie sich und ihre Führungskräfte ständig weiter fördern, Informationen aufsaugen wie ein Schwamm – immer bereit zum Wachstum, ständig auf dem Weg, noch besser zu werden. Sie sind klug genug, Informationen so zu filtern und einzusetzen, dass es ihnen hilft, ihre Ziele leichter zu erreichen. Vor diesem Hintergrund sollten Sie den ersten Teil des Buches aufnehmen.

Nachdem Sie die allgemeinen Grundlagen gelesen haben, stellt sich die **Teil 2** Frage: Was genau ist jetzt zu tun? Wie gelingt es dem Einzelverkäufer, zum Vertriebsprofi aufzusteigen, und welche ersten Schritte sind erforderlich? Worauf müssen Sie achten, damit Ihr Gruppenaufbau funktioniert? Wie gewinnen Sie immer mehr Menschen für Ihr Team? Was ist zu tun, um diese Menschen schnell zum Erfolg zu führen, und vor allem: Wie stellen Sie sicher, dass die einmal gewonnenen Partner Ihnen und Ihrem Geschäft über Jahre hinweg die Treue halten? Diese und weit mehr Fragen werden im zweiten Teil, dem Praxisteil, ausführlich beantwortet. Sie lernen die fünf Bausteine des systematischen Teamaufbaus kennen. Zusätzlich erhalten Sie eine Menge Skripts und Gesprächsleitfäden für bestimmte Situationen und viele weitere sofort umsetzbare und leicht anwendbare Tools für Ihre tägliche Praxis.

Beim Verfassen des Buches habe ich mir die gleiche Frage gestellt wie vor jedem Seminar als FührungsPartner: Was genau wird der Zuhörer bzw. Leser nach dem Hören oder Lesen tatsächlich verändern? Was wird er umsetzen, was wird er anwenden, um damit optimale Ergebnisse zu erzielen? Das allein ist es, was zählt! Egal, ob Sie ein Seminar besuchen, ein Buch lesen oder sich in anderer Weise mit neuen Informationen versorgen, zu einer der beiden Menschengruppen werden Sie zählen:

- Die eine Gruppe wird klüger. Sie verändert aber nichts. Diese Gruppe hat lediglich Wissensballast mit an Bord genommen, den sie nutzlos mit sich herumträgt.
- Die zweite Gruppe besteht aus Tatmenschen, weil sie das Erlernte anwendet.

Für die zweite Gruppe schlägt mein Herz! Nur für sie habe ich dieses Buch geschrieben.

Das Gelesene anwenden

Die Menschen dieses Schlags fragen sich beim Lesen jeder Zeile: Was bedeutet das Gelesene genau für meine Situation? Was kann und will ich verändern? Was habe ich bisher gut gemacht? Und wodurch kann ich mich und damit meine Ergebnisse verbessern? Was genau werde ich ab sofort anders machen? Welche To-Dos bringen mich meinen Zielen messbar näher? Mit welchen Veränderungen kann ich mich anfreunden? Was werde ich nicht tun, weil es nicht meinem Naturell entspricht – oder vielleicht: Was hält mich davon ab, über meinen Schatten zu springen und die Dinge zu tun, die ich schon lange vor mir herschiebe und bisher nicht getan habe? Die wichtigste Frage jedoch wird sein: Was konkret werde ich verändern, nachdem ich dieses Buch zugeklappt und weggelegt habe? Genau das ist der Punkt:

> **Warten Sie nicht mit Ihrem Tatendrang, bis Sie das Buch zu Ende gelesen haben. Denn dann kann er verflogen sein. Das Buch ist keine Unterhaltungslektüre oder eine Informationssammlung für Theoretiker, sondern eine Unterstützung für Ihre tägliche praktische Umsetzung des hier Gelesenen, und zwar im _wirklichen_ Leben.**

Vom Papier zur Klarheit – vom Buchstaben zur Erkenntnis – von der Erkenntnis zur Tat. Dem ein oder anderen Leser möchte ich den überflüssigen Respekt vor diesem Buch nehmen. Wenn Sie den größten Nutzen für Ihre Arbeit aus dem Buch ziehen möchten, dann behalten Sie es in den nächsten Tagen, Wochen und Monaten bei sich. Fragen Sie sich bei allen gelesenen Inhalten: Inwieweit trifft das Beschriebene auf mich oder mein Team zu? Was kann ich konkret mit den Inhalten anfangen, um sie in meiner eigenen Vertriebspraxis am effektivsten einzusetzen? Tun Sie es sofort. Tun Sie es gleich. Legen Sie keine unnötigen Bedenkpausen ein. Machen Sie sich gleich entsprechende Notizen für die direkte Umsetzung in Ihrem Organizer, in Ihrem Timer oder in Ihrem Zeitplanbuch, mit dem Sie täglich arbeiten. Nicht was Sie gelesen, sondern nur was Sie auch wirklich verändert und umgesetzt haben, wird Ihnen einen Vorteil bringen. Willkommen im Tun!

Notizen machen

Im Grunde ist dieses Buch lediglich ein gebundener Berg Papier, mit dem Sie tun und lassen können, was Ihnen beliebt. Machen Sie sich deshalb Notizen. Schreiben Sie mit Ihrem Stift während des Lesens Ihre Bemerkungen neben oder zwischen die gerade gelesenen Zeilen, an den Rand oder auf leere Seiten. Seien Sie mutig, dieses Buch zu „verschandeln", und lassen Sie dabei kein schlechtes Gewissen zu. Es gehört Ihnen und erhöht seinen Wert immer genau in der Weise, in der Sie aktiv damit arbeiten. Aus diesem Grund sind auch einige Seiten am Buchende für Ihre Notizen, Zusammenfassungen und neue Handlungsvarianten bzw. To-Do-Listen leer geblieben. Lesen Sie das Buch mehrmals und notieren Sie, wenn Sie wollen, Ihr Lesedatum am Rand. Dann gewinnen Sie einen Überblick darüber, inwieweit es Ihnen tatsächlich gelungen ist, Ihr Handeln immer weiter zu verändern.

> **„Das Denken für sich allein bewegt nichts, sondern nur das auf einen Zweck gerichtete und praktische Denken"**
>
> (Aristoteles, 384 – 322 v. Chr., griechischer Philosoph).

Bleiben Sie flexibel, bleiben Sie bereit, bleiben Sie immer offen, die hier vorgeschlagenen Vorgehensweisen zu prüfen und sie selbst, direkt und unmittelbar umzusetzen. Nur solche Dinge, die Sie nach der Lektüre verändern, werden zu einer Veränderung Ihrer Ergebnisse, einer Vergrößerung Ihres Teams, zu einer Steigerung Ihres Einkommens – und somit zu einem besseren Leben für Sie – führen. Das war doch auch der Grund, warum Sie sich dieses Buch gekauft haben. Noch wichtiger: Sie investierten Ihre Zeit. Stimmt's?

72-Stunden-Regel

Sicher haben Sie schon von der 72-Stunden-Regel gehört oder gelesen. Diese besagt: Was Sie nicht innerhalb von 72 Stunden beginnen, werden Sie mit hoher Wahrscheinlichkeit auch nicht zu einem späteren Zeitpunkt erledigen.

Wenn Sie nicht ernsthaft vorhaben, ins Tun zu kommen und damit Ihr Leben und dadurch auch Ihre zukünftigen Ergebnisse zu verändern, sollten Sie das Buch lieber gleich wieder zur Seite legen oder an jemanden weiterverschenken, der damit aktiv arbeiten will.

Bleiben Sie in diesem Fall in Ihrem Trott, in dem Bewusstsein, dass er Sie dahin gebracht hat, wo Sie heute stehen. Wenn Sie aber ernsthaft vorhaben, Ihre Umstände zu verbessern, und wenn Sie sich entschieden haben, neben Ihrer Arbeit als Einzelkämpfer zu beginnen, sich eine eigene Vertriebsgruppe aufzubauen, so halten Sie den entscheidenden Schlüssel in der Hand. Das Weiterkommen Ihres Teams liegt Ihnen am Herzen? Nun gut: Steigern Sie den Nutzen dieses Buches und denken Sie daran, Ihre wichtigsten Leistungsträger mit einem Exemplar auszustatten. Vielleicht ist ja ein entsprechend positiver Anlass wie ein gutes Monatsergebnis, die erste Beförderung oder auch nur die Zusage einer Zusammenarbeit Grund genug dafür.

Spannende Reise

Treffen Sie eine Vereinbarung mit sich selbst. Sie wollen sich auf das große Abenteuer, auf die spannende Reise einlassen: Ihr Leben zu verändern – bravo! Bleiben Sie dabei, denn das kann für Sie der Schlüssel im Vertriebsaufbau, eine echte Chance für Ihr persönliches Wachstum oder eine stufenweise Unterstützung zu Ihrem eigenen Teamaufbau sein.

Nun liegt es nur noch an Ihnen, was Sie aus diesem Buch machen: Bleibt es für Sie theoretisches Know-how, oder werden Sie Ihre Erkenntnisse als Tatmensch in die Praxis umsetzen?

Halten Sie beim Lesen einen Stift parat. Notieren Sie Ihre Erkenntnisse aus der Lektüre und treffen Sie gleich während des Lesens Ihre Entscheidungen: Was genau werden Sie innerhalb der nächsten 72 Stunden verändern, anwenden und in die Tat umsetzen? Bleiben Sie dran – so werden Sie Ihre Ziele schneller erreichen!

Viel Erfolg dabei wünscht Ihnen

Klaus Gunkel

Was sind Ihre ersten 3 Schritte zur Veränderung?

1. _____

_____

2. _____

_____

3. _____

_____

! Praxistipp

Teil 1

Allgemeine Grundlagen

1. Der strukturierte Vertrieb

Das Bewusstseinszeitalter

Wir leben in einer sehr spannenden Zeit. Sehr vieles verändert sich. Sicher Geglaubtes und jahrzehntelang Bewährtes scheint nicht mehr richtig und wichtig, nicht mehr zeitgemäß zu sein. Es ist eine Zeit, in der man sich erlaubt, grundlegende Werte in Frage zu stellen. Begriffe wie „Sabbatting", „Auszeit", „Sortierung" und „Wertewandel" prägen unser neues Denken und scheinen eine Trendbewegung zu sein, die gerade Menschen beschäftigt, die traditionelle und sichere Positionen in Unternehmen begleiten oder ihrer eigenen Selbstständigkeit nachgehen. Sie erlauben sich zu hinterfragen, mit wem sie ihr Leben verbringen. Enge Bindungen, Lebensgefährten, Familien, Freunde, Bekannte und Kollegen kommen auf den Prüfstand. Doch vor allem den eigenen beruflichen Weg in die Prüfung mit einzubeziehen, scheint gerade in der heutigen Zeit in Mode zu sein. Auch wenn diese Fragen zwangsläufig mit Angst verbunden sind: Möglicherweise könnte man ja zu einem negativen Ergebnis kommen, ohne eine Alternative zu sehen.

> **Ich erlebe in den letzten Jahren immer mehr Menschen, die sich immer ernsthafter und immer häufiger zweifelnde Fragen stellen: Wie soll mein Leben sein? Was passt in mein Leben, was passt nicht oder nicht mehr?**

Was am meisten erstaunt: Die Gruppe der Menschen, die sich diese Gedanken macht und diese Fragen stellt, scheint stetig zu wachsen – auch und gerade wenn sie bereits ihre erste oder zweite Karriere erfolgreich hinter sich hat.

Persönliche Fragen

Ist es der Magnetismus von gleichgerichteten Gedanken oder hat es andere Ursachen? Es bleibt zu beobachten, dass die Zahl der Menschen, die sich mit ihrer eigenen Sinnfrage konfrontiert, noch nie so groß war wie heute. Eines haben viele dieser Menschen gemeinsam: Sie verspüren anfangs eine leichte Ahnung, dann einen immer stärker werdenden Drang, bis hin zum Unbehagen, dass irgendetwas nicht stimmt! Es stimmt nicht mehr, wie sie bis heute lebten. Sie werden mit zunehmender Zeit immer offener, sich mit sich selbst auseinanderzusetzen. Dabei stellen sie die eigenen Grundlagen ihres Lebens in Frage.

> **„Wer Freiheiten aufgibt, um Sicherheiten zu gewinnen, verdient weder Freiheiten noch Sicherheit"**
>
> (Benjamin Franklin, 1706 – 1790, amerikanischer Politiker).

Die eigene Berufung als Möglichkeit und Chance

Der richtige berufliche Platz

Der berufliche Platz scheint eine wichtige Schlüsselfrage zum eigenen Glück zu sein. Kein Wunder, wird doch der Löwenanteil der Lebenszeit im Beruf verbracht. Um so sinnvoller ist es, sich ernsthaft zu fragen, inwieweit man mit seinem jetzigen Beruf am richtigen Platz ist. Kommen Zweifel auf, müssen alle Alarmglocken läuten. Es besteht Grund, sich die Zeit zu nehmen, um sich eingehend Gedanken über seinen eigenen Weg zu machen! Wenn man danach zu dem Ergebnis kommt: „Es ist genau das Richtige, was ich tue", dann gratuliere ich! Diese Erkenntnis ist sowohl Bestätigung als auch Ansporn, an der entsprechenden Stelle sein Bestes zu geben.

Unter Umständen ist es gar nicht erforderlich, den Job zu wechseln, sondern nur seine Einstellung zu seiner derzeitigen Tätigkeit zu verändern. Bei reichlicher und objektiver Prüfung kann man sich eingestehen, dass man vorher nur einem faulen Kompromiss auf den Leim ging.

> **Wir leben in einer turbulenten Zeit, in der es noch nie so vielfältige Möglichkeiten und Chancen gab wie heute. Es ist schon lange nicht mehr zeitgemäß, von der Ausbildung bzw. vom Studium bis zur Rente im gleichen Beruf zu bleiben. Vor allem dann nicht, wenn man nicht wirklich erfüllt und glücklich ist mit dem, was man tut.**

Wenn Erfüllung und Glück verleugnet werden, dann eher mit der Rechtfertigung finanzieller, wirtschaftlicher und existenzieller Verpflichtungen, die man in der Vergangenheit eingegangen ist. Vielleicht betäubt man den Drang der Veränderung mit der Verantwortung gegenüber der eigenen Familie, den Kindern oder dem Lebenspartner, der wirtschaftlich von einem selbst abhängig ist. Es ist daher wichtig, sich zu prüfen und die Frage zu stellen, inwieweit die Berufswahl der Vergangenheit noch der jetzigen Persönlichkeit entspricht.

Ich weiß sehr gut, wovon ich spreche. Ich stand selbst im Alter von 38 Jahren mit einer neu fertiggestellten Villa, mit entsprechend hohen Fixkosten und mit einer fünfköpfigen jungen Familie vor der Frage der beruflichen Veränderung. Glauben Sie mir: Nie zuvor in meinem bisherigen Leben hat mich eine Situation so konfrontiert und mir Angst gemacht. Veränderungen sind selten tragisch, sie entwickeln sich in der Rückschau immer positiv. Was uns zurückhält, sind unsere Ängste, Sorgen und Zweifel. Unsere Gewohnheiten sind „die Haltegriffe der Seele", sagt der Trainerkollege Alfred Stielau-Pallas.

Nicht in der Veränderung liegt die Tragik, sondern in der Ohnmacht, nichts mehr verändern zu können oder zu wollen.

Viel schlimmer wäre es doch, wenn man am Ende seines Berufslebens mit Reue zurückblicken und sich eingestehen müsste, die eigenen Chancen nicht genutzt zu haben, weil man sich den notwendigen Veränderungen nicht gestellt hat.

Wie steht es mit Ihrer eigenen Berufung? Tun Sie das Richtige, das Sie innerlich erfüllt und glücklich macht? Oder wäre eine Veränderung notwendig? Wenn ja in welcher Form?

! Praxistipp

_____

_____

_____

_____

_____

_____

_____

_____

Top-Leute sind heute einfacher zu bekommen

Vielleicht haben Sie sich beim Lesen des letzten Abschnitts gefragt, was das Thema in einem Buch über Teamaufbau zu suchen hat. Ich behaupte: eine ganze Menge, denn wie soll es Ihnen gelingen, Top-Leute für Ihr Unternehmen zu gewinnen, ohne sich selbst jemals die Frage Ihrer eigenen Berufung gestellt zu haben? Ich halte dies für eine wichtige Voraussetzung, wenn es Ihnen gelingen soll, Spitzenleute für Ihre Idee zu gewinnen.

Meine Beobachtungen der letzten Zeit werden von vielen Top-Führungskräften, die ich betreue, immer wieder bestätigt: Je qualifizierter die Menschen, desto eher erlauben sie sich, ihren bisherigen beruflichen Weg in Frage zu stellen. Gerade die Führungskräfte unserer Zeit sind am offensten für Veränderung und Neuorientierung. Hier liegt für professionelle Recruiter die Chance dieser Zeit.

Manager, mittelständische Unternehmer, höhere Angestellte und andere hochqualifizierte Vertriebsleute sind derzeit für neue berufliche Perspektiven offener denn je – häufig obwohl oder weil sie ihre erste Karriere mit Mitte dreißig bis Mitte vierzig schon gemeistert haben. Diese Menschen fragen sich: „Soll das schon alles gewesen sein?"

Im Trend Ob in guten Positionen im Angestelltenverhältnis, in der Geschäftsleitung von Unternehmen oder als Unternehmer – es scheint geradezu im Trend zu liegen, nach neuen Herausforderungen Ausschau zu halten. Damen und Herren, die noch vor einigen Jahren keinen Zweifel daran zuließen, für immer „bei ihrem Leisten" zu bleiben, ändern ihre Meinung heute mehr und mehr.

> **Wenn es Ihnen gelingt, Top-Leute zum richtigen Zeitpunkt auf eine berufliche Ergänzung oder Veränderung anzusprechen, werden Sie heute mit viel mehr Offenheit belohnt als je zuvor. Menschen, die Ihnen noch vor fünf Jahren mit abfälligen Bemerkungen ins Wort gefallen wären, reagieren heute dankbar auf Hinweise für neue berufliche Perspektiven. Genau das sind die Menschen, die von guten Vertrieben angesprochen werden sollten.**

Die Perlensuche nach Top-Leuten ist hier am effektivsten. Zum einen sind hier die besten Leute versteckt, und zum anderen werden diese am seltensten angesprochen. Daher sind sie am stärksten beeindruckt von guten Angeboten auf unkonventionellen Wegen.

Die Offenheit der Menschen für Neues stellt Vertriebschefs bei der Partnergewinnung vor neue und anspruchsvolle Aufgaben. Für sie und alle, die im Unternehmen das Ziel haben, neue Geschäftspartner zu gewinnen, hat sich Grundlegendes geändert: der hohe Qualitätsanspruch! Das Niveau, auf dem rekrutiert werden muss, hat sich beträchtlich erhöht. Die Qualität der Gesprächspartner sowie deren Ansprüche und Bedürfnisse, die sie an ihre neue Tätigkeit stellen, haben sich stark nach oben verschoben. Darauf sollte sich ein expandierender Vertrieb einstellen, damit es ihm gelingen kann, wertvolle Interessenten für sich zu gewinnen.

Unsere Betreuungs-Konzepte und dieses Buch helfen Ihnen, sich direkt darauf einzustellen. Es wird Ihnen gelingen, diese Menschen für Ihr Unternehmen zu gewinnen, denn die Methoden, die vor zehn oder 15 Jahren noch funktioniert haben, sind heute einfach nicht mehr angemessen. Die Frage nach dem Gewusst-wie wird durch die Anwendung von zeitgemäßen Techniken und angemessenen Fähigkeiten beantwortet. Warum und wie genau dies zu erreichen ist, wird in Teil 2 des Buches erläutert. Wem es gelingt, sich dieser neuen Aufgabe zu stellen, wird atemberaubende Erfolge im Teamaufbau erreichen, denn ihm eröffnet sich heute eine Jahrhundertchance, die es zu nutzen gilt.

Sind Ihnen beim Lesen schon die einen oder anderen Persönlichkeiten in den Kopf gekommen? Notieren Sie die Namen gleich jetzt:

Praxistipp

1. _____

2. _____

3. _____

4. _____

5. _____

Sie erhalten an späterer Stelle genügend Hinweise, auf welche Weise Sie diese Menschen für sich gewinnen. Wichtig ist jetzt: Notieren Sie gleich hier fünf oder mehr Namen.

21

Falsches Coaching	Ich selbst habe mich in den ersten drei Jahren weniger um Mitarbeiter als um Kunden gekümmert. Die Termine für meinen Gruppenaufbau waren für mich Termine zweiter Klasse. Bedingt durch falsche Anleitung meiner Führungskräfte stand der Verkauf immer an erster Stelle. Kundentermine sollten meine Wochenplanungen in den ersten Jahren füllen und Einstellungsgespräche, wenn sie überhaupt geführt wurden, sollten, so wurde ich damals gecoacht, nach 22 Uhr oder auf den Vormittag gelegt werden. Wen wundert es, dass mein Gruppenaufbau nach mehr als drei Jahren noch sehr überschaubar im zweistelligen Bereich lag?
Stärke im Eigenverkauf oder im Teamaufbau	Entsprechend gut gelang mir der Eigenverkauf, was mir bei meiner späteren Führung wieder zugute kam. Erst auf überregionalen Führungsschulungen lernte ich Kollegen kennen, die zwar im Verkauf schwächer waren als ich, jedoch die drei- bis fünffache Teamstärke aufweisen konnten. Sie sahen die Arbeit beim Kunden als notwendiges Übel und weniger als Selbstzweck wie ich. Von den Kollegen lernte ich auch, dass der Neuaufbau von Geschäftspartnern keineswegs mit weniger Qualität verbunden sein muss.

Die Geschäftsqualität ist die unbedingte Voraussetzung für einen langfristig erfolgreichen Vertriebsaufbau.

Ich lernte Kollegen kennen, die sich über einen professionellen Vertriebsaufbau von Multiplikatoren finanziell viel besser stellten als ich. Außerdem erkannte ich schnell, dass ich immer wieder von meinen eigenen Verkaufserfolgen abhängig war. Das Einkommen der teamstarken Kollegen wurde auf mehrere Schultern von Verkäufern verteilt, indem sie als Gruppenleiter mit ihrer Differenzprovision zu einem entsprechenden Anteil beteiligt waren. Mir wurde auf diesem Führungsseminar klar, dass der Aufbau eines Teams von selbstständigen Handelsvertretern zu meinem zentralen und erklärten Ziel werden musste, an dem ich ab sofort kontinuierlich zu arbeiten hatte. Nur so würde ich später an jedem zukünftigen Verkaufserfolg meiner angeworbenen Handelsvertreter mit meinem Provisionsanteil beteiligt sein.

Kein Wunder also, dass ich nach diesem Seminar entsprechend motiviert war, weil ich verstanden hatte, dass es darum geht, immer mehr Partner für mein Team zu gewinnen. Meine Kreativität, neue Zugangswege für meine Geschäftspartner-Gewinnung zu entwickeln, kannte bald schon keine Grenzen mehr. So war auch zu erklären, dass es für mich keine Feierabende mehr zu geben schien. Heute weiß ich nur zu gut, dass dies nicht unbedingt so sein muss. Meine eigene Methode, mit

Versuch und Irrtum vorwärts zu kommen, hat dazu geführt, für mich selbst und für Hunderte von Geschäftspartnern schrittweise die wirkungsvollsten Mechanismen herauszufinden und diese über Jahre hinweg so zu verfeinern, dass die erhofften Ergebnisse smart statt hart zu erreichen sind. Heute stellen sie die Grundlage meiner Beratungsarbeit dar. An späterer Stelle im Buch wird erklärt, wie mit überschaubarem Aufwand sehr gute Erfolge erzielt werden können. Die genaue Befolgung und Anwendung der Vorgehensweisen in Teil 2 werden Ihnen helfen, mit einem berechenbaren Aufwand all die Ziele zu erreichen, die Sie sich vornehmen.

> **Es ist möglich, in überschaubarer Zeit und mit angemessenem Aufwand einen beachtlichen Gruppenaufbau zu entwickeln. Es gilt, diesen Teamaufbau langfristig zu betreiben und immer weiter fortzusetzen. Eine Begrenzung des Wachstums gibt es tatsächlich nur in der begrenzten Vorstellungskraft des Leaders selbst.**

Ständiges Rekrutieren

Der große Unterschied des strukturierten Vertriebs zu allen anderen Vertriebsformen ist die Fokussierung auf die ständige Gewinnung von neuen Geschäftspartnern. Wer Erfolg im Teamaufbau haben will, muss professionell und unaufhörlich rekrutieren.

Es macht durchaus Sinn, sich auch als klassischer Unternehmer mehr und mehr mit den Vorzügen dieser Vertriebsart zu befassen. Zahlreiche Vorteile liegen auf der Hand:

- Die selbstständig agierenden Handelsvertreter haben eine höhere Eigenmotivation als Vertriebs-Geschäftspartner im Angestelltenverhältnis.
- Die Honorierung erfolgt ausschließlich über die Verkaufsergebnisse.
- Die Provisionszahlungen erfolgen nach erfolgreicher Verkaufstätigkeit nach dem Abschluss. Es sind keine Vorlagen durch das Unternehmen und den Geschäftspartner erforderlich.
- Es entstehen keinerlei Personalnebenkosten für das Unternehmen.
- Je nach Unternehmensphilosophie werden sogar die Fixkosten für Büroräume eingespart, weil diese von den Handelsvertretern getragen werden.
- Die Gewinnung neuer Geschäftspartner übernehmen die Handelsvertreter, die bereits ins System eingebunden sind, selbst. Damit entfallen Kosten für die Personalsuche.

Wie der strukturierte Vertrieb funktioniert

Die Anfänge in der Finanzdienstleistung

Die Gründerjahre der strukturierten Vertriebe liegen in den Sechzigern. Ein Altmeister der Vermarktung von Kosmetika war Glen Turner, ein Motivationsgenie, dem es gelang, in den Vereinigten Staaten ein gigantisches Firmenimperium aufzubauen. Diese Motivationswelle schwappte in das bis dahin konservative und noch etwas verkrustete Deutschland hinüber. Es entwickelten sich viele deutsche Unternehmen, wie MZE - Mut zum Erfolg, die ein aufwendiges Ausbildungs-Kassetten-Programm vermarkteten. Die IOS mit ihrem Gründer Bernie Kornfeld und ihrer spektakulären Vermarktung von Investmentfonds sorgte international und speziell in Deutschland erst für hohe Begeisterung und nach ihrer Pleite für negative Schlagzeilen. Weltweit wurden viele Anleger aller Gesellschaftsschichten geprellt und verloren kleine und große Vermögen. Doch dies lag nicht am System des strukturierten Vertriebs.

Eine neue Idee mit neuem Bewusstsein war geboren. Die Pioniere dieser turbulenten Zeit finden wir heute in vielen führenden Positionen der erfolgreichsten Finanzdienstleistungsunternehmen Europas. Es gelang ihnen, den dynamischen Geist und die Motivation dieser Vertriebsart kontinuierlich beizubehalten und dabei kultivierte, seriöse und ständig weiterwachsende Unternehmen aufzubauen.

Erklärungsintensive Produkte

Im Hinblick auf den Verkauf eignen sich strukturierte Vertriebe für erklärungsintensive Produkte aus dem Dienstleistungsbereich besonders gut. Der Grund liegt darin, dass diese Produkte nicht standardisiert und genormt sind. Sie sind vielmehr nicht oder nicht leicht vergleichbar, was den Preisvergleich für Laien erschwert (Versicherungen, Fonds und Immobilien). Solche Produkte werden vom Kunden nicht oder selten aktiv nachgefragt. Daher ist die aktive Verkaufsarbeit des Außendienstes erforderlich, weil es seine Aufgabe ist, beim Kunden einen noch unbewussten Bedarf zu wecken und diesen danach mit dem Verkauf zu befriedigen.

Verkäufe werden über Provision vergütet und die Provisionssätze werden auf die verschiedenen Ebenen aufgeteilt (siehe Abb. S. 26). Sie teilen sich die erzielte Marge anhand der Differenzprovisionen, die zwischen den Stufen- bzw. Hierarchieebenen bestehen. Das ist für alle Beteiligten angemessen, weil die Verkaufsarbeit und die damit verbundene Abschlussquote von den übergeordneten Führungskräften unterstützt wird. Diese Führung und Unterstützung muss entsprechend

honoriert werden. So ziehen Neulinge mit der einarbeitenden Führungskraft an einem Strang, weil beide angemessen am Erfolg beteiligt
sind. Außenstehende wundern sich manchmal, wie von der Provision
eines Abschlusses vier, sechs oder mehr Ebenen existieren können.
Dies ist so zu erklären:

> **Strukturierte Vertriebe leben von einer sehr hohen Motivation,
> die einen gruppendynamischen Prozess aller Beteiligten er-
> reicht. Die Verkaufsaktivität ist dadurch höher als bei anderen
> Vertriebsformen, was zu einer entsprechend hohen Anzahl
> von Abschlüssen führt: In hochmotivierten Vertrieben werden
> Stückzahlen verkauft, die Einzelverkäufer nicht für möglich
> halten. So führt die auf die unterschiedlichen Ebenen verteilte
> Provision für alle Beteiligten zu einem im Vergleich sehr guten
> Einkommen.**

Der Enthusiasmus von motivierten Neueinsteigern, die für die Erreichung ihrer ersten Position eine entsprechende Anzahl von Abschlüssen
brauchen, beflügelt sie zu Aktivitäten, die weit über den Ergebnissen
von routinierten Einzelverkäufern liegen. Ist der strukturierte Vertrieb
beispielsweise in sechs Hierarchiestufen gegliedert, wird die gesamte
Provisionsvergütung in sechs unterschiedliche Teile aufgeteilt.

Die prozentuale Aufteilung hängt stark von der Philosophie des Ver-
triebsunternehmens ab. Die Höhe der sogenannten Leitungsvergütung
zwischen den einzelnen Hierarchien hängt davon ab, wie sehr die einzelnen Stufen motiviert werden sollen. Wie der Name schon sagt, honoriert diese Vergütung den Aufwand, der mit der Leitung und Führung
der einzuarbeitenden Verkäufer aufzubringen ist. Die unterschiedlichen
Karrierepläne der Vertriebe sind von ihnen festgelegt.

Vergütung am Anfang

Beim Einstieg sollte der Anfänger in einem solchen System sich dessen
bewusst sein, dass er als Einzelkämpfer zwar beim Einstieg eine höhere
Abschlussprovision erhalten würde, die vergleichsweise geringe Provi-
sionsstaffel aber nur für eine Übergangszeit gilt. Ihm sollte auch klar
sein, dass seine einarbeitende Führungskraft an jedem Abschluss beteiligt ist, ihn aber andererseits auch nach Kräften unterstützt. Bald wird
der Anfänger durch seine eigenen Verkaufsleistungen höhere Positionen
erreicht haben und selbst mit der Einstellung und Einarbeitung eigener
Vertriebspartner in den Genuss kommen, an diesen zu profitieren.

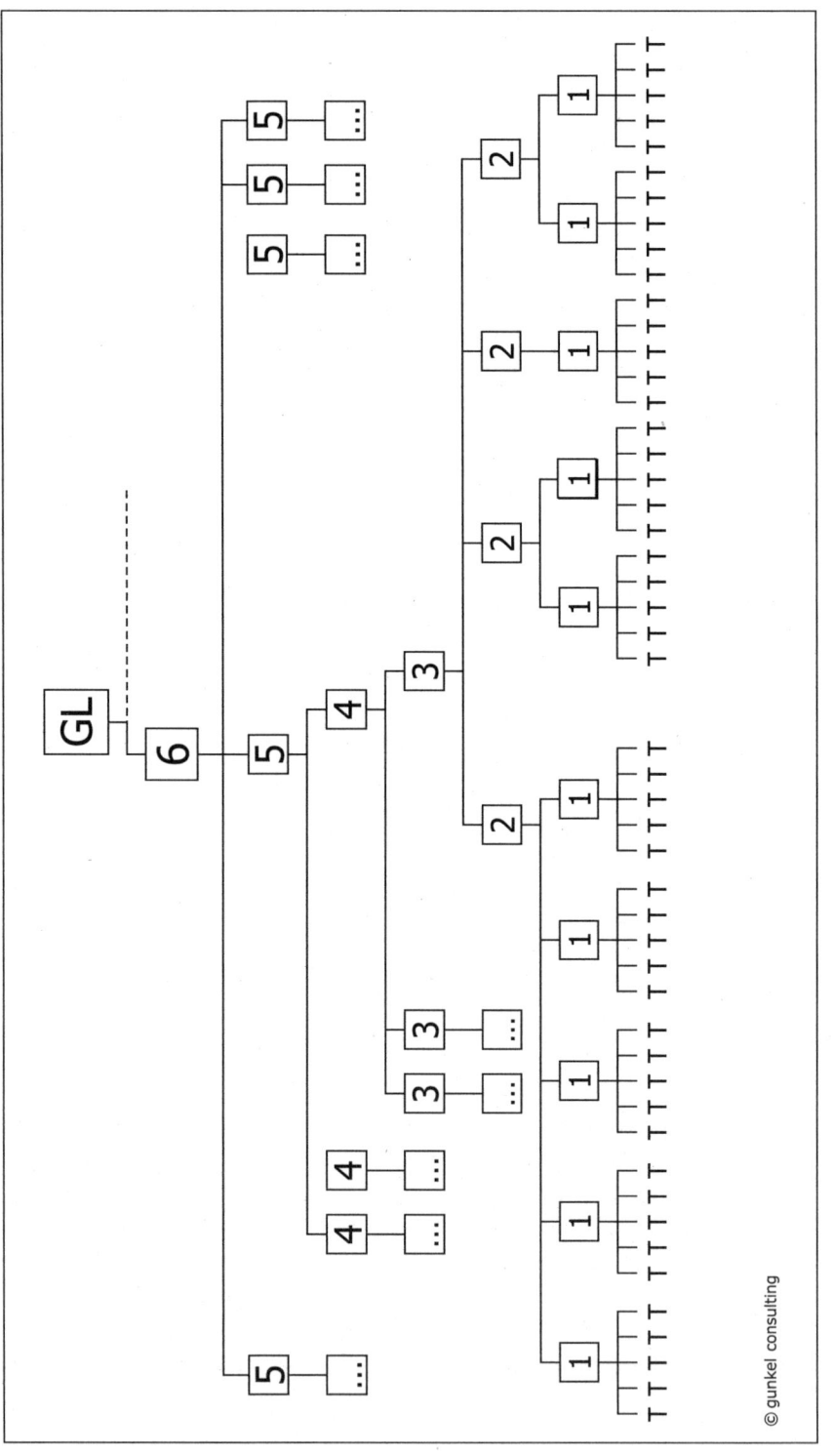

© gunkel consulting

2. Was für Ihren Erfolg wichtig ist!

Der Einstieg in den strukturierten Vertrieb

Verkauf ist erlernbar. Neben Neigung und Talent werden die Verkaufserfolge zu einem höheren Anteil von der Bereitschaft, mit Fleiß und Engagement seine „Hausaufgaben" zu machen, beeinflusst. Der herausragende Erfolg ist aber davon abhängig, mit wie viel Spaß und Herzblut man bei der Sache ist. Über Jahre hinweg hatte ich die Gelegenheit, bei Veranstaltungen, bei denen sich Neueinsteiger über die Einstiegsvoraussetzungen im Vertrieb informierten, diese Damen und Herren zu studieren. Es war für mich sehr interessant, inwieweit eine Gesetzmäßigkeit im Hinblick auf den zukünftigen Erfolg der Interessenten zu erkennen war: Wer wird die Chance tatsächlich ergreifen und letztendlich erfolgreich seinen Weg machen? Immer wieder überraschten mich neue Erkenntnisse. Weder Herkunft, Bildungsstand, Alter noch Familienstand waren entscheidend für den Erfolg im Vertrieb. Selbst aus unscheinbaren, schüchternen Menschen wurden nach und nach erfolgreiche Verkäufer, die nicht selten zur Spitzenklasse emporstiegen. Andererseits gaben diejenigen, die mit großem „Ich-verkaufe-jedem-Eskimo-einen-Kühlschrank"-Getöse aufgetreten waren, nach kurzer Zeit wegen Erfolglosigkeit auf.

Jedem Eskimo ein Kühlschrank?

Ich selbst saß im Dezember 1982 als 21-jähriger Auszubildender in meinem Einstiegsseminar. Mit gelbem Pullunder, Lederkrawatte und geliehenem Sakko sah ich mich verschüchtert bei den anderen Teilnehmern um. Umgeben von Bankern, Unternehmern und – aus meiner Sicht – gestandenen Damen und Herren ging ich jede Wette ein, dass alle anderen größere Karrierechancen hatten als ich selbst. Ich denke, von den damaligen Seminareinsteigern ist heute keiner mehr in der Branche.

Mein Einstiegsseminar

> **Ein wesentlicher Grund für die konträren Ergebnisse zwischen dem traditionellen Berufsleben der Quereinsteiger und der Erfolgsschmiede des strukturierten Vertriebs ist folgender: Das System belohnt die Leistung der erbrachten Ergebnisse ganz direkt. Es vergibt auf Vorbildung, Status, Titel und sonstige Privilegien keinerlei Sonderbonus. Alle Einsteiger unterliegen den gleichen Kriterien und werden daher gleich bewertet, denn der Karriereplan ist vorgegeben und zeigt von Anfang an auf, wann jemand sich bewährt oder scheitert.**

Unterschätzte Fähigkeiten

Geschäftspartner, die neu im Vertrieb starten, unterschätzen meist ihre eigenen Fähigkeiten. In den bisherigen Tätigkeiten wurden die vorhandenen, aber verborgenen Talente oft nicht benötigt, gefördert oder gar weiterentwickelt. Im Idealfall erfolgt die Einarbeitung eines neuen Geschäftspartners im Vertrieb sehr intensiv durch die betreuende Führungskraft, weil diese an jedem gemeinsam erzielten Erfolg direkt durch deren Provisionsanteil mit profitiert. Wenn dann in einem Klima gearbeitet wird, das von Ermunterung, Anerkennung der Leistung und Lob geprägt ist, verlieren Neueinsteiger schnell ihre Scheu. In dieser Situation werden die Ängstlichsten motiviert, zum Telefonhörer zu greifen und ihre ersten Termine zu vereinbaren. Unsicherheiten werden überwunden und somit unerwartet gute Ergebnisse erzielt. Nach einer Weile entdecken die neuen Geschäftspartner Fähigkeiten und Fertigkeiten, die sie vorher nicht vermutet haben. Deshalb ist es wichtig, dass das Betriebsklima stimmt. In einem guten Umfeld können sich Talente entfalten.

Wenn die Führungskräfte durch ihre Anerkennung den neuen Partner zu Leistungen anspornen, so ist dies für manche das erste Mal in ihrem Berufsleben, dass sie in einer konstruktiven Atmosphäre ihre Talente entwickeln können. Praxisnahe Ausbildungskonzepte und ein persönliches Coaching der einarbeitenden Führungskraft, die idealerweise bei den ersten Verkäufen begleitend und unterstützend Verkaufsfehler gar nicht erst zulässt, steigern das Selbstvertrauen in einer Art und Weise, wie es die Einsteiger nie vorher erlebt haben. Werden dann die ersten Incentives oder Wettbewerbe gewonnen, so wachsen sie weit über sich selbst hinaus.

Die ersten Wochen

Es wird deutlich, wie wichtig es ist, in welche Gruppe ein neuer Partner gerät. Wer wirbt den Neueinsteiger an? Stimmt die menschliche Harmonie zwischen Einarbeiter und Neueinsteiger? Wie motiviert ist die einarbeitende Führungskraft zu diesem Zeitpunkt? Die ersten Tage und Wochen sind entscheidend für Aufstieg oder Ausstieg des neuen Partners. Steht die einarbeitende Führungskraft gerade selbst vor einem entsprechenden Umsatz- oder Provisionsziel? Zu diesem Zeitpunkt ist die Bereitschaft sehr hoch, den neuen Partner aktiv bei seinen Verkaufserfolgen zu unterstützen, weil sie jetzt viel stärker auf die Produktionsergebnisse ihrer Geschäftspartner angewiesen ist, denn diese zählen für die Erreichung ihrer nächsten Beförderung mit.

Fällt jedoch der Einstiegstermin des Anfängers auf einen Zeitraum, in dem die anwerbende Führungskraft es gerade lieber etwas langsamer angehen lässt, weil die nächste Beförderung zur Zeit noch nicht erreichbar scheint, kein erstrebenswertes Incentive ausgeschrieben ist oder sie sich schlichtweg etwas ausruhen will, wird es für den Start in die Karriere entsprechend schwerer. Hier können die individuellen Voraussetzungen für den Einstieg in einen Vertrieb sehr unterschiedlich sein. Trotzdem werden die Rahmenbedingungen für einen Berufsstart in der motivierenden, konstruktiven und aufstrebenden Vertriebsatmosphäre für talentierte Quereinsteiger als Chance gesehen, die schlummernden Talente zu Tage zu bringen.

Ich bin sehr glücklich darüber, in meiner aktiven Vertriebszeit und heute als FührungsPartner viele erfreuliche Entwicklungen begleiten zu können. Im Verlauf der Zeit sind Frauen wie Männer weit über sich hinausgewachsen und zu Dingen fähig geworden, die sie bei sich selbst nie für möglich gehalten hätten. Letztendlich kam ich bei meinen Beobachtungen immer wieder zum gleichen Ergebnis: Man sieht es keinem an. Jeder hat es selbst in der Hand.

Über sich hinauswachsen

Einsatzbereitschaft, Willensstärke und ständige Lernbereitschaft sind weit wichtiger als das vermeintliche Verkaufstalent, das viele bei sich selbst nie sahen.

Die Techniken für Verkauf, Kundenansprache und Terminierung können Sie als Neueinsteiger lernen. Über notwendige Produktkenntnisse werden Sie bei entsprechendem Interesse schnell verfügen, um fachlich und sachlich argumentieren zu können. Auch Branchenkenntnisse und Marktüberblick können nicht schaden. Umso leichter fällt dann auch die Argumentation für die Produkte gegenüber den Kunden. Wer dazu noch die Unterscheidungsmerkmale zu den Mitbewerbern kennt, hat eine Top-Ausgangsposition. Was aber zeichnet einen erfolgreichen Verkäufer aus? Das Wichtigste ist ansteckende Begeisterung, die für die Sache mitzubringen ist. Der Kunde merkt sehr schnell, ob der Verkäufer mit echter Begeisterung bei der Sache ist und hinter dem Produkt steht, das er verkaufen will.

Ansteckende Begeisterung

Umso wichtiger ist es für den überzeugenden Verkauf, dass der Berater 100-prozentig vom Nutzen seines Produktes oder Beratung für seinen Kunden überzeugt ist. Er sollte sich in der Verkaufsverhandlung und gerade in der Abschlussphase nicht durch den eigenen Vorteil der Provisionserwartung ablenken lassen, sondern voll und ganz beim Nutzen des Kunden sein.

Ich erinnere mich an ein Betreuungsgespräch mit einem guten Mitarbeiter. Er war verzweifelt, nachdem er mehr als 30 durchgeführte Verkaufsgespräche ohne einen Abschluss hinter sich gebracht hatte. Im Gespräch stellte sich heraus, dass er sich dadurch selbst blockierte, dass er in der Abschlussphase ständig an seine Provision denken musste. Dies blockierte ihn derart stark, dass er die Abschlüsse selbst boykottierte. Die Entwicklung verstärkte sich noch, weil er diese Gespräche fast ausschließlich in seinem Freundeskreis führte. Als es mir gelang, seinen Fokus in der Abschlussphase auf die Vorteile des zukünftigen Kunden zu lenken, kamen die Verkaufserfolge – er war beim Nutzen des Kunden angekommen. Der emotionale Hintergrund hat sein Gefühl, dem Kunden mit dem Verkauf etwas Gutes zu tun, beflügelt. So wurde er in die richtige Richtung motiviert und übertrug dies auch auf seine Kunden. Die Kunden von heute haben ein Gespür, ob ein Verkäufer es wirklich gut mit ihnen meint oder nur „ihr Bestes", nämlich ihr Geld, will!

Begeisterung ist ansteckend! Top-Verkäufer erzählen begeistert vom Verkauf und gewinnen damit andere Menschen für diese Tätigkeit. Rekrutieren – andere für seine eigene Idee und Tätigkeit gewinnen – ist die Königsdisziplin im Vertrieb. Deshalb ist es wichtig, Menschen an der eigenen Begeisterung teilhaben zu lassen und für die Sache zu begeistern. So gewinnt man Menschen, die sich vorher nie für den Verkauf interessiert haben.

Selbsttest

Beantworten Sie die 12 Fragen auf der nächsten Seite spontan und unbefangen danach, wie Sie sich selbst zur Zeit einschätzen.

Zwölf Fragen, die Ihnen helfen, sich selbst zu prüfen	Ja	Nein
1. *Bin ich offen, eher extrovertiert und gerne mit Menschen zusammen?* Tausche ich mich gerne aus? Bin ich kommunikativ und habe Spaß, mit Menschen zu sprechen, mich mit ihnen zu treffen und unter Menschen zu sein?		
2. *Bin ich begeisterungsfähig?* Fällt es mir leicht, mich für eine gute Sache einzusetzen, oder bin ich eher gleichgültig? Merke ich das Kribbeln der Tatenergie, wenn es darum geht, Dinge auszuprobieren, für die ich mich begeistert habe.		
3. *Kann ich andere begeistern?* Merke ich, dass es mir leichtfällt, andere durch meine Begeisterung mitzureißen und anzuspornen? Habe ich bei anderen Gelegenheiten (Schule, Vereine, Parteien, Hobbys) schon bemerkt, wie es mir gelingt, Menschen für eine Idee zu motivieren oder gar zu begeistern?		
4. *Habe ich Durchhaltevermögen?* Bin ich schnell Feuer und Flamme, aber genau so schnell wieder gleichgültig und träge, sobald es anstrengend wird? Kann ich von mir sagen, dass ich gerade dann, wenn es schwierig wurde, hartnäckig geblieben bin? Habe ich Stehvermögen, wenn mich andere von meinem Ziel abbringen wollten, oder war ich bisher ein Fähnchen im Wind?		
5. *Habe ich einen soliden Gesundheitszustand?* Kann ich beruflich und zeitlich eine größere Belastung über einen überschaubaren Zeitraum durchhalten, oder werde ich wegen schwacher Gesundheit größere Ziele nicht erreichen, weil ich mein momentanes Pensum schon kaum bewältige?		

		Ja	Nein

6. *Bin ich ein Visionär?*
Gelingt es mir, an größere Ziele zu glauben? Habe ich Ideen und Pläne, die von anderen als Spinnerei abgetan werden? Bin ich schon heute in der Lage, zwei bis fünf Jahre in positiven Zielen und Chancen vorzudenken?

7. *Bin ich ein Taten-Mensch?*
Verspüre ich einen inneren Drang, meine Ziele in die Tat umzusetzen, oder bin ich ein Tagträumer, der es versäumt, nach dem Denken das Tun zu setzen? Motiviert es mich, die Dinge, die ich von anderen erwarte, selbst zu tun und damit ein Vorbild für meine zukünftigen Gefolgsleute zu sein?

8. *Kann ich mir selbst und anderen Mut machen?*
Gelingt es mir, wenn Zweifel an meinen Zielen aufkommen, diese durch positive Gedanken zu ersetzen und dadurch gestärkt ans Werk zu gehen? Bin ich durch mein Denken und Handeln ein „beweisendes Vorbild" für mein Team? Spüre ich, dass ich durch mein Sagen und vor allem durch mein Tun anderen Menschen Mut mache Dinge zu tun, vor denen sie sich noch ein wenig fürchten?

9. *Bin ich ein Optimist?*
Neige ich zu Zweifel, Pessimismus und Kleindenken, oder gelingt es mir, bei Rückschlägen zu fragen: Was ist daran positiv? Wie kann ich durch diese Situation wachsen und gefördert werden? Sehe ich mich in den Dingen, die ich erlebe, als Opfer oder als Gestalter meines eigenen Schicksals?

10. *Bin ich bereit, an mir zu arbeiten?*
Habe ich bereits erkannt, dass ich die größte Macht besitze, mich zu ändern, anstatt die ganze Welt zu verdammen und darauf zu warten, bis sich alles andere ändert, damit ich mich nicht ändern muss! Habe ich erkannt, dass die echte Chance der Entwicklung in der eigenen Veränderung besteht? Will ich wirklich der oder die bleiben, der oder die ich heute bin? Dann muss ich nur das tun, was ich immer getan habe. Oder habe ich das feste Ziel, mir eine neue Zukunft zu gestalten, und bin ich bereit, in meine neue Zukunft hineinzuwachsen und mich zu verändern?

	Ja	Nein
11. Bin ich lieber zu Hause oder gerne unterwegs? Sie werden bei der Arbeit im Vertrieb die wenigste Zeit am Schreibtisch und in Ihrem Büro verbringen. Sie sollten bereit sein, auf die Menschen zuzugehen und nicht darauf warten, bis man zu Ihnen kommt! Dies wird zumindest für die ersten Jahre des Aufbaus gelten, aber auch immer dann, wenn Sie sich entscheiden, Ihre Gruppe neu oder stärker zu vergrößern. Wer darauf wartet, bis die Menschen auf ihn zukommen, wird lange warten müssen. Multiplikatoren im Vertrieb sind nicht nur kontaktfreudig, sondern kontaktstrebend – sie haben gelernt, den ersten Schritt in Richtung jener Menschen zu gehen, die sie für ihr Geschäft gewinnen wollen! Deshalb die Frage: Macht es Ihnen Spaß, unterwegs zu sein und Menschen zu treffen, oder sind Sie eher ein Einzelgänger?		
12. Sind Sie mutig und können Sie mit Ablehnung umgehen? Wenn Sie im Vertrieb erfolgreich werden wollen, müssen Sie mit Kritik aus Ihrem Umfeld rechnen. Das ist ganz normal. Sobald Sie sich in Ihrem Umfeld nach oben entwickeln, stoßen Sie bei allen anderen, die auf dem bisherigen Level bleiben, auf Neid und Missgunst. Des Weiteren wird man beim nebenberuflichen Einstieg Mut brauchen, sich gegen die Kritik seines engeren Umfeldes durchzusetzen. Mut braucht auch, wer vor der Entscheidung steht, den Teamaufbau zu seinem Hauptberuf zu machen. Er verlässt dann die vermeintliche Sicherheit des Angestellten, um als selbstständiger Unternehmer seinen Lebensunterhalt zu verdienen. Menschen, die Jahre oder Jahrzehnte angestellt waren, stehen vor einer Mutprobe. Doch die meisten, die Schiffe, die einen möglichen Rückzug offen halten, verbrannt haben, sich abgebrochen haben, alle Brücken hinter sich abgebrochen haben, erzielen dann jene herausragenden Ergebnisse, auf die sie lange vorher gewartet haben. Zweifellos ist dieser Schritt für viele eine Mutfrage.		
Summe der Fragen die von Ihnen mit „Ja / bzw. Nein" beantwortet wurden.		

Nun folgt Ihre Aufgabe:

Gehen Sie diese 12 Fragen noch einmal kritisch nacheinander durch. Bewerten Sie sich selbst, indem Sie hinter jeder Frage jeweils das Zutreffende ankreuzen.

Auswertung

1. Treffen auf Sie 10 bis 12 Eigenschaften uneingeschränkt zu, dann sind Sie der geborene Vertriebler.
2. Können Sie bei 7 bis 9 Fragen zustimmen, haben Sie exzellente Chancen, im Vertrieb Ihren Weg zu machen und dabei glücklich und zufrieden zu werden.
3. Können Sie zwischen 5 und 6 Fragen positiv beantworten, starten Sie erst einmal nebenberuflich. So gehen Sie kein existenzielles Risiko ein. Bringen Sie sich jedoch voll ein und beobachten Sie selbst, inwieweit Ihr Urteil über sich selbst nicht etwa zu streng ausgefallen ist. Vielleicht haben Sie sich ja vor Beginn Ihrer Tätigkeit unterschätzt.
4. Konnten Sie nur 4 oder weniger Eigenschaften für sich als zutreffend bestätigen, wird es für Sie ganz sicher kein leichter Weg. Sie werden sehr viel Bereitschaft brauchen, um an sich zu arbeiten. Tatsache ist: Jeder kann es schaffen – auch Sie! Wenn nur Ihr Wille zum Erfolg stark genug ist.

> **„Du bist deine eigene Grenze. Erhebe dich darüber"**
> (Schamsoddin Mohammad Hafes, 1320 – 1389,
> persischer Dichter und Philosoph).

Innere Weiterentwicklung

Stärken erkennen
und an eigenen Schwächen arbeiten

Erfolgreiche Führungskräfte haben sich dem Wachstum verschrieben. Was ist damit gemeint? Es ist ihnen klar, dass die einfachste und effektivste Veränderung durch sie selbst erfolgt. Eine erfolgreiche Karriere im Vertrieb hängt stark davon ab, inwieweit man bereit ist, aktiv an seiner eigenen Persönlichkeit zu arbeiten.

Innerlich zu wachsen bedeutet, die eigenen Verhaltensweisen kritisch zu beurteilen und gegebenenfalls zu ändern. Im ständigen Umgang mit Kunden und Geschäftspartnern werden Schwächen offensichtlich. Nach jeder Konfliktsituation kann man sich selbst die Frage stellen: Inwieweit habe ich einen Anteil an der Situation, die ich jetzt erlebe? Was kann ich tun, damit es in Zukunft nicht wieder zu dieser unangenehmen Situation kommt?

Wer sich selbst hinterfragt, an sich arbeitet und sich damit zum inneren Wachstum verpflichtet, wird langfristig Erfolg haben.

Zur äußeren Weiterentwicklung gehört es, stets neue Geschäftspartner zu rekrutieren. Führungskräfte, die bereit sind, sich selbst von Zeit zu Zeit in Frage zu stellen, haben die größten Chancen zum Wachstum! Teamaufbau bedeutet, andere für sich und seine Ziele zu gewinnen. Es geht darum, andere Menschen anzuziehen und ein „Menschen-Magnet" zu werden. Arbeiten Sie aktiv daran, Menschen anzuziehen, und legen Sie negative Gewohnheiten ab, die andere abstoßen könnten, mit Ihnen zu arbeiten. Dies macht den entscheidenden Unterschied zwischen Durchschnittsmenschen und Spitzenleuten aus. Weil Gleiches Gleiches anzieht, wird derjenige, der am intensivsten an seiner Persönlichkeit arbeitet, in Zukunft die am besten qualifizierten Geschäftspartner für sich gewinnen.

Äußere Weiterentwicklung

Erstellen Sie auf einem A4-Blatt hochkant Ihre Stärkenanalyse. Auf der linken Seite notieren Sie Ihre Stärken. Daneben notieren Sie die von Ihnen erlebten Beispiele, die bestätigen, dass Sie diese Stärke besitzen. Das hilft Ihrem Unterbewusstsein, die Stärke als gegeben anzunehmen.

Praxistipp

Stärken	Beispiele
Abschlussstärke	Kundengespräch mit Dr. Volkhardt: in der Abschlussphase trotz feuchter Angsthände den Abschluss herbeigeführt

Notieren Sie spontan ein bis drei Wesensarten, die eher zu Ihren Schwächen gehören. Notieren Sie jeweils dahinter eine kleine Aufgabe, die Sie in Angriff nehmen konnten, um sich in dem von Ihnen festgelegten Bereich ein Stück zu verbessern. Was wäre der erste kleine Sieg für Sie? Womit würden Sie einen ersten Minischritt machen, um sich zu verbessern?

Schwäche	Aufgabe

Über verschenkte Positionen und gute Gefolgsleute

So wie es den „geborenen Verkäufer" nicht gibt, sondern die Förderung von verborgenen Talenten dazu führt, dass Menschen erfolgreiche Vertriebler werden, so gibt es auch keine „geborene Führungskraft". Die besten Führungskräfte waren zuvor sehr gute Gefolgsleute und haben in den unteren Positionen angefangen.

Manchmal wird in Vertriebsorganisationen versucht, Quereinsteiger als Vorgesetzte einzusetzen. Diese Damen und Herren haben sich nicht emporgearbeitet und entwickelt wie die Kollegen, die unten angefangen haben. Dann wird die außerhalb des strukturierten Vertriebs erworbene Position im klassischen Berufsleben bei der Einstellung von Quereinsteigern zu Grunde gelegt. Es wird so getan, als ob die erzielten Erfolge im Angestelltenverhältnis, als Unternehmer oder als Topverkäufer mit einer bestimmten Position im Vertrieb gleichzusetzen wäre. Eine bessere Einstufung mit höherem Provisionssatz in Verbindung mit der Übergabe einer bestehenden Gruppe und der damit verbundenen Verantwortung für diese Menschen soll die Entscheidung des Einstiegs in den Vertrieb versüßen. Der Karriereweg nach oben soll auf diese Weise abgekürzt werden.

Quereinsteiger

Sehr oft konnte ich beobachten, dass dies zum Scheitern verurteilt war: Die Geschäftspartner, die der neuen Führungskraft unterstellt wurden, spüren, ob die Führungskraft über eigene Erfahrungen und Wissen verfügt, das aus der erlebten Praxis im Vertrieb stammt. Nur eigene Erfahrungen können an unterstellte Geschäftspartner weitergegeben werden und sind eine wirkliche Unterstützung bei deren Zielerreichung. Detailwissen und Umsetzungserfahrung sind erforderlich, damit sie glaubhaft an die Gefolgsleute vermittelt werden können. Der Geschäftspartner muss sich sicher sein, dass die Führungskraft weiß, wovon sie spricht. Wenn sie die gleichen Höhen und Tiefen selbst ebenfalls durchlebt hat, sind echte Erfahrung und Kompetenz vorhanden. Dann wird der Vorgesetzte als echte Führungskraft akzeptiert. Mit gutem Recht, wie ich meine, denn schließlich profitiert die Führungskraft vom Umsatz ihres Teams.

Die Vertriebsarbeit bringt es mit sich, dass sich die Rollen zwischen Geschäftspartnern und Führungskräften langsam verschieben. Zu Beginn ist man in Gefolgschaft. Das ist auch gut so, denn es ist gefährlich, ein gut funktionierendes System durch eigene Interpretation zu verfälschen oder zu verwässern. Man tut gut daran, am Anfang die vorgegebenen Dinge, speziell die Handwerkszeuge des Verkaufes, unverfälscht 1:1 zu übernehmen. Sehr bald schon, mit Erreichen der zweiten oder dritten Position, ist man als Führungskraft gefragt, die angewandten und umgesetzten Grundkenntnisse unverfälscht weiterzugeben.

Die besten Gefolgsleute

Werden die Grundlagen nicht perfekt beherrscht, entsteht eine negative Art von „stiller Post", die in den nachfolgenden „Generationen" zu einem Brei von Halbwissen führen kann. Nur das eigene Durchlaufen der Positionen bringt die notwendige Erfahrung, verbunden mit dem Blick für die wesentlichen Details der Praxis.

Sobald man sich zu einem erfolgreichen Verkäufer entwickelt, werden Erfahrungen im Umgang mit Geschäftspartnern gesammelt, durch die man zu einer erfahrenen Führungskraft heranreift. Dies hat nichts mit dem Alter zu tun. Ich habe sehr junge Führungskräfte mit sehr großen Führungs- und Vorbildfähigkeiten erlebt. So wie diese Kräfte ihre unterstellten Geschäftspartner führen, so verhalten sie sich auch nach oben hin als Gefolgsleute ihrer Führungskräfte. „Mache dich zum Vorbild für deine Geschäftspartner", heißt ein wichtiger Leitsatz für Führungskräfte. Die Geschäftspartner streben immer dem Vorbild der Führungskraft nach, sowohl im Positiven wie im Negativen. Oft kann man beobachten, dass Verhalten, Sprache und Gebärden der Führungskraft – eben alles – kopiert und übernommen werden. Deshalb sollte sich jede Führungskraft von Zeit zu Zeit prüfen, inwieweit sie für ihr Team ein gutes und nachahmungswürdiges Vorbild darstellt. Die richtige Balance zwischen Geschäftspartner und Führungskraft findet man leicht, wenn man sich an ein sehr altes Sprichwort hält: „Was du nicht willst, das man dir tu, das füg auch keinem anderen zu".

Erfolg im Vertrieb hängt meist vom Verhalten und Auftreten der Führungskraft ab. Es ist kein aufwändiges Kontrollsystem notwendig. Die schlichte Frage hilft: „Würde ich es gut heißen, wenn sich der andere genauso verhielte, wie ich es tue, wenn die Position umgekehrt wäre?" In allen Situationen sollte man sich diese Frage stellen und immer danach handeln. Das ist der beste Grundsatz für die Führung von Geschäftspartnern.

Was eine gute Führungskraft auszeichnet

Multiplikatoren

Ein Team wächst und entwickelt sich nie gleichmäßig und kontinuierlich nach der Art, wie es uns in animierten Powerpoint-Präsentationen vorgestellt wird. Die Praxis zeigt, dass sich der Gruppenaufbau sehr sprunghaft entwickeln kann. Ein Vertrieb wächst durch sogenannte Multiplikatoren. Es handelt sich hierbei um Damen und Herren, die es sich zur Aufgabe gemacht haben, neben ihrem eigenen Verkauf systematisch ihre Geschäftspartner-Gruppe aufzubauen. Immer sind es einige wenige, die dafür sorgen, dass überdimensionales Wachstum durch Gewinnung und Bindung von neuen Partnern entsteht.

Natürlich ist es wichtig, immer und überall jede sich bietende Gelegenheit zum Teamaufbau zu erkennen und zu nutzen. Aber in der Vervielfältigung durch neue Multiplikatoren steckt die größte Chance des Vertriebsaufbaus. Die Königsdisziplin liegt nicht nur in der Fähigkeit, Geschäftspartner für diese Idee zu begeistern, sondern auch dafür zu sorgen, dass diese neuen Partner erfolgreich gemacht werden.

Gerade bei der professionellen Einarbeitung eines neuen Partners trennt sich häufig die Spreu vom Weizen. Die neu gewonnenen Geschäftspartner können mit ihrer Motivation ein dynamischer Motor im Vertrieb sein. Sie sind am leichtesten für die Idee der Multiplikation zu begeistern. Die Führungskraft sollte dem neuen Partner nicht nur vermitteln, dass er mit der Zeit in der Lage sein wird bzw. sich dahin entwickeln kann, selbst eine große Gruppe zu führen, sondern auch, dass er selbst Teil des Ganzen wird. Es ist für den Neueinsteiger von großer Bedeutung, dass er von Anfang an das System des Teamaufbaus versteht. Hier gilt: „Was Hänschen nicht lernt, lernt Hans nimmermehr!" Durch die unterstützende Einarbeitung einer guten Führungskraft fühlt sich der neue Geschäftspartner nicht als Einzelkämpfer, sondern als Teil des Ganzen. Die Aufgabe der Führungskraft ist es, den betreuten Partner – neben der Vermittlung grundlegender Basiskenntnisse wie Terminvereinbarung, Verkaufsgespräch, Empfehlungsnahme für neue Kunden – sofort anzuhalten, für seinen eigenen Gruppenaufbau selbst neue Partner zu gewinnen. Empfehlungsnahme, Terminvereinbarung und Verkaufsgespräch sind Grundkenntnisse, die beherrscht werden müssen, um ein eigenes Team aufzubauen. Der eigentliche Vertriebsaufbau, der auf den neuen Partner zukommt, wird ihm noch viel mehr abverlangen. Doch auf diese Grundkenntnisse, die bis dahin fest verankert sein werden, kann er immer wieder zurückgreifen. Umso besser wird er später selbst die Einarbeitungsphase neuer Partner gestalten und begleiten.

Wird es von der Führungskraft versäumt, neue Geschäftspartner für den Gruppenaufbau zu gewinnen, und gelingt es ihr nicht, die motivierte Anfangszeit des Vertriebsstarters zu nutzen, so wird es für Neueinsteiger mit der Zeit immer schwieriger, eine Gruppe aufzubauen.

Professionelle Einarbeitung

Der Multiplikationseffekt durch die Gewinnung neuer Geschäftspartner muss gleich zu Anfang richtig vermittelt werden. Der neue Partner braucht selbst eine Vision und muss in der Lage sein, diese seinem neuen Partner weiterzugeben und glaubhaft zu machen.

Multiplikation ab Beginn

Der neue Partner braucht ein Bild davon, wie sein Gruppenaufbau aussehen kann, wenn er fertig ist. Ein regelmäßiger Austausch zwischen neuem Geschäftspartner und einarbeitender Führungskraft sind jetzt wichtig. Je besser der Multiplikationseffekt von Anfang an vermittelt und verstanden wird, umso erfolgreicher wird die Einarbeitungsphase sein. Es geht eben im Teamaufbau nicht nur darum, nach der Einarbeitung einen neuen Verkäufer nachgezogen zu haben, sondern einen Multiplikator, der seinerseits in der Lage ist, neue Vertriebspartner zu gewinnen. Deshalb sind für die neuen Geschäftspartner bestimmte Handlungsvorgaben und Arbeitstechniken erst dann verständlich und deren Reihenfolge nachvollziehbar, wenn sie eine Idee vom Gesamtbild bekommen und sie verstanden haben. Widerstände ergeben sich erst gar nicht, wenn neue Partner wissen, dass sie in der Lage sind, einen wesentlichen Beitrag zu einer großen Idee zu leisten. Alle Beteiligten haben mehr Spaß. Die Bereitschaft, sich voll einzubringen, wird so am besten erreicht.

Eine gute Führungskraft zeichnet sich durch die möglichst solide Weitergabe aller Kenntnisse aus, die notwendig sind, um erfolgreich und langfristig im Vertrieb zu bestehen. Der Übergang vom Bekanntenkreis, der bestenfalls ein Einstiegsweg sein soll, in den Empfehlungskreis der Fremden ist eine wichtige Voraussetzung, damit das Geschäft grenzenlos weitergeführt wird. Manchmal haben die betreuenden Führungskräfte mehr Angst, im Empfehlungsgeschäft aktiv zu werden, und suchen den leichteren Weg im Bekanntenkreis ihrer Partner. Sicher ist der Widerstand hier geringer, doch das Empfehlungsgeschäft muss dem Neuen beigebracht werden. Diese langfristige Lebensgrundlage wird er in seinem ganzen Team duplizieren.

Großzügig Lob und Anerkennung geben

Geld ist eine wichtige Grundlage, aber wirklich nicht das einzige Mittel, um Geschäftspartner zu motivieren. Es ist richtig: Der Erfolg des Teamaufbaus basiert auf guten Verdienstmöglichkeiten. Jedoch ist eine gute Unterstützung und der Glaube an den Erfolg für einen Geschäftspartner sehr viel motivierender als die Hoffnung auf ein gutes Einkommen.

Unterschätzen Sie daher nie die Kraft von Lob und Anerkennung! Daran sollte nie gespart werden. Machen Sie sich klar:

Komplimente kosten nichts, doch die Menschen sind bereit, viel dafür zu bezahlen.

Gerade Neueinsteiger in Vertrieben sind häufig angenehm überrascht, wie häufig und vielfältig gelobt und ihre Leistungen anerkannt werden, kommen doch die meisten nebenberuflichen Einsteiger aus Branchen und Firmen, in denen die einzige Kommunikation zwischen Führungskräften und Geschäftspartnern in der Kritik an begangenen Fehlern besteht – nach dem Grundsatz: Solange der Chef nicht meckert, ist er zufrieden. Anerkennende, aufmunternde oder lobende Worte sind, abgesehen von Jubiläumsfeiern, nie gefallen.

In anderen Branchen

Man sollte nicht mit Lob warten, bis Ergebnisse vorliegen. Hier gilt vielmehr: Der Weg ist das Ziel. Die erstmals überwundene Scheu, zum Hörer zu greifen und Termine zu machen, kann ebenso anerkannt werden wie das mutige Ansprechen von Fremden zum Zweck einer Geschäftspartner- oder Kundengewinnung. An diesem Punkt ist wieder die Führungskraft gefragt. Sie sollte erkennen, inwieweit ein Geschäftspartner bei der Einarbeitung während der Telefonakquise Fortschritte macht. Diese Entwicklung sollte bemerkt und anerkannt werden. Mit dem anerkennenden Lob der Führungskraft werden Energien beim Geschäftspartner freigesetzt, die für die Erreichung von gesetzten Zielen ungemein wichtig sind. Die Führungskraft kann sich täglich fragen: Habe ich heute meine Geschäftspartner schon gelobt? Habe ich die Leistung, die sie durch ihren Einsatz erbracht haben, wahrgenommen und anerkannt?

Auch kleine Erfolge loben

Die Kunst besteht darin, glaubwürdig und ehrlich mit Lob und Anerkennung umzugehen. Dahingesagte Schmeicheleien und oberflächliche Phrasen werden recht schnell als eine Maske, hinter der nichts steckt, entlarvt. Aber ehrlich ausgeteiltes Lob, auch das Bemerken von Kleinigkeiten, ist eine Kunst.

Schmeicheleien sind oberflächliche Nettigkeiten, während Lob immer seine Wertigkeit dadurch erhält, dass es durch einen Sachbezug begründet ist. Deshalb begründen Sie Ihr Lob, indem Sie erklären, was genau oder welche konkrete Leistung Sie gut finden. Spüren Sie nach, welch positives Gefühl Sie beim Gelobten erzeugen und wie Sie sich selbst danach besser fühlen.

> **„Am besten aber wirst du den Charakter eines Menschen kennen lernen, wenn du beobachtest, wie er jemanden lobt und wie er sich verhält, wenn er selbst gelobt wird"**
>
> (Lucius Annaeus Seneca, 4 v.Chr. – 65 n.Chr., römischer Politiker, Schriftsteller und Philosoph).

Die Bereitschaft, Vorbild für sein Team zu sein

Die Zusammenarbeit zwischen Führungskraft und Geschäftspartner ist intensiver als im klassischen Berufsleben. Man ist innerhalb des Unterstellungsverhältnisses durch ein gemeinsames Geschäftsziel miteinander verbunden. Im Idealfall kämpfen alle mit viel Einsatz für die Erreichung ihrer eigenen Ziele und damit für die Ziele der Gruppe und der vorgesetzten Führungskraft. Es ist ein gutes Gefühl, wenn es gelingt, dass alle am gleichen Strang ziehen. Im strukturierten Vertrieb werden die überstellten Führungskräfte am stärksten profitieren, weil sie durch Überprovision und Bonussystem oder Anteile aus Profitcentern am Geschäftserfolg ihr Einkommen beziehen. Allen Beteiligten ist das klar, und es wird von allen mitgetragen, weil jeder die gleiche Voraussetzung hat, bei entsprechendem Gruppenaufbau an seinem eigenen Team zu partizipieren.

> **Anders als im Angestelltenverhältnis beobachten die Geschäftspartner viel kritischer, was ihre vorgesetzte Führungskraft tut, wie sie sich selbst verhält und vor allem, ob sie selbst die Dinge tut, die sie von anderen erwartet und einfordert. Alles wird von den Geschäftspartnern genauestens registriert.**

Leitfigur Die Führungskraft sollte dem Grundsatz folgen: „Machen Sie sich zum Idol Ihrer Geschäftspartner!" Seien Sie für Ihre Geschäftspartner eine Leitfigur, an der sie sich orientieren können. Dies geht manchmal so weit, dass selbst das äußere Erscheinungsbild der Führungskräfte (Kleidung, Schuhe, Uhr, Schreibutensilien usw.) von deren Geschäftspartnern nachgeahmt wird. Dies ist wirklich ein sehr gutes Zeichen. Freuen Sie sich darüber, wenn Sie das in Ihrem Team bemerken.

Die Methode „Wein trinken und Wasser predigen!" – das heißt, von Ihren Partnern zu verlangen, was Sie selbst nicht tun –, ist eine Strategie, die sehr schnell durchschaut wird und nicht aufgeht. Sie ist gefährlich, denn sie untergräbt jede Führungskompetenz im Kern. Wenn eine Führungskraft beispielsweise Pünktlichkeit von den Geschäftspartnern verlangt, dann muss sie selbst in punkto Pünktlichkeit vorbildlich sein.

Eine Führungskraft sollte sich so verhalten, wie sie es selbst von ihren Partnern verlangt. Der Anspruch der Führungskraft sollte sein, immer etwas besser zu sein als ihre eigenen Leute.

Grundsatz sollte sein, als Vorbild voranzugehen. Wenn Sie eine Steigerung der Verkaufsaktivitäten in Ihrem Team verlangen, weil Sie bemerken, dass der Pro-Kopf-Umsatz zu niedrig ist, tun Sie gut daran, selbst im Verkauf zu zeigen, was Sie können, und erst danach Ihr Team zur Nachahmung anzuhalten. Ist Ihnen der Partner-Zugang Ihrer Gruppe zu gering, so sorgen Sie in dieser Situation selbst dafür, dass Sie die meisten neuen Partner anwerben, bevor Sie Ihr Team für schlechte Leistungen verantwortlich machen. Einer solchen Führungskraft wird ihr Team gerne nacheifern. Alle haben das Gefühl, dass sie im gleichen Boot sitzen und von ihnen nur das erwartet wird, was die Führungskraft selbst ebenfalls tut.

Aus eigener Erfahrung weiß ich, dass keine Motivation so wirkungsvoll ist wie eine Führungskraft, die von Zeit zu Zeit ihrem Team beweist, dass sie selbst in der praktischen Umsetzung für eigene Ergebnisse sorgen kann. Wenn über längere Zeit keine nennenswerten Steigerungen in der Gruppe erkennbar sind, ist es die wichtigste Aufgabe einer Führungskraft, ihr Team wachzurütteln. Ich selbst habe mehr als ein halbes dutzend Mal die Verkäufernadel mit Brillanten produziert – eine Auszeichnung für Umsatzgrößenordnungen von einer halben Million DM Bewertungssumme. Gerade weil der Verkauf nicht meine Hauptaufgabe war, hielt ich es für umso wichtiger, meinen Führungskräften von Zeit zu Zeit zu beweisen, dass ich noch verkaufen konnte und wusste, wovon ich sprach. Dies hat die Wirkung als Vorbildfunktion getroffen. Führungskräfte, die auf den Eigenverkauf angewiesen waren, weil ihr Gruppenaufbau zu schmal war, sahen, dass dieser durchaus in jeder Position realisierbar war. Als wichtigen Nebeneffekt bekamen sie wieder stärkeren Bezug zur Basis.

Eigene Ergebnisse vorweisen

Wollen Sie Ihre Wirkung als Führungskraft noch weiter steigern, indem Sie den Mut haben, in Ihrem Team ein Zeichen zu setzen? Damit meine ich: Nehmen Sie sich etwas vor, womit Sie nicht nur die Anerkennung, sondern die Bewunderung oder Verblüffung Ihres Teams erreichen. Für die eigene Motivation, das eigene Selbstvertrauen und die eigene

Führungskompetenz gibt es kein besseres Mittel. Gerade wenn Sie sich durch die gestiegenen administrativen Aufgaben von Ihrer wichtigsten Basisarbeit ablenken ließen und über Wochen und Monate versäumt haben, selbst zu verkaufen oder einzustellen, wird Ihnen dieser Vorschlag gar nicht gefallen. An der Stärke Ihrer Abneigung gegenüber meinem Vorschlag können Sie ermessen, wie es um Sie steht, ob Sie sich tatsächlich von der Basis entfernt haben.

Lügen oder Handeln

In dieser Situation gibt es in der Führung Ihres Teams zwei Möglichkeiten: zu lügen oder zu handeln. Entweder Sie sind ein Vorbild und tun das, was Sie von Ihren Leuten erwarten, zuerst selbst, oder Sie geben vor, die Dinge getan zu haben. Eine weitere Variante ist es, Geschichten von früher zu erzählen, also Berichte über Heldentaten von einst zum Besten zu geben. Je länger die Storys zurückliegen, um so unglaubwürdiger sind Sie als Leader. Aber sobald Sie nach eigener Überwindung wieder die Dinge getan haben, die Sie erfolgreich machten, werden Sie eine fantastische und positive Veränderung erleben. Sie erleben wieder am eigenen Leib, welche Überwindung notwendig ist, bis man ins Tun kommt. Sie werden selbst spüren, dass nicht alles gleich gelingt, wie weh es tun kann, wenn man scheitert, und wie Sie es genießen, wenn Sie dann doch wieder erfolgreich Kunden und Geschäftspartner gewinnen. Sie werden nach dieser frisch erlebten eigenen Erfahrung anders mit Ihren Geschäftspartnern umgehen. In der Führung des Geschäfts werden Sie anders mit deren Ängsten und Zweifeln umgehen, weil Sie sie selbst kurz zuvor durchlebt haben. Sie werden aus der unmittelbaren Praxis erzählen, von den Dingen, die Sie erst vor Stunden selbst erlebt haben. Dies klingt anders und vor allem überzeugender als die Storys, die Jahre zurückliegen. Doch das Wichtigste:

> **Sie beweisen Ihren Gefolgsleuten mit Ergebnissen, dass das Geschäft funktioniert – und zwar bei Ihnen. Das macht den Zuhörern Lust, Sie nachzuahmen. Sie verspüren einen wahren Drang, es nachzumachen, weil sie sich darüber im Klaren sind, dass Sie als deren Chef es weit weniger nötig haben, die Basisdinge zu tun, als sie selbst.**

Führen durch Vorführen

Sie werden sich mit einem entsprechend schlechten Gewissen daran erinnern, dass Sie nur mit Taten und nicht mit Worten andere Ergebnisse erreichen. Sie haben gesehen, dass der Funke der Begeisterung überspringt, wenn man von dem erzählt, was man selbst erlebt hat. Diesen Funken wollen Sie bei sich selbst auch spüren, um ihn an Ihre eigenen Leute weitergeben zu können. Es gibt keine bessere Führung als das

„Führen durch Vorführen". So wie Lob und Anerkennung die Motivation fördern, hilft in der richtigen Form vorgetragene, konstruktive Kritik den Geschäftspartnern, noch besser zu werden. Dabei hilft es sehr, wenn die Führungskraft nicht nur glaubwürdig, sondern auch sympathisch ist. Von sympathischen Persönlichkeiten, die bei den Geschäftspartnern als Vorbild anerkannt sind, werden Tipps und Verbesserungsvorschläge leichter angenommen und vor allem auch umgesetzt.

> **„Man erzieht durch das, was man sagt, mehr noch durch das, was man tut, am meisten durch das, was man ist"**
> (Ignatius von Antiochia, 35 – 117, syrischer Bischof und Märtyrer).

Verantwortung übernehmen, nicht nur für sich selbst

Verantwortung wofür?

In der klassischen Arbeitswelt trägt eine Führungskraft die Verantwortung für die Ergebnisse. Die Geschäftspartner unterstehen dem Abteilungsleiter, dieser dem Hauptabteilungsleiter, dieser wiederum arbeitet dem Vorstand zu. Der einzelne Geschäftspartner hat ein festgelegtes Arbeitsgebiet mit mehr oder weniger breitem Handlungsspielraum. Welche Verantwortung trägt eine Führungskraft im Vertrieb? Nur für ihre eigenen Umsätze, so könnte man annehmen, sind doch alle Geschäftspartner selbstständige Handelspartner und agieren somit eigenverantwortlich. Ist denn nicht etwa jeder Einzelkämpfer und nur für seinen Umsatz verantwortlich? Weit gefehlt, denn die Führungskräfte, die ein echtes Interesse an der Weiterentwicklung ihrer Geschäftspartner haben, sind am erfolgreichsten. Sie machen ihren Weg innerhalb des Teams nicht nur schnell, sondern sorgen durch ihr Verantwortungsbewusstsein dafür, dass sie langfristig eine sichere Zukunft haben.

> **Das ernsthafte Interesse am Erfolg der Geschäftspartner ist ausschlaggebend für den eigenen Erfolg des Leaders. Mit dem Versprechen der Führungskraft, den neuen Geschäftspartner erfolgreich zu machen, wird im Einstellungsgespräch der Grundstein für den gemeinsamen Erfolg gelegt.**

Welcher Unternehmer, der seine Selbstständigkeit beginnt, kann von Anfang an den Vorteil nutzen, einen Coach, einen Berater, einen Trainer in Form seiner Führungskraft an seiner Seite zu haben, der ihn auf die wesentlichen Erfolgsdetails hinweist? Im klassischen Wettbewerb werden im Gegensatz zum strukturierten Vertrieb Geschäftseröffnungen als Konkurrenz gesehen, denen man das eigene Erfolgsrezept unbedingt verschweigen muss. Im strukturierten Vertrieb jedoch zahlt sich der Erfolg des Neueinsteigers für seinen Betreuer aus. Eine engagierte Führungskraft steht ihren Gefolgsleuten in den Anfangszeiten buchstäblich Tag und Nacht zur Verfügung, macht auf mögliche Fehler aufmerksam, motiviert, Dinge zu tun, die die Neuen auf den direktesten Weg zu ihrem Erfolg bringen.

Kritiker strukturierter Vertriebe sehen hierin nur das Bestreben, dass die Kasse der Führungskraft gefüllt wird. Dabei wird übersehen, dass jeder Geschäftspartner an seinem eigenen Einkommen arbeitet und die gleiche Chance hat, später in gleicher Weise seine Gruppe aufzubauen und so sein Einkommen zu steigern. Das verkrustete Vorurteil, dass die Neuen nur „benutzt" werden, um abzusahnen, ist bei genauem Hinsehen schlichtweg falsch.

Gute Einarbeitung Eine gute Einarbeitung kostet eine Führungskraft viel Zeit, Engagement und Aufwand. Diese permanent in neue Geschäftspartner zu investieren, um sie dann schnell wieder zu verlieren, wäre absolut unklug. Es geht darum, für neue Geschäftspartner die Voraussetzungen zu schaffen, ihre eigene Gruppe aufzubauen und dadurch nachhaltig erfolgreich zu werden. Konkret heißt das, Wissen und Techniken zu vermitteln, sie bei ihren Verkaufsgesprächen zu begleiten und oft permanent zur Verfügung zu stehen.

> **Aktiv dafür zu sorgen, dass die betreuten Geschäftspartner erfolgreich werden, ist die größte Verantwortung, die eine Führungskraft im Vertrieb hat. Zusammenfassend kann man sagen: Mit Rat und Tat andere erfolgreich zu machen, bringt beim eigenen Geschäftspartner-Aufbau den größten Nutzen.**

Wer im Vertrieb als Führungskraft die Bereitschaft mitbringt, den Aufwand der Einarbeitung nicht scheut und aktiv dafür sorgt, dass ihre Geschäftspartner immer durch ihre Erfolge ein hohes Einkommen beziehen, wird selbst mit eigenem Spitzeneinkommen belohnt.

Notieren Sie schriftlich für jeden Ihrer Geschäftspartner drei Merkmale, für die Sie ihn loben können. Nutzen Sie das nächste Treffen oder Telefonat, um ihm mitzuteilen, was Sie an ihm gut finden. Noch besser: Schreiben Sie ihm eine kurze Memo, eine SMS oder einen Brief, in dem Sie festhalten, was genau Sie an ihm großartig finden.

_____

_____

_____

_____

_____

Wolfgang Muster

1. *Sehr redegewandt/Bringt gute Talente für späteres Referieren und Präsentationen mit.*
2. *Gute Telefonstimme/Erzielt beim Terminieren mit hoher Wahrscheinlichkeit eine gute Termindichte.*
3. *Repräsentatives Auftreten/Macht bei Unternehmenspräsentationen eine gute Figur.*

3. Grundgesetze des Teamaufbaus – auf den Menschen kommt es an

Die meisten nebenberuflichen Quereinsteiger beginnen im Vertrieb mit der Verkaufsarbeit. Für den Teamaufbau ist es wertvoll, viel Erfahrung im Verkaufen zu haben, weil es für die erfolgreiche Geschäftspartnergewinnung sehr wichtig ist, Elemente aus dem Verkauf ins Recruiting einbringen zu können. Professionelle Partnergewinnung bezeichne ich als Königsdisziplin des Verkaufs. Erfolgreiches Recruiting liegt zu 80 bis 90 Prozent in der Person der Führungskraft begründet. Neueinsteiger entscheiden sich für den Vertrieb zum größten Teil darum, weil sie von der Person, die ihr die Geschäftsidee präsentiert hat, überzeugt oder beeindruckt sind. Es geht darum, den Neuanfänger für sich zu gewinnen. Erst in zweiter Linie ist das Unternehmen der Grund für eine Zusammenarbeit.

Warum Teamaufbau Zeit braucht

Teamaufbau ist keine Sache, die von heute auf morgen von Erfolg gekrönt ist. Dies hat zwei Gründe:

In anderen Jobs eingebunden
Die Damen und Herren, die Sie für Ihre Geschäftsidee gewinnen wollen, haben meist nicht auf Sie oder Ihr Angebot gewartet. Und Sie wollen ja niemanden, der einen Job sucht.

Ziel ist es, nach Persönlichkeiten zu fahnden, mit denen es Ihnen gelingt, nach oben zu rekrutieren.

Dieser Punkt wird in einem späteren Kapitel noch näher erläutert. Die Angeworbenen sind ihrer derzeitigen Tätigkeit sehr loyal verbunden, sie sehen ihre Perspektiven und Chancen und sind dementsprechend bereit, ihr Bestes zu geben. Vielleicht sind sie sogar selbstständig oder leiten ihr eigenes Unternehmen. Die Gewinnung solcher Menschen wird nicht mit ein oder zwei Gesprächen gelingen. Gerade ihre Standhaftigkeit für ihre derzeitige Geschäfts- oder Berufsidee schätzen wir ja so an ihnen. Wären sie wankelmütig, so müssten wir damit rechnen, dass sie nach Beginn der Tätigkeit nach kurzer Zeit wieder aufgeben würden. Die Erfahrung der besten Recruiter bestätigt, dass viele Monate und mehrfache Gespräche notwendig waren, um die besten Geschäftspartner zu akquirieren.

Ich habe es mir beim Recruiting angewöhnt, mich nicht von einem Nein abhalten zu lassen. Meine Erfahrung bestätigte sich sehr oft: Es gibt ein Ja nach dem Nein. Es ist für mich zu einer Gewohnheit geworden, die ich aus meiner Verkaufspraxis in die Recruiting-Arbeit übertrug.

Allerdings sollte ich mir im Jahre 1989 an einem jungen Mann die Zähne ausbeißen. Er stellte meine Beharrlichkeit und Ausdauer auf eine harte Probe. Der damals 25-Jährige war ein Traumkandidat für den Vertriebsaufbau. Das war mir nach der ersten Begegnung klar. Neben einer spontanen Sympathie zwischen uns beiden zeichnete sich mein Kandidat dadurch aus, dass er schon sehr früh selbstständig war: Er hatte Luxuslimousinen nach Spanien exportiert, um ein sehr gutes Einkommen mit überschaubarem Aufwand zu erzielen. Er war überaus ehrgeizig und Junioren-Meister im Bodybuilding. Der Sport war seine Leidenschaft, und seit frühester Jugend träumte er davon, ein eigenes Fitness-Studio in Frankfurt am Main zu eröffnen. Er hatte also seine eigene Vision. Allerdings war es für mich genau deshalb umso schwieriger, ihn für meine zu begeistern.

Vielversprechender Kandidat

Mein Kandidat verfügte in Frankfurt – in der Metropole, auf die ich meinen Vertriebsfokus legte – über die vielfältigsten Kontakte: Geschäftsleute, Multiplikatoren, die ihrerseits sehr viele Leute kannten, gingen bei ihm ein und aus. Sehr wichtig war: Er war bei jedem beliebt und schon sehr angesehen, obwohl er noch recht jung war. Wie er mir damals versicherte, wurde er schon fast von einem Dutzend meiner Kollegen auf die gleiche Geschäftsidee angesprochen und hatte bisher immer dankend abgelehnt. Ohne große Mühe hatten viele meiner Kollegen sein Talent ebenfalls erkannt. Es bedurfte sehr vieler persönlicher Treffen, bis ich die erste Zusage für seine Grundseminarteilnahme bekam.

Obwohl mir als sicher erscheinend, sagte er seine Anwesenheit zu, erteilte dann aber jeweils kurzfristig Absagen. Er hatte zwar die Hotelgebühr im Voraus bezahlt, doch schien sein Interesse nur sehr gering zu sein. Meine Gewissheit darüber, dass er seinen Weg in unserem System machen würde, stieg von Verabredung zu Verabredung. Zeitweise traf ich mich mit ihm mehrfach im Monat. Doch nach weiteren zwei Monaten war er immer noch nicht beim Einstiegsseminar gewesen. Er brauchte fast gar keines mehr, weil er durch die persönlichen Gespräche mit mir mehr wusste als Geschäftspartner, die sich schon seit Wochen in der Einarbeitungsphase befanden.

Dranbleiben   Ein Gespräch, in dem ich ihm von der Vision unserer Top-Führungskräfte erzählte, schien ihn schließlich zu begeistern: Eine Handvoll Führungskräfte hatte vor, sich in Frankfurt gemeinsam ein Hochhaus zu kaufen. Davon hatte mein Interessent seit seiner Kindheit geträumt. Dass unser Geschäft es ermöglichen konnte, bei einer solchen Art von Vorhaben irgendwann dabei zu sein, war es, was ihn wirklich motivierte. Ich war mir sicher, dass er nun beim folgenden Seminar teilnehmen würde. Wieder wurde der nächste Seminartermin als verbindlich gebucht, aber wieder wurde er kurzfristig verschoben. Trotzdem hatte ich mir vorgenommen dranzubleiben. Die bereits investierte Zeit, Mühe und Erwartungshaltung sollten sich auszahlen. Nach einem Auslandsaufenthalt, dessen Ende mir bekannt war, rief ich sowohl bei seiner Mutter als auch im Fitness-Studio an, um ihn ausfindig zu machen. Er wusste nicht, ob er über meine Hartnäckigkeit schmunzeln oder in Wut ausbrechen sollte. Ich ließ nicht locker.

Bei einem meiner weiteren Anrufe war er ungewöhnlich niedergeschlagen. Er teilte mir mit, eine eingehende ärztliche Untersuchung habe ergeben, er habe eine chronische Sehnenscheidenentzündung, und seine Ärzte rieten ihm dringend davon ab, weiterhin professionell Bodybuilding zu betreiben. Damit war sein Traum von einem eigenen Studio geplatzt. Nun war er bereit, sich mit mir ernsthaft über die von mir vorgeschlagene Geschäftsidee zu unterhalten. Es war klar, wenn er im Vertrieb einsteigen würde, dann aber richtig! Wir sorgten nahezu alleine dafür, dass er auf seinem eigenen Kennlernseminar sofort mit fünf seiner besten Freunde erschien.

Die erste Position erreichte er nach zwei Wochen, die zweite nach zwei Monaten, in einem halben Jahr die dritte und nach etwas mehr als einem Jahr die vierte. Einige Jahre später hatte er mit der Erreichung der höchsten Position des Karrieresystems alle bisher erreichten Rekorde in meinem Geschäftsbereich gebrochen. Noch heute ist er im Vertrieb außerordentlich erfolgreich, und wie ich vor kurzem von ihm erfuhr, arbeiten mit ihm derzeit noch weit über 500 Geschäftspartner. Wenn Sie so wollen, war es die „Rekrutierung meines Lebens". Mein Durchhaltevermögen wurde getestet, indem ich insgesamt mehr als acht Monate brauchte, bis er in unserem Geschäft startete.

Dieses Beispiel steht für viele Karrieren im Vertrieb. Die besten Vertriebler brauchten am längsten bis zur Entscheidung. Sie hatten auch am meisten zu verlieren. Eine alternative Chance, die sie aufgeben, ein Ruf, der ihnen etwas bedeutet ist, und sie setzen sich unter einen entsprechend hohen eigenen Leistungsdruck, denn sie hassen es zu versagen.

Wenn Sie sich dafür entschieden haben, nach oben zu rekrutieren und Menschen für Ihren Vertrieb zu gewinnen, die so gut wie Sie selbst oder besser sind, sollten Sie nicht mit schnellen Ergebnissen rechnen.

Der zweite Grund für die Verzögerung des Erfolgs liegt bei der Führungskraft selbst. Verkäufer, die in das Lager der Recruiter wechseln, brauchen eine gewisse Zeit für die eigene Entwicklung ihrer Persönlichkeit. Sie müssen sich zu einem Menschen-Magneten entwickeln. Es geht darum, dass fremde Menschen sich ihnen anvertrauen. Sie müssen daran glauben, dass sie von ihrem Recruiter unterstützt werden. Sie stellen sich Fragen wie: Kann ich ihm vertrauen? Wird er mir helfen, erfolgreich zu werden? Wird er da sein, wenn ich ihn brauche? Ist er ein Vorbild für mich, von dem ich etwas lernen kann? Nicht nur fachlich, sondern auch im Hinblick auf die menschlichen Aufgaben, die auf eine Führungskraft zukommen. Um sich zu einer solchen Persönlichkeit zu entwickeln, braucht man neben der Bereitschaft, an sich zu arbeiten, auch die entsprechende Entwicklungs- oder Reifezeit.

Persönlichkeitsentwicklung des Recruiters

Die Neueinsteiger, die im Verkauf begonnen und dort ihre ersten Sporen verdient haben, werden selbstverständlich durch die größeren Verdienst- und Aufstiegschancen des Gruppenaufbaus in das Thema Recruiting gelockt. Das ist auch gut so, denn das ist ja das Motiv, der Drive und die Dynamik innerhalb des Vertriebsaufbaus.

Teamaufbau muss man sich leisten können

Der Verkäufer, dem es gelungen ist, von seinen Verkaufserfolgen zu leben, steht jetzt vor einer Entscheidung: Bleibt er weiter im Einzelverkauf oder erzielt er zukünftig sein Einkommen über seinen Teamaufbau?

Wer sich dieser Frage stellt, sollte Folgendes wissen: Sie müssen sich das Gewinnen von neuen Partnern auch erlauben können. Manche Top-Verkäufer scheitern an dieser Vorraussetzung aus den verschiedensten Gründen, die im Folgenden erläutert werden.

Risiken des Teamaufbaus

Die Gefahren, die beim Beginn des Recruitings auftreten können:

1. Die benötigte Zeit, bis regelmäßig Einnahmen über die aufgebaute Gruppe erzielt werden, wird unterschätzt.
2. Die finanziellen Rücklagen reichen nicht, um in der Übergangszeit, bis über das Team Einnahmen fließen, die laufenden Kosten zu decken.
3. Es wird kein professionelles Konzept angewandt, dessen Einhaltung einen sicheren und stabilen Teamaufbau gewährleistet.
4. Die Führungskraft flieht aus dem Recruiting zurück in den Eigenverkauf, weil der Gruppenaufbau nicht genug einbringt. So wird der Gruppenaufbau vernachlässigt, weil man wieder selbst verkaufen muss.

Hin und her zwischen Eigenverkauf und Teamaufbau

Ich konnte häufig beobachten, wie Spitzenverkäufer zwischen dem Teamaufbau und dem Eigenverkauf hin- und hersprangen. Als der Erfolg ausblieb, kamen sie zu dem Schluss, sie seien für den Teamaufbau ungeeignet. Sie blieben entweder im Eigenverkauf oder wandten sich frustriert ganz vom Vertrieb ab. Dies muss nicht sein!

Wichtig ist zu wissen, welche Gefahren lauern, wenn man sich für den Teamaufbau entscheidet.

> **Man sollte sich als Teamleiter nicht komplett wirtschaftlich von seiner Mannschaft abhängig machen, besonders am Anfang, wenn das Team noch klein ist. Denn dann ist der zu erwartende Provisionsanteil aus der Gruppenproduktion noch entsprechend niedrig.**

Die Führungskraft muss dafür sorgen, mit ihrem Eigenumsatz genug Geld zu verdienen. Wenn ein hauptberuflicher Handelsvertreter alleine von seinem Verkaufseinkommen abhängig ist, sollte eine konstante Provisionshöhe angestrebt werden. Natürlich sind dabei die individuellen wirtschaftlichen Notwendigkeiten zu berücksichtigen.

Man ist gut beraten, wenn man sich auf eine längere Aufbauphase einstellt, bei der man mit einer zeitlichen Doppelbeanspruchung im Eigenverkauf und im Gruppenaufbau rechnet. Sorgen Sie dafür, dass Sie durch Ihren Eigenverkauf Ihr Einkommen sichern. So gelingt es Ihnen, von den Ergebnissen Ihrer Geschäftspartner unabhängig zu bleiben. Das ist eine gute Voraussetzung für Ihre Führungskompetenz und Ihre

Unbestechlichkeit, auf die wir an späterer Stelle noch näher eingehen werden.

Der Traum der meisten Menschen ist es, ein hohes Einkommen mit wenig Arbeit zu erzielen. Der Laie wird von dieser Vorstellung, die er mit dem Vertriebsaufbau verbindet, magisch angezogen. Diese Möglichkeit wird hinter dem System des strukturierten Vertriebs vermutet. Laien erhoffen sich, von dieser Vertriebsform ihren Traum zu realisieren. Nicht etwa das System selbst wird sie reich machen. Es ist vielmehr vergleichbar mit einem Kamin, von dem erwartet wird, dass er wärmt. Er wird dieser Aufgabe auch gerecht. Aber erst, nachdem das notwendige Brennholz besorgt und lange genug trocken gelagert wurde, man hinaus in die Kälte gegangen ist, um es zu holen, und danach Papier und Anzündholz untergebaut hat, um dafür sorgen, dass sich die großen Holzscheite entzünden. Erst, nachdem alle Arbeiten getan sind, wird es gelingen, sich am prasselnden Feuer mit seiner wohligen Wärme zu erfreuen. Genauso verhält es sich mit dem Geldverdienen im Vertrieb: Man muss bereit sein, gewisse Vorleistungen zu erbringen, bis man durch den eigenen Teamaufbau mit einem überdurchschnittlich hohen Einkommen belohnt wird.

Nach oben rekrutieren

Haben Sie keine Angst, Menschen anzusprechen und sie auf neue Berufsideen und neue Wege aufmerksam zu machen. Rekrutieren heißt, anderen eine Chance zu geben, ihr Leben zu verändern. Viele Damen und Herren im Angestelltenverhältnis träumen insgeheim davon, sich ein zweites Standbein aufzubauen. Es fehlt ihnen jedoch an Kenntnissen über Möglichkeiten, die ihnen eine echte Alternative zu ihrer derzeitigen Berufssituation bieten könnten.

Eine wichtige und oft vergessene Zielgruppe sind gestandene und erfahrene Geschäftsleute. Die Zeit ist für echte Geschäftschancen besser als je zuvor. Geschäftsleute schätzen am Vertrieb die Tatsache, dass für diese Tätigkeit keine oder sehr geringe finanzielle Investitionen erforderlich sind. Ein Aspekt, den – wenn überhaupt – Unternehmer am besten nachvollziehen können. Aus Erfahrung wissen sie, dass sie bisher immer investieren mussten, bevor an ein Return on Investment zu denken war. Entsprechend positiv, wenn auch anfangs kritisch, beurteilen sie die unterbreiteten Geschäftschancen von strukturierten Vertrieben.

Zur Zeit der Veröffentlichung ist die Anzahl der Insolvenzen in Deutschland dramatisch angestiegen, und die Prognosen lassen keine nennenswerte Trendwende erkennen. Viele Menschen, die den Mut gehabt haben, sich selbstständig zu machen, sind betroffen. Die Ursache für Insolvenz ist sehr einfach auf einen Nenner zu bringen: Zahlungsunfähigkeit tritt ein, wenn die Einnahmen nicht nachhaltig höher sind als die Kosten. Der Überschuss reicht also nicht aus, um für den Unternehmer ein ausreichendes Auskommen zu erzielen. Mit dem Zusammenbruch des Unternehmens sind für diese ehemals mutigen Menschen auch deren Träume und Hoffnungen geplatzt.

Erfolgreiche Führungskräfte

Bereits erfolgreiche Führungskräfte der Wirtschaft sind eine Gruppe, die – aus welchen Gründen auch immer – viel zu selten für Vertriebe gewonnen werden. Es gibt bei der derzeitigen Wirtschaftslage viele, die unverschuldet ihren Job verloren haben oder unweigerlich – aufgrund bevorstehender Kündigungen oder anderer Gründe – auf dem besten Wege dazu sind. Die Aufgabe besteht darin, ihnen darzulegen, dass es in Vertrieben für sie eine neue Chance als selbstständiger Unternehmer geben kann. Die finanziellen Risiken, die sie entweder nicht eingehen konnten oder wollten, sind in diesem Fall keine Voraussetzung für den Aufbau eines zweiten Standbeins. Viele Manager, die heute noch im Angestelltenverhältnis sind, wissen, wie dünn die Luft wird, wenn es um Einkommensperspektiven jenseits der 100.000-Euro-Grenze per anno geht. Hier gibt es einerseits ein großes Potenzial an zukünftigen Geschäftspartnern, die sehr hellhörig werden, wenn ihnen entsprechende Einkommensmöglichkeiten aufgezeigt werden.

Schwierige Ansprache?!

Keine Frage, die Ansprache eines Top-Managers scheint dem Recruiter weit schwieriger zu sein als die eines durchschnittlichen Angestellten. Die Aussicht auf eine zukünftige Partnerschaft ist viel höher. Die größere Überwindung und das stärkere Lampenfieber werden mit Top-Ergebnissen belohnt. Wenn man sich darüber im Klaren ist, dass jedem Neueinsteiger die Chance auf ein Zusatzeinkommen und eine echte Möglichkeit zu einer positiven Veränderung geboten wird, müssen Zuversicht und Mut die aufkommenden Hemmungen bei der Ansprache von Top-Leuten überwiegen. Meine Erfahrung aus mehr als 25 Jahren Vertrieb ist:

Je höher der Level des Gesprächspartners, desto weniger Ablehnung. Beide Zielgruppen – sowohl selbstständige Unternehmer als auch Top-Manager – verfügen über starkes Selbstbewusstsein, Geschäftssinn und die erforderliche unternehmerische Grundhaltung. Sie sind weniger verwundert, wenn man ihnen die Einkommensperspektiven, die im Vertrieb erzielbar sind, präsentiert.

Sie sind nicht nur mit den sich bietenden Verdienstmöglichkeiten, sondern auch mit den damit verbundenen Entbehrungen bestens vertraut. Wenn es überhaupt ein Hemmnis gibt, so ist es, den Mut aufzubringen, den ersten Schritt zu tun. Der Recruiter sollte bei jeder sich bietenden Gelegenheit seine Mitmenschen auf sein Geschäft ansprechen. Wer darauf wartet, dass er angesprochen wird, wartet lange – so lange, bis sein Team so weit geschrumpft ist, bis er im schlimmsten Fall sein Gewerbe wieder abmelden kann.

Unternehmer und Top-Manager reagieren auf ein Angebot, auch wenn es anfangs unbeholfen vorgetragen wird, selten negativ. Vielmehr sind sie selbst in ihrer Stellung oder in ihrem eigenen Unternehmen ständig damit befasst, in geschäftlicher Hinsicht neue Bereiche zu erschließen und neue Kontakte zu knüpfen. Sie wissen aus eigener Erfahrung, dass man sich überwinden muss, den ersten Schritt zu tun. Eine mutig und selbstbewusst vorgebrachte Offerte wissen sie zu schätzen. Unabhängig vom Inhalt können sie nachvollziehen, welche Überwindung es bedarf, die Initiative und den Mut aufzubringen, einen geschäftlichen Vorschlag zu unterbreiten. Daher trauen Sie sich!

Positive Reaktion auf Angebote

Plumpe und ungehaltene Ablehnungen gegenüber ernst gemeinten Offerten werden einem, wenn überhaupt, von den Menschen entgegengebracht, die es bitter nötig hätten, sehr gut zuzuhören, wenn man ihnen einen guten Vorschlag macht. Werden Top-Unternehmer für Vertriebe geworben, so haben diese zu Beginn eher Identifikationsprobleme mit der Branche oder dem, was andere über sie denken mögen, wenn sie sich ein zweites Standbein aufbauen. Es ist die Herausforderung, diese Vorbehalte zu gegebener Zeit bei den kritischen Betrachtern auszuräumen, damit eine erfolgreiche und loyale Zusammenarbeit möglich wird. Hier ist es wie im Verkauf: Es wird erst dann interessant, wenn der Gesprächspartner Nein sagt – im Verkauf war der Einwand eines Kunden für den Profi auch nie ein Anlass, ein Kundengespräch als verloren zu geben.

Die breite Spreizung
– das oberste Gebot beim Teamaufbau

Souveränität Nicht nur beim Wechsel von der Verkaufstätigkeit zum Aufbau eines Teams, sondern grundsätzlich ist darauf zu achten, dass man von seinen Geschäftspartnern unabhängig ist und es auch bleibt. Am wichtigsten ist es, sich als Leader von seinen direkten Führungskräften unabhängig zu sein. Im Teamaufbau ist die Grundbasis, dass bei Geschäftspartnern die erforderliche Führungsakzeptanz gegenüber ihrer jeweiligen Führungskraft immer präsent bleibt. Weil im Teamaufbau keine Abhängigkeit wie im Angestelltenverhältnis besteht, entstehen Führung und Geführt-werden in gewissem Maße freiwillig.

> **Eine gewisse Souveränität gegenüber seinen Partnern stellt die Grundlage für eine erfolgreiche Führung dar. Zu keinem Zeitpunkt darf ein Geschäftspartner das Gefühl haben, seine Führungskraft sei auf ihn, seine Leistung, seinen Umsatz und die daraus resultierende Provision angewiesen.**

Anzahl der Geschäftspartner Man sollte als Führungskraft immer dafür sorgen, sein Team so aufzubauen, dass kein Bereich die Dominanz des Gesamt-Ergebnisses erhält. Das wird am stabilsten durch eine breite Spreizung erreicht, das heißt, die Anzahl der direkt angeworbenen Geschäftspartner liegt bei fünf oder mehr. Je breiter die Spreizung, desto größer ist die Unabhängigkeit der monatlichen Produktionsergebnisse und umso konstanter ist die Einkommenssituation. Liegt in einem Monat die Produktion aus einem Teambereich hoch, lässt im Folgemonat der Umsatz vielleicht nach. Wenn in diesem Folgemonat nun ein anderer Bereich mehr produziert, wird damit der Ausrutscher eines Kollegen leichter kompensiert. Dass gleichzeitig in einem Monat drei, vier oder gar alle Teambereiche schwach sind, ist relativ unwahrscheinlich. Stark produzierende Gruppen gleichen schwach produzierende Teams aus. Folglich bleibt für die vorgesetzte Führungskraft die Höhe des Einkommens über einen längeren Zeitraum konstant.

Als Maßstab gilt: Der stärkste Bereich sollte nicht mehr als 50 Prozent des Geschäfts- und Provisionsvolumens ausmachen. Wichtiger noch als ein Übergewicht an Umsatzvolumen ist ein Übergewicht von Einkommensanteilen.

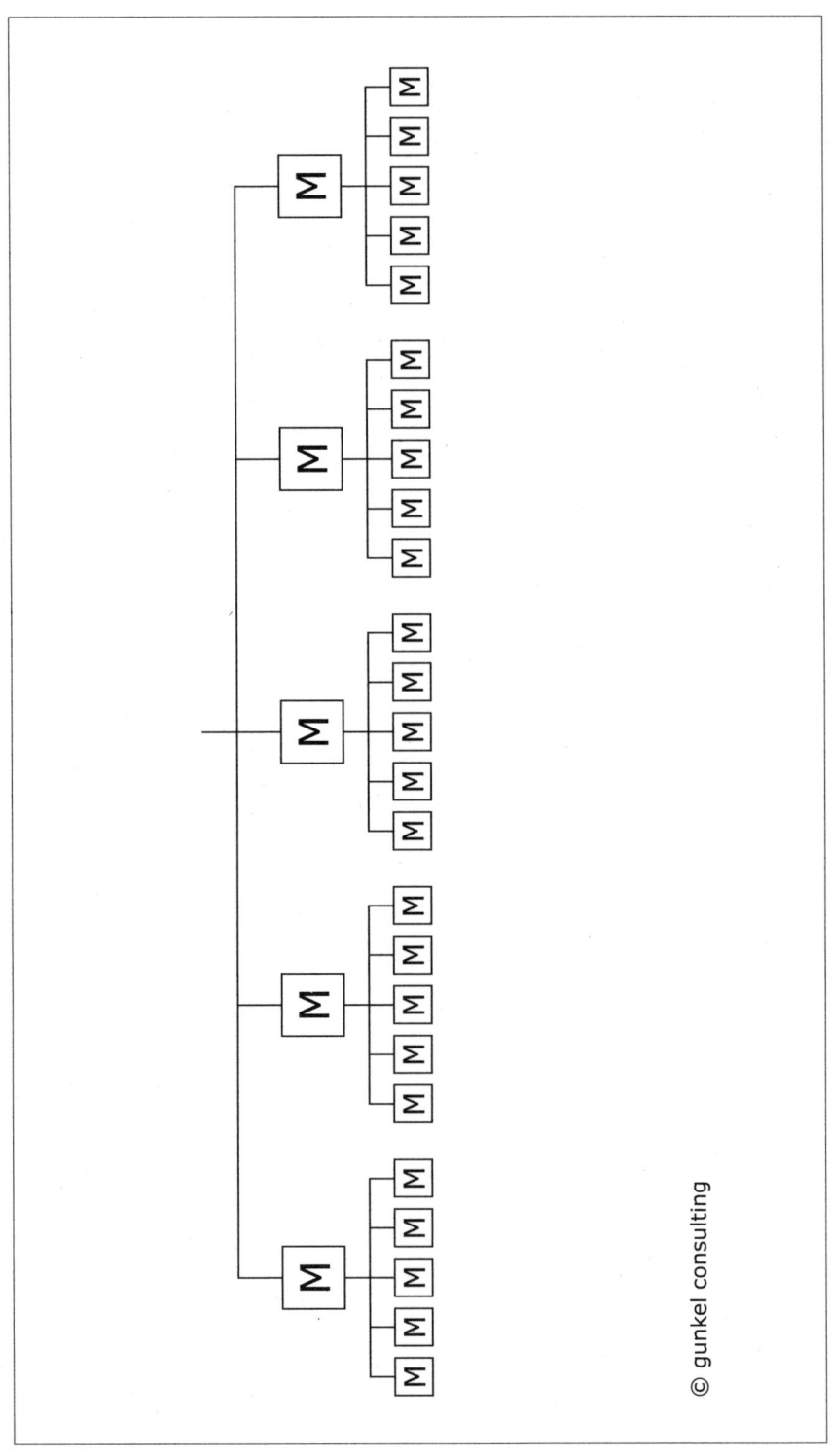

© gunkel consulting

Einen sich gut entwickelnden Bereich zu unterdrücken, zu schneiden oder zu bremsen ist jedoch der falsche Ansatz. Ein starker Geschäftspartner wird dies sofort merken. Wird ein Top-Partner ausgebremst, werden die Harmonie und der Teamgeist zwischen den Führungskräften mit Recht für immer vergiftet sein. Ein solches Fehlverhalten wird der Nachfolger seinem Vorgesetzten nie vergessen. Das Ausbremsen ist eine Praxis, die man beobachten kann, wenn der Führungskopf befürchtet, von seinem stärksten Ast überflügelt und gar überholt zu werden.

Das richtige Verhalten einer Führungskraft besteht darin, bei einer überdurchschnittlich positiven Entwicklung eines Teambereichs durch massives Engagement im Restbereich des Teams ein gesundes Gegengewicht zu schaffen. Dies ist der beste und einzige Weg, um von seinen Geschäftspartnern als souveräner Leader anerkannt zu werden.

Wenn auf Dauer eine ausgewogene Verteilung von mindestens fünf Strukturen erreicht ist, hat man eine optimale Voraussetzung für eine respektvolle Führung. Liegt diese entsprechende Spreizung vor, werden die Hinweise und die Anleitung der Führungskraft gerne angenommen. Mit der Orientierung an mindestens fünf oder mehr starken Teams ist man im Gruppenaufbau immer auf der sicheren Seite.

Unter einer Struktur versteht man eine Führungskraft, die Geschäftspartner nachgezogen hat, die ihrerseits wiederum Geschäftspartner gewonnen hat. Das bedeutet, es wird erst dann von einer Struktur gesprochen, wenn ein Bereich drei Ebenen von Geschäftspartnern aufweist. Alle drei Ebenen werden gezählt, wenn durch sie laufend neue Partner gewonnen werden. Das ist die Voraussetzung für ein ständiges weiteres Wachstum, weil in allen Ebenen für neue Geschäftspartner gesorgt wird.

Eine Struktur

Von Anfang an muss mit der Gewinnung einer ausreichenden Anzahl paralleler Geschäftspartner begonnen werden, zumal die erschwerten Bedingungen, die sich durch die EU-Anpassungen ergeben haben, ein erhöhtes Engagement erfordern. Wenn Ihnen der Aufbau von Partnern von Anfang an gelingt, gehören Sie nicht nur zur Elite der Führungskräfte Ihres Unternehmens, sondern auch zu den Top-Leuten der ganzen Branche. Nur ein geringer Prozentsatz aller Führungskräfte kann fünf oder mehr gesunde Strukturen vorweisen.

Wenn Sie sich an das folgende System von Beginn an halten, werden Sie in strukturierten Vertrieben mit außerordentlichem Erfolg belohnt, der sich für Sie in einem weit über dem Durchschnitt liegenden Einkommen auszahlt. Sie werden mit Ihrem vorbildlichen Gruppenaufbau sowohl Ihre Unabhängigkeit gegenüber Ihren Partnern behalten, als auch den maximalen finanziellen Erfolg erzielen. Ihre Führungskräfte werden in Ihnen das beste Beispiel eines nachahmenswerten Gruppenaufbaus haben, dem sie nacheifern können. Sie werden als Führungspersönlichkeit von Ihren Partnern aufgrund Ihrer Leistung geschätzt und geachtet. Sie tun selbst die Dinge so, wie Sie es von Ihren Geschäftspartnern erwarten, und sind ein gutes Vorbild für Ihre ganze Gruppe.

Fünf Finger sind der Schlüssel zum Erfolg

Fluktuation von Partnern

Nehmen Sie sich als Orientierung die Anzahl der Finger Ihrer Hand. Ein Vertriebsprofi muss so lange Einstellungsgespräche führen, bis er seine fünf ihm direkt unterstellten Multiplikatoren gewonnen hat. Der anfängliche Gruppenaufbau generiert sich in manchen Vertrieben aus Nebenberuflern, was eine Fluktuation mit sich bringt. Es muss daher gerade zu Beginn damit gerechnet werden, dass der ein oder andere Geschäftspartner wegbricht. Reduziert sich dadurch die Anzahl der fünf direkt unterstellten Partner, so werden ab diesem Moment alle anderen Aufgaben neben der Neugewinnung zur Nebensache! Sofort sollten mit aller Kraft neue direkte Geschäftspartner angeworben werden. Und es sollte erst dann damit wieder aufgehört werden, bis verlässlich davon auszugehen ist, dass der oder die neuen Partner, die für das Auffüllen der Mindestanzahl der fünf Direkten zuständig sind, im Unternehmen verbleiben. Nichts ist so wichtig wie die Erreichung dieses Ziels.

> **Der Neuaufbau sollte so lange höchste Priorität behalten, bis die erforderlichen fünf direkt unterstellten Geschäftspartner dauerhaft vorhanden sind. Erst wenn die erste Ebene der fünf direkten Partner aufgebaut ist, kann der Auf- und Ausbau der zweiten Ebene betrieben werden.**

Wenn die eigene Struktur steht, wird die erste Generation untermauert und weiter stabilisiert. Durch das „Unterbauen" der ersten Generation mit neuen Partnern wird das Ausscheiden der Direkten immer unwahrscheinlicher.

Direkte Partner

Man sollte beim Vertriebsaufbau immer mit der Fluktuation von Geschäftspartnern rechnen, und zwar aus den unterschiedlichsten Gründen. Nicht nur Abwanderung oder Abwerbung, sondern ganz natürliche Schicksalsschläge wie Krankheit, Unfall oder gar Tod sind möglich.

Aus diesen Gründen sollte man die Gewinnung neuer Partner nie ganz aus den Augen verlieren. Es sollten daher immer neue direkte Partner gewonnen werden. Dies dient nicht nur dem Ausgleich natürlicher Fluktuation, sondern behält auch den Bezug zur wichtigsten Basisarbeit im Vertriebsaufbau: dem Recruiting von direkten Geschäftspartnern. Ständig neue Geschäftspartner für das Geschäft zu gewinnen, ist der Weg, sein Einkommen immer weiter zu steigern. Durch das Vorleben dieses vorbildlichen Gruppenaufbaus schafft man gute Voraussetzungen für seine Führungskräfte, ebenso zu handeln. Wenn eine breite Spreizung vorgelebt wird, kann dies dazu führen, dass alle Geschäftspartner sich einen vorbildlichen Team-Aufbau erarbeiten. Vertriebsprofis haben dies hundert Mal gehört:

> **Die Breite der aufgebauten Teams und nicht etwa die Höhe der erreichten Positionen ist für ein kontinuierlich hohes Einkommen verantwortlich. Zwar wird darauf in zahlreichen Schulungen und Seminaren hingewiesen, trotzdem erreicht nur der kleinste Teil aller in Vertrieben tätigen Führungskräfte diesen vorbildlichen Gruppenaufbau.**

Es darf hier offen gesagt werden: Die richtige Auswahl der Geschäftspartner erfordert – auch mit der Unterstützung der in diesem Buch beschriebenen Anleitung – entsprechenden Aufwand, bis der angestrebte Teamaufbau erreicht ist. Wenn fünf oder mehr direkte Geschäftpartner in einer Tiefe von drei Ebenen als Spreizung vorhanden sind, so sind in manchen Vertrieben Einkommen in beachtlicher Höhe möglich. Dies sind Erfolgsperspektiven, die konsequentestes und diszipliniertestes Vorgehen rechtfertigen!

Alles geben!

Es ist nur angemessen, dass bei diesen gegebenen Chancen entsprechender Einsatz erbracht werden muss. Einer meiner ersten Mentoren brachte es auf den Punkt, indem er sagte:

> **„Vertriebsaufbau bedeutet: Eine beschränkte Zeit im Leben alles geben, was Körper, Geist und Seele vermögen."**

Was signalisiert Ihnen dieses Zitat? Es ist erforderlich, alles einzusetzen und sich voll einzubringen. Die erwünschte Erfolgswelle muss von Ihnen angeschoben werden. Durch intensive Arbeit werden fünf oder mehr Teamköpfe aufgebaut und mit ebenfalls starken Partnern untermauert. Damit wird erreicht, dass diese Führungsköpfe später eigenverantwortlich ihre Aufgaben erledigen. Nachdem das geschafft ist, können Sie ein bisschen weniger aufs Gaspedal treten, ohne dass Ihre Einnahmen sinken.

Der Traum wird wahr Voneinander unabhängig funktionierende und weiterhin wachsende Teams, die durchweg hervorragende Ergebnisse aufweisen, erzielen dauerhaft und stetig Ihr überdurchschnittlich hohes Einkommen. Auf diesem Weg kann Ihr Traum wahr werden, sehr viel Geld zu verdienen, und das mit einem überschaubaren Einsatz. Der Grund ist einleuchtend: Wurden die geeigneten Partner ausgewählt und systematisch aufgebaut, ist später für deren Betreuung weniger Zeit und Einsatz erforderlich. Als ich 2000 den aktiven Vertrieb verließ, waren meine stärksten Multiplikatoren so weit gefestigt, dass sie im Laufe der Zeit bis zum Jahr 2006 stärker und besser aufgestellt waren als je zuvor, natürlich ohne mein zwischenzeitliches Zutun. Die Basis dafür lag in der gegenseitigen Unterstützung, in mehr als zehn Jahren gemeinsamer Vertriebsarbeit und in der Perfektionierung und Anwendung der hier beschriebenen Gesetzmäßigkeiten für den Vertriebsaufbau.

Die reizvolle Perspektive besteht darin, dass dies machbar ist, sofern Sie einen hohen Einsatz während eines überschaubaren Zeitraums bringen können – um anschließend viele Jahre nachhaltig davon zu profitieren.

Teil 2
Praxis: Bausteine
zum systematischen
Gruppenaufbau

Die fünf Bausteine des Vertriebs

> **„Um Erfolg zu haben, muss man entschlossen und kühn sein"**
> (Anton Tschechow, 1860 – 1904, russischer Erzähler und Dramatiker).

Teller jonglieren Die Kunst im Vertriebsaufbau besteht darin, fünf wesentliche Teilbereiche zu beachten und möglichst zu perfektionieren. Diese Aufgabe scheint schwierig. Sie ist vergleichbar mit der Kunst des Tellerjongleurs in der Zirkusmanege, dem es gelingen muss, die rotierenden Teller auf Stäben fortwährend kreisen zu lassen, und zwar schnell genug, dass alle fünf Teller genug Schwung haben, um sich weiterzudrehen und nicht auf den Boden zu fallen und zu zerbrechen. Die Erfolgschancen sind bei Einhaltung der hier beschriebenen Konzepte sehr hoch, und Sie werden für die wesentlichen Dinge, die es zu beachten gilt, sensibilisiert. Sie sollten immer alle fünf Bausteine des Vertriebs im Auge behalten. Die Bausteine werden im Folgenden detailliert erläutert. Anschließend erfordert es Ihre Disziplin, das Erlernte anzuwenden und umzusetzen. Die fünf Bausteine bauen aufeinander auf und greifen wie Zahnräder bei Ihrem Teamaufbau ineinander.

1. Das erforderliche Namenspotenzial ist zusammenzutragen. Wie die notwendige Anzahl auf den verschiedenen Zugangswegen gewonnen werden kann, wird in den nachfolgenden Kapiteln erläutert.
2. Die professionelle Terminvereinbarung. Es wird erläutert, wie dabei die besten Ergebnisse erzielt werden.
3. Das Einstellungsgespräch für die Gewinnung neuer Partner kann durch einfache Hinweise leicht optimiert werden.
4. Wurden die geeigneten Geschäftspartner für Ihren Vertrieb gewonnen, gilt es, diese durch eine professionelle Einarbeitung sehr schnell produktiv zu machen – das ist kein Hexenwerk.
5. Führungshilfen erleichtern es, die Motivation der gewonnenen Geschäftspartner langfristig aufrechtzuerhalten und damit die Bindung außerordentlich zu steigern. Die Fluktuation von guten Leuten wird minimiert.

Der Erfolgspfeil und die damit in Verbindung stehenden Bausteine sollten sitzen wie das kleine Einmaleins. Ziel ist es, fünf oder mehr Geschäftspartner zu finden, diese zu begeistern und sie zum Einstieg zu bewegen. Die größere Herausforderung besteht darin, die richtigen Menschen zu finden und die gefundenen Personen zu Führungspersönlichkeiten zu entwickeln, die alle die folgenden Anforderungen erfüllen: unabhängig von Ihrer Anwesenheit und Ihrem Zutun Ihr Geschäft voranzubringen. Ihre wichtigsten direkten Partner sollten Sie so erfolgreich machen, dass diese keinen Anlass haben, sich nach einer anderen Aufgabe umzusehen. So gewährleisten Sie, dass Ihre Struktur breit bleibt.

Ist das wirklich realisierbar? Die Antwort lautet: mit der richtigen Strategie Ja. Es handelt sich um eine Aufgabe, die mit der Umsetzung der fünf Bausteine, verbunden mit gezieltem Einsatz, absolut machbar ist. Die Suche nach den fünf Multiplikatoren kommt der Suche nach der berühmten Stecknadel im Heuhaufen gleich: Nur mit fünf- bis sechsfachem Durchkämmen des Heuhaufens findet man sie. Wer systematisch fünf Bausteinen vorgeht, wird es viel leichter schaffen.

Der größte Feind Ihres Teamaufbaus ist die Zeit! Um diese Multiplikatoren für Ihr Geschäft zu gewinnen, gibt es scheinbar unendlich viele Möglichkeiten und Wege. Sie haben aber keine Zeit für Experimente nach der Methode Versuch und Irrtum. Es gilt daher, strategisch vorzugehen und sich auf die fünf Bausteine des Teamaufbaus zu konzentrieren.

1. Namenspotenzial

Die Bedeutung des Namenspotenzials

Schwierige Ansprache?!

Ein Vertriebler sollte sich immer wieder die gleiche Frage stellen: Wie komme ich an neue Namen? Wie und wodurch kann ich die Quantität und die Qualität des mir zur Verfügung stehenden Potenzials erhöhen? Schon beim Eintritt in den Vertrieb sollte man diese Frage stets im Hinterkopf behalten. Ist diese Gewohnheit einmal verinnerlicht, erreicht man damit den gewünschten Effekt. Bei jedem Menschen, wo immer man ihm auch begegnen mag, stellt man sich die Frage:

> **Ist dieser für mein Business ein Kunde, ein Geschäftspartner oder wenigstens ein potenzieller Empfehlungsgeber? Wenn nicht, inwieweit kann er mir sonst für mein Geschäft behilflich sein? Jeder noch so unbedeutend erscheinende Kontakt kann den eigenen Geschäftsaufbau beträchtlich nach vorne bringen kann.**

Die richtige Identifikation mit dem eigenen Vertriebsaufbau bedeutet entweder die Beratung für den Kunden oder die Geschäftschance einer möglichen Zusammenarbeit als Vertriebspartner im Gedächtnis zu haben. Dies ist die Voraussetzung dafür, dass der Repräsentant es als seine Verpflichtung ansieht, seinem Umfeld die Gelegenheit zu bieten, alle Vorzüge seines Geschäftes zu nutzen. Erst wenn man jeden einzelnen zur Verfügung stehenden Namen nach allen Möglichkeiten abgeklopft hat, hat man diese Verpflichtung verinnerlicht.

Bittere Erfahrung

Die Bedeutung des eigenen Namenspotenzials und der Wert einer einzigen Telefonnummer wird den meisten Vertrieblern leider erst durch bittere eigene Erfahrung bewusst: Nachdem sie einige Zeit alle guten Ratschläge ihrer Führungskräfte in den Wind geschlagen und nicht dafür gesorgt haben, ihr Namenspotenzial frühzeitig zu erweitern, stehen sie plötzlich vor dem unvermeidlichen Aus. Alle Namen, alle Telefonnummern sind abgearbeitet, und sie erkennen zu spät, dass sie sich selbst ins Abseits gespielt haben. Was nun, wenn großer Ehrgeiz, hohe Ziele und fantastische Perspektiven wie eine Seifenblase zu platzen drohen, wenn man zu der lähmenden Aussage kommt: „Ich weiß nun wirklich nicht mehr, wen ich noch anrufen soll"? Manchmal ist solch eine scheinbar aussichtslose Situation der Anlass, sein Namenspotenzial mehr zu schätzen.

Ich weiß noch genau, wie ich mich nach meinem geschäftlichen Ortswechsel von Mannheim nach Frankfurt nur noch auf meinen Aufbau im Rhein-Main-Gebiet konzentrierte. Ich hatte mich entschlossen, Frankfurt zum Mittelpunkt meines Vertriebsaufbaus zu machen. Nach drei Jahren waren die Mannheimer Verbindungen eingeschlafen. Bei meiner Kundenakquise in Frankfurt war meine Empfehlungskette abgerissen und mein eigener Strukturaufbau derart schmal, dass ich mit zwei Stufengleichen und einem zu schwachen Restbereich gezwungen war, direkt aufzubauen. Ich hatte keine Wahl, denn finanziell hatte ich mich an die Wand gespielt. An meinen Positionsgleichen verdiente ich nichts, weil ich auf deren Umsatz keine Differenzprovision bekam, und Eigenverkauf war mir nicht möglich, da ich nicht ausreichend für Empfehlungen sorgte. Alle Bekannten, Verwandten und Freunde schienen bereits zu Kunden geworden zu sein, und auch als Geschäftspartner hatte ich, wie ich glaubte, alle angesprochen. Verzweifelt irrte ich in Frankfurt umher, auf der Suche nach neuen Mitarbeitern. Je länger diese Situation anhielt, um so geringer war mein Selbstvertrauen – ein Teufelskreis war entstanden.

Jetzt wusste ich jede vielversprechende Telefonnummer für einen zukünftigen Geschäftspartner richtig zu schätzen. In meiner Verzweiflung bot ich einem meiner Kunden, der selbst nicht aktiv mitarbeiten wollte, von dem ich aber wusste, dass er ein großes Umfeld hatte, eine passive Zusammenarbeit an. Er sollte für jeden, der als Geschäftspartner anfangen würde, eine Prämie bekommen. Es funktionierte sehr schleppend, denn ich brauchte Wochen, um daraus wieder eine gesunde Basis aufzubauen. Erst die Erinnerung an diese einmal durchlebte Hilflosigkeit machte mir bewusst, wie es ist, nicht mehr zu wissen, wie es weitergehen soll. Wenn man erlebt hat, wie es sich anfühlt, wenn man kein Weiterkommen mehr sieht, wenn man die Zeit mit all ihren Zweifeln durchgemacht hat, ändert sich Vieles. Man tut alles, um das nie mehr zu erleben.

Jeden Namen schätzen lernen

Kapital des Vertrieblers

Haben Sie diese Situation schon hinter sich? Dann besitzen Sie die notwendige Aufmerksamkeit für die auf den folgenden Seiten erläuterten Zugangswege für einen professionellen Aufbau Ihres Namenspotenzials. Andernfalls hilft Ihnen vielleicht auch meine Erfahrung. Mit der Umsetzung der folgenden Hinweise legen Sie nicht nur den entscheidenden Grundstein für Ihren Unternehmensaufbau, sondern auch die Grundlage für einen professionellen Umgang mit dem wichtigsten Kapital eines Vertrieblers.

> **Das Kapital, das über Ihren Erfolg oder Misserfolg entscheidet, ist das Ihnen zur Verfügung stehende Namenspotenzial. Das Ergebnis bei einem zu geringen Namenspotenzial ist die mangelnde Qualität der rekrutierten Personen.**

Das vielfach niedrige Niveau der Damen und Herren, die für den Vertriebsaufbau gewonnen werden sollen, ist kein Zufall. Klar, wenn man nur 10 bis 20 Leute anrufen kann und jeden nehmen muss, der Ja sagt, auch wenn er ungeeignet scheint.

„Stelle nur Leute ein, die besser sind als du selbst!" Leicht gesagt – schwer getan! Sicher ist, dass die Höhe des Pro-Kopf-Umsatzes immer von der Stornoquote der Geschäftspartner abhängt. Tatsächlich arbeitet jeder Vertriebler viel lieber mit Top-Leuten als mit „Schwachen". Doch die gängige Praxis, die ich kennengelernt habe, sieht meist anders aus. Ich konnte beobachten, dass nach unten rekrutiert wird. Der Grund dafür liegt darin, dass den Multiplikatoren im Vertrieb viel zu wenig Potenzial zum Einstellen zur Verfügung stand. Motivierte und zielstrebige Vertriebler sind nicht faul. Aber wenn man nicht auswählen kann, muss man eben die Leute nehmen, die einem zur Verfügung stehen. Aus meiner täglichen Praxis als FührungsPartner sehe ich immer wieder, wie Multiplikatoren versuchen, aus etwas mehr als einer Handvoll Namen etwas Brauchbares zu zaubern – das ist schlichtweg unmöglich!

So werden Leute für das Geschäft gewonnen, die weit schwächer sind als die Recruiter selbst. Die Orientierung läuft in die falsche Richtung, nämlich nach unten statt nach oben. Natürlich könnte man einwenden, dass man es keinem ansieht, ob aus ihm eine tragende Säule des Systems werden kann. Tatsächlich aber kann man aus einem Ackergaul eben kein Rennpferd machen. Den „Ackergaul" sieht man den zweitklassigen Leuten wirklich an. Es ist viel Blauäugigkeit notwendig, um nicht zu sehen, dass ein niedriges Niveau dem Vertriebsaufbau nicht förderlich sein kann. Das Einzige, was dem Recruiter dann noch bleibt, ist die Hoffnung, mit der man allerdings sowohl viel Zeit als auch Kraft verliert.

Ackergaul oder Rennpferd

Aus welchem Grund werden wider besseres Wissen schlechte Leute eingestellt? Die Antwort liegt auf der Hand. Bevor die Recruiter gar nicht rekrutieren, nehmen sie lieber mit Zweitklassigen vorlieb – in der Hoffnung, dass sich doch ein Rennpferd aus ihnen entwickelt. Was geschieht, wenn durch zu geringes Namenspotenzial darauf verzichtet wird, auf Qualität zu achten? Wenn nicht selektiert wird, rekrutiert man nach unten! Da es sich bei den Angeworbenen um schwache Leute handelt, haben diese noch weniger Selbstvertrauen. Sie wagen sich nicht an erstklassige Leute heran. Die Folge:

> **Zweitklassige Leute bringen Drittklassige. Damit bewegt sich die Qualitätsspirale immer weiter nach unten. Gelingt es Ihnen hingegen, mit der richtigen Strategie erstklassige Leute zu gewinnen, werden diese sich sehr ungern mit zweitklassigen Leuten umgeben. Die entgegengesetzte Richtung heißt: Erstklassige Leute bringen nur Erstklassige!**

Daher bietet die Sicherung Ihres Qualitätsanspruchs sehr gute Voraussetzungen für Ihren zukünftigen Gruppenaufbau!

Noch einen weiteren Punkt gilt es zu beachten: Lassen Sie es zu, dass in Ihrem Team zweit- oder gar drittklassige Leute sind, werden diese dafür sorgen, dass erstklassige Leute es schwer haben werden, sich für Ihr Unternehmen zu begeistern. Die Top-Leute fragen sich zu Recht: Wohin bin ich denn hier geraten? Wahrscheinlich bekommen Sie nicht einmal mehr die Gelegenheit, Ihr Geschäft neutral vorzustellen, weil Top-Leute das Weite suchen und sich von Ihnen und Ihrem Geschäft abwenden.

Chancengeber

Sie sollten also mit allen Mitteln daran arbeiten, ein riesiges Potenzial aufzubauen, damit Sie jederzeit aus dem Vollen schöpfen können. Andernfalls werden Sie als Recruiter durch fehlende Alternativen immer weiter geschwächt. Sie fühlen sich nicht nur ohnmächtig, sondern sind es auch. Denn mit zu wenig Potenzial ist man nicht nur unfähig, die besten Interessenten auszuwählen, sondern gar nicht in der Lage, genügend Einstellungsgespräche zu führen, um die entsprechende Routine zu erlangen, Zusagen von Neuanfängern zu bekommen. Das ist keine Ausgangsbasis zum erfolgreichen Einstellen. Ein Recruiter braucht für sich selbst und seinen Interessenten das Gefühl, ein Chancengeber für andere zu sein.

Bei meinen ersten Ausbildungsreihen als FührungsPartner ließ ich früher meine Teilnehmer zu Beginn, nachdem ich über die Wichtigkeit von Namen gesprochen hatte, eine Übung durchführen. Ich sprach darüber, die natürliche Kontaktfreude in aktives Kontaktstreben zu verwandeln. Im Schulungsraum erklärte und trainierte ich die Grundlagen einer Fremdansprache unter Anwendung eines in der Praxis erprobten Gesprächsleitfadens. Danach erhielten die Teilnehmer die Aufgabe, außerhalb des Schulungsraumes im Feldtraining Fremdkontakte zu generieren und mit den erarbeiteten Telefonnummern zurückzukommen. Meist waren die Ergebnisse viel besser, als die Teilnehmer es selbst für möglich gehalten hatten. Bei dieser Übung ging es mir nur in zweiter Linie um die Ergebnisse, obwohl die meisten Zuhörer auch davon sehr begeistert waren. Neben der Überwindung, die allen Teilnehmern abverlangt wurde, wussten nach einer solchen Aktion alle den Wert einer so erkämpften Telefonnummer wesentlich höher zu schätzen. Teilnehmer, denen diese Übung schwer fiel, waren ab diesem Zeitpunkt sehr viel offener für alternative Zugangswege der Potenzialgewinnung, die weniger spektakulär, aber viel effektiver sind. Für die meisten waren andere Wege sehr viel einfacher, wurden jedoch meist erst nach der Konfrontation des Fremdkontakts mit der notwendigen Konsequenz angewandt.

Veränderung des Bekanntenkreises Gerade die erfahrenen Leser werden an dieser Stelle stutzen, denn die Erstellung einer Namensliste kann doch nicht wirklich der alles entscheidende Tipp eines FührungsPartners wie Klaus Gunkel sein. Bedenken Sie dabei das Folgende: Als Sie vor einigen Jahren in der Branche gestartet sind, haben Ihre Führungskräfte Ihnen mehr oder weniger halbherzig nahegelegt, eine Namensliste zu erstellen. Die wenigsten Führungskräfte – das ist meine Erfahrung – haben sich die Mühe gemacht, diese Potenzialanalyse in drei bis vier Stunden mit

Ihnen gemeinsam zu erstellen. Meist wurden doch solche Listen – wenn überhaupt – halbherzig und unter Zeitdruck angefertigt.

Wenn diese Arbeit zwei, fünf oder noch mehr Jahre zurückliegt, vergegenwärtigen Sie sich die Anzahl der Menschen, die Ihnen seither begegnet ist. Vergleichen Sie einfach einmal Ihren früheren Lebensmittelpunkt mit dem jetzigen. Sie haben andere Hobbys, fahren ein anderes Auto, haben andere Interessen und haben andere Freunde und Bekannte! In der Zwischenzeit waren Sie sicher nicht tagtäglich mit dem Thema Vertriebsaufbau im Gedächtnis unterwegs. Um so weniger haben Sie jede neue Bekanntschaft auf Ihre Geschäftsidee angesprochen, geschweige denn ein ernsthaftes und ausführliches Anwerbungsgespräch mit diesen Menschen geführt. Also bietet ein Neustart und das Überdenken Ihres Namenspotenzials für Sie durchaus eine ganz neue Basis für Ihren Teamaufbau.

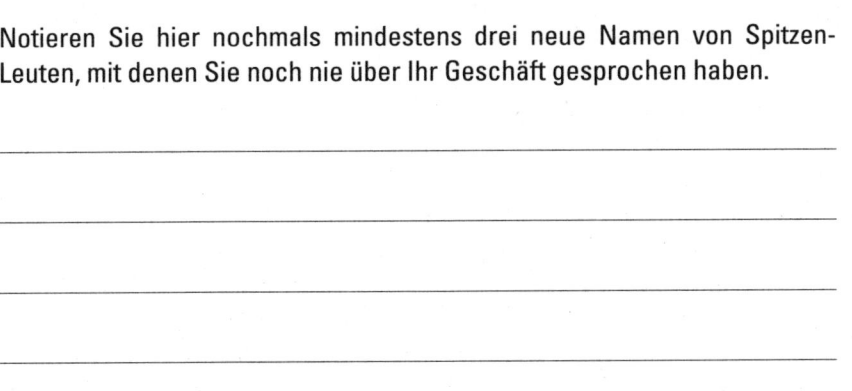

Praxistipp

1. Durchforsten Sie Ihr Namenspotenzial nochmals gewissenhaft auf der Suche nach Top-Leuten. In Ihrem Umfeld sind Perlen für Ihren Vertriebsaufbau versteckt, mit denen Sie noch nicht gesprochen haben.

Notieren Sie hier nochmals mindestens drei neue Namen von Spitzen-Leuten, mit denen Sie noch nie über Ihr Geschäft gesprochen haben.

_____

_____

_____

_____

_____

2. Genauso gehen Sie mit den von Ihnen bereits geführten Einstellungsgesprächen vor. Wenn Ihnen die erforderliche Beharrlichkeit und das Durchhaltevermögen bisher gefehlt haben, profitieren sonst vielleicht andere davon, dass Sie diese Menschen auf die Chance des Vertriebsaufbaus aufmerksam gemacht haben.

Notieren Sie hier deshalb mindestens drei Namen von Spitzen-Leuten, mit denen Sie schon einmal über Ihr Geschäft gesprochen haben. Sie sollten Ihnen sympathisch sein, und Sie sollten sicher sein, dass sie ihren Weg in Ihrem Unternehmen machen werden.

_____

_____

_____

_____

3. Für diese sechs Personen denken Sie sich ein individuelles Einstellungsgespräch aus. Was genau werden Sie mit diesen Menschen besprechen? Mit welchem Motiv, mit welcher Vision werden Sie diese Menschen für sich und Ihre Geschäftsidee gewinnen?

Die Vorteile des eigenen Umfeldes

Einen Vorteil haben Vertriebler, die über einen sehr großes Umfeld verfügen. Doch auch Durchschnittsbürger, die sich eine Vertriebsgruppe aufbauen wollen, sehen oft den Wald vor lauter Bäumen nicht. Die Aufgabe besteht darin, ein möglichst großes Namenspotenzial zu sichten und auf Damen und Herren durchzuschauen, die sich für eine selbstständige Tätigkeit eignen oder zumindest dafür offen sind. Ziel sollte es sein, Zugriff auf ein ausreichend großes Potenzial von möglichen Interessenten für eine Zusammenarbeit zu haben. Beginnen Sie in Ihrem engsten Umfeld. Sind Sie selbst ein Gewinnertyp, dann verbergen sich die besten Leute für Ihren Geschäftsaufbau mit Sicherheit in Ihrem eigenen Umfeld bzw. Bekanntenkreis. Gleiches zieht Gleiches an! Haben Sie in Ihrem engeren Umfeld jedem schon einen ernsthaften Vorschlag für eine Zusammenarbeit gemacht? Wenn ja, wie konkret war Ihr Angebot, und wie lange liegt Ihre Anfrage schon zurück?

Arbeitslose Das Leben und die berufliche und wirtschaftliche Situation der Menschen ändern sich seit einigen Jahren so schnell wie nie zuvor. Zurzeit werden in Deutschland monatlich 7000 Menschen arbeitslos. Die Medien sprechen von mehr als 5 Millionen Arbeitsuchenden. An dieser Tendenz scheint sich auch mittelfristig nicht viel zu ändern, gerade bei den

Führungspersönlichkeiten, die Sie ja für den Vertriebsaufbau suchen. Ein Großteil der leitenden Angestellten in sehr verantwortungsvollen Positionen ist unzufrieden mit der jetzigen Tätigkeit. Die Mehrzahl hat innerlich schon gekündigt, aber aus Mangel an Alternativen den Schritt noch nicht vollzogen. Auch Selbstständige und Freiberufler suchen neue Wirkungskreise und Herausforderungen. In einer Zeit, in der Themen wie „Wertewandel", „neue Perspektiven" und „Veränderung" Schlagworte sind, ist für Chancen-Verteiler – wie Sie als Vertriebsprofi sich selbst sehen dürfen – Hochkonjunktur. Es bestehen ideale Voraussetzungen für ernst gemeinte neue berufliche Perspektiven.

Was nutzt dies jedoch, wenn die Menschen von Ihnen nicht erfahren, dass Sie eventuell eine neue Perspektive anbieten können? Sie werden sehen, gerade die besten Leute werden am interessiertesten auf Ihre konkreten Vorschläge für eine berufliche Neuorientierung reagieren.

> **Deshalb machen Sie konkrete Vorschläge für eine neben- oder hauptberufliche Zusammenarbeit, und zwar gerade den Damen und Herren, von denen Sie glauben, sie seien schon so erfolgreich, dass sie unmöglich auf Ihre Vorschläge eingehen – Sie werden sich wundern.**

Die meisten werden über ein unterbreitetes Angebot erfreut oder dafür sogar sehr dankbar sein. Ich bin sicher, Sie werden positiv überrascht sein. Wenn Sie von der Fähigkeit von potenziellen Geschäftspartnern überzeugt sind, bleiben Sie dran und halten Sie Ihre Gesprächspartner auf dem Laufenden. Es ist manchmal nur eine Frage des richtigen Zeitpunktes, bis Ihr Angebot auf fruchtbaren Boden fällt.

> **„Erfolg hat nur, wer etwas tut, während er auf den Erfolg wartet"**
> (Thomas Edison, 1847 – 1931, amerikanischer Erfinder).

Hundert Telefonnummern – die Eintrittskarte

Das Minimum muss bei einer Anzahl von mindestens 100 Namen liegen. Es zählen anrufbare aktuelle Telefonnummern. Sehen Sie für sich selbst diese Mindestmenge als eine Art Starterlaubnis für Ihren Teamaufbau und machen Sie Ihren Job als Einzelverkäufer so lange weiter, bis Sie diese Grenze überschritten haben. „Das Gesetz der großen Zahl" bringt uns zu Pareto.

Pareto-Prinzip   Vilfredo Pareto lebte im 19. Jahrhundert und war Professor für politische Ökonomie an der Universität von Lausanne. Er erkannte, dass in vielen Märkten überall auf der Welt ein Großteil der Aktivitäten auf einen Bruchteil der Akteure entfällt, wie auch ein Großteil der Resultate mit einem Bruchteil des Einsatzes erzielt wird. Dies wurde als die 80/20-Regel bzw. als Pareto-Prinzip bekannt.

> **Circa 80 Prozent des Geschehens entfallen auf circa 20 Prozent der Beteiligten; ebenso gehen ungefähr 80 Prozent aller Ergebnisse auf ungefähr 20 Prozent des Arbeitseinsatzes zurück.**

Das Zahlenverhältnis kann sich verschieben und ist nicht starr: Es kann – je nach Bereich – auch 75:25 oder 90:10 betragen; auf jeden Fall besteht immer ein krasses Ungleichgewicht zwischen Aufwand und Resultat – ein Ungleichgewicht, dass Sie gezielt zum Aufbau Ihres Namenspotenzials nutzen können!

Nach dem Pareto-Prinzip werden lediglich 20 Prozent der Leute der von Ihnen zusammengestellten 100 Namen geeignet sein. Der Nachteil: Sie wissen nicht, welche 20 Menschen die richtigen für Ihren Vertriebsaufbau sein werden. Es werden von diesen 20 potenziell Richtigen zum Zeitpunkt Ihres Anrufs nur etwa 5 bis 10 Personen willens und in der Lage sein, gleich zu starten. Mit besseren Zahlen würden Sie sich nur selbst belügen. Ich glaube an Arbeit, nicht an Wunder. Was dem Fleißigen entgegenkommt, ist das Glück des Tüchtigen, das dann eintritt, wenn Sie durch Ihre Aktivitäten „das Gesetz der großen Zahl" auf Ihre Seite gezogen haben.

Möglichkeiten der Generierung von Namenspotenzial gibt es zahlreiche. Ich werde Ihnen die Methoden vorstellen, mit denen Sie die besten Ergebnisse erzielen. Bei genauer Beachtung und identischer Umsetzung der Vorgehensweise werden Sie Ihre besten Ergebnisse erzielen. Namenspotenzial kann sowohl im eigenen Umfeld als auch durch Fremdkontakte gewonnen werden. Entscheidend ist, dass Sie bereit sind, Ihre Hausaufgaben zu machen.

> **Je umfangreicher Ihr Namenspotenzial ist, umso größer sind Ihre Erfolgschancen. Die Anzahl der möglichen ansprechbaren Personen gibt Ihnen das Gefühl der Souveränität, das Sie brauchen, um sich von ausbleibenden Zusagen unabhängig zu machen.**

Denn die Gewissheit, nach einem erlebten Misserfolg noch genügend Eisen im Feuer zu haben, gibt Ihnen die notwendige Gelassenheit, die Sie zum weiteren Rekrutieren brauchen. Gehen Ihnen jedoch die Namen und damit Ihre Chancen aus, so kann es Ihnen passieren, dass sich das Gefühl einer Abhängigkeit von den Zusagen möglicher Geschäftspartner einschleicht. Menschen, die Sie für Ihre Idee gewinnen wollen, bemerken instinktiv Ihre geschwächte Position. Sie denken, dass Sie auf deren Zusage angewiesen sind, und wenden sich von Ihnen ab. Sie können und sollen Ihren Gesprächspartnern durchaus sagen, dass Sie diese für Ihre Idee gewinnen wollen. Doch niemals sollten Ihre Interessenten glauben, dass Sie sie brauchen oder gar auf deren Mitarbeit angewiesen sind.

> **„Beginne nicht mit der Suche nach einem Hindernis, vielleicht ist gar keines da"**
>
> (Franz Kafka, 1883 – 1924, deutsch-tschechischer Schriftsteller).

Das eigene persönliche Umfeld wird von den meisten Vertrieblern viel zu wenig für den eigenen Gruppenaufbau berücksichtigt. Meist ist der enge Kontakt der Grund dafür, dass sie den eigenen Bekanntenkreis nicht auf eine mögliche Geschäftspartnerschaft ansprechen. Stattdessen werden in Hunderten von Kilometern Entfernung fremde Menschen angeworben, eingearbeitet und langfristig unterstützt, während man die gleichen oder weit bessere Ergebnisse auch vor der eigenen Haustür erzielen kann. Wäre man nicht so betriebsblind, so würde man die sich bietenden Chancen erkennen, die im eigenen persönlichen Umfeld liegen und mit weniger Aufwand bessere Ergebnisse erzielen.

Manchmal wird diese Unterlassungssünde, seinen eigenen Bekannten oder Freund nicht angesprochen zu haben, mit einer steilen Karriere desselben woanders oder gar innerhalb des gleichen Vertriebs bei einem anderen Kollegen bestraft.

So erkennt der Amateur seine eigene Blindheit im Hinblick auf sein Namenspotenzial in seinem persönlichen Umfeld am besten. Folglich wird er durch die Situation schockiert, dass ein Vertriebskollege Leute aus seinem Bekanntenkreis zu einer Rekrutierungsveranstaltung eingeladen hat und seine Bekannten bei diesem Kollegen darüber hinaus noch erfolgreich gestartet sind. Nun wird er sich selbst seiner eigenen Vorgehensweise bewusst. Wie konnte er so blind sein, nicht selbst an seinen Bekannten zu denken, um ihn auf eine Zusammenarbeit anzusprechen? Dies steigert sich noch, wenn die Führungskraft von ihrem Bekannten mit der Frage konfrontiert wird, warum sie ihn denn nicht angesprochen habe, wo man sich schon so lange und so gut kennt. Jetzt ist das Jammern groß, weil beide versuchen, den Vertriebskollegen zu bitten, durch eine Freigabe die Zusammenarbeit der beiden Bekannten zu ermöglichen.

Ich habe solchen Freigaben nie zugestimmt. Ich wollte nicht die Bequemlichkeit meiner Führungskräfte unterstützen, die sich nicht eingehend genug mit ihrem eigenen Umfeld und den damit verbundenen Chancen befasst haben. Dabei hoffte ich stets, dass sie daraus lernen, denselben Fehler nicht ein zweites Mal zu begehen.

Vorteile des Umfeldes Ein unschätzbarer Vorteil des eigenen Umfeldes liegt darin, dass Ihnen diese Menschen persönlich nahe sind. Sie können aus Ihrer Erfahrung genau einschätzen, wie sympathisch sie Ihnen sind. Sie haben sie über Jahre hinweg kennengelernt und wissen deren Verhalten im Voraus einzuschätzen. Dies ist beim Gewinnen von Fremden erst nach Monaten des Kennenlernens möglich. Analysieren Sie die Menschen danach, was sie in der Vergangenheit gesagt, getan und erreicht haben, und Sie können deren Aussagen, Verhalten und Ergebnisse in der Zukunft sehr gut erahnen. Es geht hier nicht um die genaue Vorhersage, inwieweit sich die Person als Verkäufer oder Führungskraft eignen wird. Das wird man in der praktischen Arbeit sehen müssen. Aber Sie können wichtige Persönlichkeitsmerkmale des Charakters einschätzen, die viel wesentlicher sind als kurzfristige Prognosen über Erfolge oder Misserfolge: Wie ist es um Zuverlässigkeit, Ehrlichkeit, Durchhaltevermögen, Frustrationsschwelle, Einsatzbereitschaft, Belastbarkeit, soziale Kompetenz, die Bereitschaft, mehr zu tun, als verlangt wird, und viele andere Wesensarten bestellt, die für Sie wichtiger sind als die Wahrscheinlichkeit einiger Kundenabschlüsse? Ist es möglich, dass in Ihrem potenziellen zukünftigen Geschäftspartner eine Persönlichkeit steckt, die sich zu Ihrem Stellvertreter entwickeln kann? Das ist die Frage, ob sich hinter dem Neueinsteiger ein Mensch verbirgt, der in Zukunft in der Lage sein wird, für dutzende Geschäftspartner Verantwortung zu übernehmen. Nach Menschen solchen Kalibers sollten Sie Ausschau halten! Das ist die Stecknadel im Heuhaufen, die es zu finden gilt.

Keine Wunderschmiede Die meisten Vertriebler wissen allerdings nicht, dass genau dies die Stecknadel im Heuhaufen ist, nach der sie suchen müssen – als ob sich nach dem Prinzip Zufall durch die „Wunderschmiede" Vertrieb scheinbar wie von Zauberhand aus einem Ackergaul ein Rennpferd entwickeln würde. In Einzelfällen mag dies möglich sein. Doch die Mehrzahl der erfolgreichen Neueinsteiger in Vertrieben lag auch in ihrem vorangegangenen beruflichen Umfeld weit über dem Durchschnitt.

Die Einschätzbarkeit von Bekannten aus Ihrem Umfeld gibt Ihnen die notwendigen Einblicke, um die Erfolgswahrscheinlichkeit im Vertrieb vorauszusehen.

Man ist nie vor Überraschungen in die eine oder andere Richtung gefeit, aber Sie haben die Möglichkeit, sich z.B. zu fragen: Gehörte der ehemalige Klassensprecher nicht immer zu den Meinungsbildnern in der Schule? War er nicht damals schon sehr extrovertiert und aufgeschlossen, oder gehörte er nicht schon immer eher zu den Stillen? Sie haben bei Ihrer Potenzialrecherche im eigenen Umfeld die Chance, ganz gut einschätzen zu können, ob sich hinter einem ehemals verschollenen Namen einer Ihrer Top-Führungskräfte verbergen könnte.

Obwohl ich über Jahre hinweg regelmäßig monatlich Neustarter anwarb, waren unter meinen Direkten in der höchsten Stufe zwei ehemalige Bundeswehrkollegen aus meinem Grundwehrdienst sowie mein Schwager. Menschen eben, die ich schon seit Jahren gut kannte und mit denen ich schon vor der Vertriebszeit verbunden war. Deshalb enthalten Sie Menschen aus Ihrem Umfeld Ihre Vertriebsidee nicht vor. Der Kontext im Leben eines Menschen kann sich ändern, die grundlegenden Wesenszüge, die in der Kindheit angelegt wurden, ändern sich hingegen nur selten. Unabhängig davon, in welcher Situation Ihnen die Menschen als „Macher" auffielen, bleibt dieser Wesenszug ein fester Bestandteil ihres grundsätzlichen Charakters. Gelingt es Ihnen, diese Menschen für Ihre Geschäftsidee zu gewinnen und ihre Begeisterung zu „entzünden", stehen die Chancen sehr gut, dass sie auch in Ihrem Geschäftsbereich die Initiative ergreifen und leistungsstark mit Ihnen beim Aufbau Ihres Vertriebsaufbaus anpacken werden.

Die richtige Einstellung zur Analyse

Durch eine gewissenhafte Potenzialanalyse sollte es Ihnen gelingen, einen sehr guten und aktuellen Überblick über alle Menschen zu bekommen, die sich in Ihrem näheren und entfernten Umfeld befinden. Fast reflexartig meldet sich der Widerstand in jedem: „Ich kenne nicht viele Leute ..." Lassen Sie derlei Selbstbeschränkung weder bei sich selbst noch bei Ihren Geschäftspartnern zu! Einer meiner Lehrmeister

Überblick im eigenen Umfeld

sagte zu diesem Thema: „Wenn Sie nicht wirklich ein bedauernswerter und armer Tropf sind, kennen Sie 200, 300, 500 oder sogar 1000 Leute." Stellen Sie sich diese Frage einmal anders. Fragen Sie nicht: „Wen kenne ich?", sondern fragen Sie sich bei der Erfüllung dieser Aufgabe: „Wer kennt mich?" Welche Leute sind Ihnen schon begegnet?

Anhaltspunkte sind: Wer hat Sie schon einmal gesehen, erlebt, getroffen, bemerkt? Plötzlich wird klar, wie unfassbar groß die Zahl derer ist, denen Sie schon einmal begegnet sind.

Warme und kalte Zugangswege

Dies können durchaus flüchtige Begegnungen und Treffen sein. Für einen ersten und wesentlichen Eindruck wird diese erste Begegnung genügen, um sich an Sie zu erinnern. Der Vorteil einer solchen Begegnung ist: Sie arbeiten in einem „warmen" bekannten Bereich. Das ist viel einfacher, denn Sie haben einen gemeinsamen Bezug, an den Sie anknüpfen können – ein wertvoller Aufhänger, der Ihnen eine weit bessere Chance für ein persönliches Gespräch gibt als jeder andere Zugangsweg. Viele andere Zugangswege wie Fremdansprache, Empfehlungen oder Anzeigen sind entsprechend „kalt" und unpersönlicher. Dabei waren die Verbindungen entweder vorher gar nicht vorhanden oder nur viel schwächer für die Voraussetzung eines persönlichen Treffens für das angestrebte Einstellungsgespräch. Sie sollten also, wenn irgend möglich, für sich selbst und auch für den Geschäftspartneraufbau Ihrer Führungskräfte immer den „warmen" Bereich des Namenspotenzials vorziehen.

Alle Namen aufschreiben

Schreiben Sie bei Ihrer Sammlung der Kontakte bitte erst ganz wertfrei und ohne Vorauswahl für jeden Anhaltspunkt mindestens eine Person auf. Lassen Sie keinerlei Bewertung zu, sondern schreiben Sie alle Personen auf, ohne durch Ihre vorschnelle Wertung einen Großteil der Möglichkeiten auszuschließen. Erst zu einem etwas späteren Zeitpunkt nehmen Sie dann eine Klassifizierung der Personen vor. Vorerst wird alles zusammengetragen, woran Sie sich erinnern können. Die persönliche Selbstbeschränkung wird Ihnen bei jeder weiteren Potenzialrecherche Ihrer zukünftigen Partner wiederbegegnen, und Sie werden immer wieder dagegen ankämpfen müssen. Deshalb seien Sie vorbildlich bei der Aufstellung Ihres eigenen Potenzials. Es wird Ihnen helfen, Ihren zukünftigen Partnern in dieser Situation die richtigen Hinweise zu geben.

Die nächste Frage: Wie kommen Sie an deren Telefonnummern? Früher begann ich meine FührungsPartnerschaft mit dem Thema Namenspotenzial.

Immer wieder wurde von den Teilnehmern in Zusammenarbeit mit deren Führungskräften eine durchschnittliche Anzahl von 200 und mehr Namen erarbeitet. Im Jahr 2004 betreute ich einen Vertrieb, dessen Führungskräfte sich der Aufgabe des Namensaufbaus vorbildlich annahmen. Sie haben die nachfolgenden Hinweise 1:1 umgesetzt. In der Zeit zwischen der Aufgabenstellung und meiner nächsten Schulung lagen zwei Wochen. Sie hatten sich weit mehr als die aufgetragenen 100 Namen vorgenommen. In allen Wochen- und Führungskräfte-Meetings wurden die Geschäftspartner an die Erarbeitung des Namenspotenzials erinnert. Mit 138 Geschäftspartnern, die an der Schulung teilnahmen, erarbeiteten sie insgesamt 32.568 Namen mit Telefonnummern. Das waren 236 Namen pro Person! Die Fleißigsten hatten weit über 500 Namen mit Telefonnummern auf Gesprächsberichte in ihre Ordner übertragen. Daraus ist klar zu ersehen, wie wichtig die entsprechende Einstellung zu der jeweiligen Aufgabenstellung ist. Der Vertriebsinhaber selbst nahm sich die Aufgabe zu Herzen. Er brachte es auf 463 Namen mit Telefonnummern und versicherte, noch lange nicht am Ende zu sein, noch lange nicht alle Möglichkeiten ausgeschöpft zu haben. Sehen Sie jetzt, wie wichtig „Führen durch Vorführen" ist?

Der wichtigste Termin Ihrer Karriere

Die Frage, ob und wann aus diesem Potenzial Geschäftspartner, Kunden oder Empfehlungsgeber werden, stellen wir noch ein bisschen zurück. Werfen wir zunächst einen Blick darauf, wie systematisch aus dem eigenen Umfeld genügend Namenspotenzial zusammengetragen werden kann. Hier beginnt die berühmte Suche nach der „Stecknadel im Heuhaufen" mit einem Termin „mit sich selbst". Ja, Sie haben richtig gelesen: ein Termin mit sich selbst – der wichtigste Termin, den Sie im Vertrieb je vereinbart haben. Nur ein winziger Bruchteil der im Vertrieb tätigen Menschen hat sich dieser wesentlichen Aufgabe jemals wirklich gewissenhaft angenommen. Trotzdem wird sie umso vehementer durch die gleichen Führungskräfte von fast allen ihren Neueinsteigern eingefordert – ein wirklich schlimmes Beispiel, wie das Prinzip „Führen durch Vorführen" manchmal mit Füßen getreten wird.

Termin mit sich selbst

> **Investieren Sie mindestens einen ganzen Tag, besser eine ganze Woche, für diese wertvolle Aufgabe: den Termin mit sich selbst. Was bedeutet schon ein ganzer Tag, wenn dieser Sie befähigt, danach effektiver als je zuvor nach Ihren direkten Multiplikatoren suchen zu können.**

Reservieren Sie sich einen ganzen Tag innerhalb der nächsten 10 Tage, nachdem Sie diese Zeilen gelesen haben.

Halten Sie genau an diesem Punkt inne. Wenn Sie es ernst meinen, lesen Sie jetzt bitte nicht weiter, sondern stehen Sie auf, holen Sie Ihren Timer, Ihr Zeitplanbuch, Ihren Organizer oder Ihren Terminkalender, um genau jetzt diesen für Ihre zukünftige Karriere wichtigsten Tag festzulegen. Gehen Sie die nächsten Tage gewissenhaft durch und reservieren Sie jetzt einen vollen Tag für sich. Überblicken Sie Ihre Termine der nächsten zehn Tage. Selbst wenn Sie den einen oder anderen Kunden- oder Rekrutierungstermin eingeplant haben, so verschieben Sie diesen, um sich für Ihre Potenzialanalyse den notwendigen zeitlichen Freiraum zu schaffen. Bedenken Sie: Dass Sie in der Vergangenheit schon von Kunden und Interessenten versetzt wurden, wie oft wurden schon – aus welchen Gründen auch immer – von anderen Ihre Termine verlegt! Treffen Sie die Entscheidung für eine professionelle Vorgehensweise und entscheiden Sie sich für Ihre eigene Initiative, den ersten wesentlichen Schritt zu Ihrem Vertriebsaufbau festzulegen. Haben Sie schon einen Termin bestimmt? Je länger Sie im Vertrieb tätig sind und je länger Ihre letzte Potenzialanalyse zurückliegt, desto einfacher und wertvoller werden die erarbeiteten Namen sein.

Das Umfeld Ihrer Vergangenheit, aber auch die neu gewonnenen Bekanntschaften der letzten Jahre sind Gold wert. Ihre persönliche Weiterentwicklung wird Ihnen ein völlig neues, meist sehr gut gestelltes Umfeld beschert haben. Dieses Potenzial wurde erfahrungsgemäß noch nie systematisch auf eine mögliche Zusammenarbeit im Vertrieb angesprochen, geschweige denn systematisch rekrutiert.

> **Diese wichtige Aufgabe, die in einem unmittelbaren Zusammenhang mit einem großartigen Ergebnis der Expansionsqualität steht, erfordert Zeit und Konsequenz. Lieber einmal gründlich und konsequent Ihr Namenspotenzial aufbauen, als hundert Mal halbherzig beginnen, ohne es konstant und zielgerichtet zu Ende zu bringen.**

Ihre Stecknadel finden

Ihren Tag sollten Sie von früh morgens um 9 Uhr bis spät abends um 22 Uhr reservieren. Sorgen Sie dafür, dass Sie ungestört arbeiten können, indem Sie sich vor „willkommenen" Unterbrechungen schützen. Nehmen Sie als Refugium ein leer stehendes Büro, in dem Sie niemand vermutet und stört. Verschließen Sie die Tür und sperren Sie sich selbst so lange ein, bis Sie am späten Abend mit Ihrer Aufgabe fertig sind.

Schalten Sie Ihr Handy aus, oder nehmen Sie vorsorglich den Akku heraus, um auch keine SMS abzurufen, und ziehen Sie den Stecker aus der Telefondose, um nicht unnötig abgelenkt zu werden. Jeder Name, jede Nummer kann wichtig sein. Es könnte die Stecknadel sein, die Sie suchen, um die Anzahl Ihrer noch fehlenden direkten Geschäftspartner zu ergänzen! Der Grundsatz sollte sein: Erledigen Sie diese Aufgabe einmal gewissenhaft und konsequent, statt dutzende Male halbherzig und unprofessionell. Setzen Sie alles daran, an die aktuelle Telefonnummer oder Adresse zu kommen.

Also, *wann ist der Termin, den Sie für diese Aufgabe festgelegt haben?* Tun Sie's gleich, sonst werden Sie's vielleicht nie tun. Ein intensiv und mit viel Fleiß erstelltes Namenspotenzial wird die Basis für Ihren Erfolg. Setzen Sie sich selbst ein zeitliches Ziel. Vielleicht verbinden Sie diese Aufgabe mit einer anschließenden Belohnung? Gönnen Sie sich ein besonders schönes Erlebnis – aber nur, wenn Sie den Termin mit sich selbst auch gewissenhaft eingehalten haben. Das folgende Blatt wird Ihnen dabei helfen. Kopieren Sie die folgende Seite und hängen Sie sie an einen Ort, an dem Sie sie täglich sehen – und so an Ihr Vorhaben erinnert werden. Der Kühlschrank oder Ihr Badspiegel sind dafür die besten Plätze.

Kapital des Vertrieblers

Ich vereinbare einen Termin mit mir selbst!

Ich werde mein persönliches Namenspotenzial für meinen zukünftigen Geschäftspartner-Aufbau zusammenstellen.

Es werden mindestens 100 Namen mit aktuellen Telefonnummern sein.

Der reservierte Tag ist der:

> **„Das Hinausschieben ist der größte Verlust fürs Leben.**
> **Es verzettelt immer den nächsten Tag,**
> **es entreißt die Gegenwart, indem es auf die Zukunft verweist.**
> **Das größte Hindernis des Lebens ist die Erwartung,**
> **die vom Morgen abhängt. Während man es aufschiebt,**
> **geht das Leben vorüber"**
> (Lucius Annaeus Seneca, 4 v.Chr. - 65 n.Chr.,
> römischer Philosoph und Dichter).

Seien Sie ehrlich zu sich selbst. Zählen Sie nur die Namen, von denen Ihnen auch die aktuellen Telefonnummern vorliegen. Betrachten Sie diese Aufgabe aus folgendem Blickwinkel: Es geht um Ihren Unternehmensaufbau.

> **Erst mit der Erreichung eines Namenspotenzials von mindestens 100 anrufbaren Namen haben Sie die Starterlaubnis für Ihre Recruiting-Aktivitäten. Erst dann soll Ihr Vorhaben, Top-Multiplikatoren zu gewinnen, in die Tat umgesetzt werden.**

Auf die Aufgabe, Potenziallisten zu erstellen, wird im strukturierten Vertrieb sehr häufig hingewiesen. Doch nur Profis beweisen echte Konsequenz bei der stringenten Einhaltung dieser systematischen Arbeitsweise. Wer diesen wichtigen Baustein des Recruitings befolgt, hat eine wichtige Voraussetzung der „Geheimnisse des Strukturaufbaus" verinnerlicht.

Wichtiger Baustein des Recruitings

Haben Sie sich schon für einen Termin in den nächsten Tagen entschieden? Wenn es Ihr fester Wille ist und Sie sich entschieden haben, Ihr Team viel schneller aufzubauen, dann lesen Sie jetzt nicht weiter, ohne sich festgelegt zu haben. Wenn Sie in Zukunft Ihre Mannschaft noch stärker nach dem Erfolgsprinzip „Führen durch Vorführen" aufbauen wollen, dann beginnen Sie heute, Ihre erste Hausaufgabe zu erledigen. Sie wollen doch nicht Ihren Partnern die Aufgabe der Potenzialanalyse aufzutragen, ohne sie zuvor selbst gewissenhaft durchgeführt zu haben?

Damit der reservierte Tag für Sie den maximalen Nutzen bringt, sorgen Sie im Vorfeld für die richtigen Unterlagen. So werden Sie effektiv und ergebnisorientiert arbeiten können und am gleichen Abend weit mehr

Unterlagen parat legen

als 100 Namen mit Telefonnummern haben. Seien Sie dabei gewissenhaft und einfallsreich! Bemühen Sie sich schon beim Zusammentragen der Unterlagen, die Ihnen bei Ihrer Potenzialanalyse gute Dienste leisten werden. Seien Sie durch und durch Profi, indem Sie nichts dem Zufall überlassen.

> **Wenn Sie sich einen ganzen Tag für Ihren Namensaufbau reservieren, so sollte Ihr Ziel sein, einmal im Leben Ihre komplette Vergangenheit aufzuarbeiten. Es sollte eine Dokumentation Ihres ganzen bisherigen Lebens sein. Alle Menschen, die Ihnen bisher in Ihrem Leben begegnet sind, können dazu beitragen, bei Ihrem Vertriebsaufbau nützlich zu sein, ohne diesen Nutzen auf die mögliche Zusammenarbeit als Geschäftspartner zu beschränken.**

Krabbelstube Haben Sie Ihre Hausaufgabe gewissenhaft gemacht, so werden Sie sich vor einem schier unerschöpflichen Namenspotenzial wiederfinden. Lassen Sie daher keine Station Ihres Lebens aus. Beginnen Sie mit dem Kindergarten oder sogar mit den Kindern, mit denen Sie die Krabbelstube besuchten. Denken Sie an Grundschule, Realschule, Gymnasien, Berufschule usw. Vergessen Sie nicht die Interessensgebiete, die Sie als Kind verfolgten. In den seltensten Fällen sind Sie Ihren Interessen alleine gefolgt. Wenn Sie Tag und Raum für Ihre Potenzialanalyse ausgewählt haben, präparieren Sie sich mit allen Utensilien und Unterlagen, die Ihnen einen schnellen Zugriff auf die gesuchten Telefonnummern ermöglichen. Es wird die Hauptaufgabe sein, zu den ungefähr ermittelten Namen die aktuelle Telefonnummer zu ermitteln.

So gehen Sie Nutzen Sie alle Ihnen zur Verfügung stehenden Telefonbücher sowohl
vor in Papierform wie auch in elektronischer Form (CD) und im Internet. Auch aktuelle und ältere Click-Tel-Versionen können Ihnen bei der Suche nach den begehrten Kontakten behilflich sein. Vielleicht haben Sie noch Zugriff auf alte Schülerzeitungen und Abi-Abgangslisten von unterschiedlichen Jahrgängen. Hatten Sie bisher weniger Wert auf eine solche Sammlerleidenschaft gelegt, stöbern Sie Mitschüler oder Kommilitonen auf, die solche Unterlagen noch haben. Vielleicht können Sie die früheren Leitwölfe, Anführer, Klassensprecher oder Wortführer ausfindig machen! Genau das sind die Leute, die Sie suchen, die Sie aufspüren müssen. Finden Sie heraus, was diese Menschen heute tun. Vielleicht lassen sie sich von Ihrer Geschäftsidee inspirieren. Wenn ja, sind Sie einem weiteren potenziellen Führungskopf auf der Spur. Leihen Sie sich für diesen Zweck vorher die Fotoalben Ihrer Geschwister,

Ihres Lebenspartners und Ihrer Eltern aus. Legen Sie alle Ihre eigenen Fotoalben bereit sowie alle Ihnen zur Verfügung stehenden aktuellen und abgelegten Telefon-Register. Handy-Abc-Register werden Ihnen bei gewissenhafter Eingabe eine große Hilfe sein. Wenn das Handy über eine Schnittstelle verfügt, machen Sie sich mit Ihrem Computer einen Papierausdruck. Eine Liste Ihrer Namen, die Sie vor sich sehen, motiviert Sie mehr als das Scrollen auf Ihrem Display. Mit einer ausgedruckten Liste können Sie sich intensiver auseinandersetzen, das ist ja eben das Ziel dieser Arbeit. Besorgen Sie sich bei Ihren Vereinen, denen Sie angehören oder jemals angehörten, die Vereinslisten aller Mitglieder. Sowohl die aktiven als auch die passiven Mitglieder können sehr interessant sein.

Vereinsmitglieder

Ein ehemaliger Kollege trat nach seinem Wohnortwechsel in sieben ortsansässige Vereine ein. Seine Strategie, dadurch schnell auf ein großes Umfeld zurückgreifen zu können, ging auf. Er gewann dadurch Dutzende von Kunden, aber was für ihn noch wichtiger war: innerhalb von zwei Monaten drei direkte Geschäftspartner, die heute noch die Grundlage seines Gruppenaufbaus darstellen. Besorgen Sie die Vereinszeitungen; oft sind darin die Mitglieder mit Kontaktanschriften aufgeführt, was Ihren Zugang sehr erleichtern wird. Suchen Sie nach Listen von Kursen oder Seminaren, die Sie einmal besucht haben. Menschen, die bereit sind, sich weiterzuentwickeln, indem sie sich weiterbilden, sind Menschen, die Ehrgeiz haben. Das ist das Kriterium, nach dem Sie Ihre zukünftigen Geschäftspartner aussuchen müssen.

Checkliste zum Aufbau des Namenspotenzials

Wer kennt mich vom:	
Jetzigen oder früheren Arbeitsplatz:	Angestellte, Zulieferer, Kunden, Konkurrenten, Kurse …
Schule oder Universität:	Kommilitonen, Parallelklassen, Schülerzeitung, Klassenfahrten …
Hobbys/Sport:	Fußball, Handball, Tennis, Sauna, Trainer, Vorstände …
Gesellschaftliche Verpflichtungen:	Bundeswehr, Zivildienst, THW, DRK, DLRG, Parteien …
Wohnung/Haus:	Vorheriger Besitzer, Maler, Glaser, Hausmeister, Makler, Architekt …
Jetzige oder frühere Nachbarschaft:	rechts, links, oben, unten, gegenüber
Weil ich Auto fahre:	Fahrschule, Unfall, Anwalt, Händler, Tankwart, Waschstraße, Kfz-Werkstatt …
Tägliche Besorgungen:	Boutique, Bäcker, Metzger, Obst, Blumen, Lebensmittel, Getränke …
Verwandtschaft:	Cousin/Cousine, Freunde meiner Schwester/meines Bruders, Bekannte der Eltern …
Fotoalbum:	Kindergarten, Geburtstage, Klassenbilder, Party, Jugendfreizeiten, Silvester …
Wen würde ich auf meine Party einladen, von wem wurde ich schon eingeladen …	
Wen kenne ich durch meine Kinder:	Lehrer, Eltern, Sport-/Musiklehrer, Trainer der Vereine …
usw.	

Der Wert, den Sie Ihrem Namenspotenzial beimessen, ist umso höher, je mehr Mühe Ihnen das Zusammentragen gemacht hat.

Wenn Sie diesen Weg einmal eingeschlagen haben, so sollten Sie jetzt nicht müde werden, Ihr Potenzial immer wieder auszubauen. Es ist einfach, wenn es Ihnen gelingt, alle Zugangswege für die Namensfindung nutzen.

Wo immer Sie sich aufhalten, machen Sie sich bekannt. Sammeln Sie überall Telefonnummern und Visitenkarten: bei Firmenpräsentationen, Vorträgen, Messen, Empfehlungen von Kunden, Geschäftspartnern. Wo immer Sie auf Menschen treffen, machen Sie das Telefonnummern-Sammeln zu Ihrem liebsten Hobby.

Sich bekannt machen

Wer kennt mich?

Jetzt gehen Sie systematisch alle Bereiche Ihres persönlichen Umfeldes durch. Stellen Sie sich die folgenden Fragen und nehmen Sie sich für jeden Bereich ein neues Blatt Papier:

Wer kennt mich	aus der Schulzeit?
Wer kennt mich	aus der Ausbildung?
Wer kennt mich	aus dem Studium?
Wer kennt mich	aus dem Berufsleben? (Alle beruflichen Stationen aufschreiben und entsprechende Kontaktmöglichkeiten, wie beispielsweise Chefs, Kollegen, Kunden bis hin zum Pförtner usw. auflisten)
Wer kennt mich	durch gemeinsam besuchte Lehrgänge?
Wer kennt mich	durch gemeinsame Hobbys?
Wer kennt mich	durch die Bundeswehrzeit / Zivildienst / Soziales Jahr?
Wer kennt mich	durch soziales Engagement? (DRK, Feuerwehr, THW ...)
Wer kennt mich	als Vertragspartner? (Vermieter, Handwerker, Hausmeister, Bank, Sportstudio ...)
Wer kennt mich,	weil ich in der Nachbarschaft wohne?
Wer kennt mich,	weil ich Auto fahre? (Fahrschule, Autohändler, Tankwart, Waschstraße ...)
Wer kennt mich,	weil ich einkaufen gehe? (Bäcker, Metzger, Obstgeschäft, Reinigung, Getränkemarkt usw.)
Wer kennt mich	durch meine Familie?
Wer kennt mich	durch meine Kinder?
Wer kennt mich	durch gemeinsame Freunde?

Manchmal wird am Vertrieb kritisiert, dass der private Bekanntenkreis „abgeklappert" wird. Dem ist das Folgende entgegenzuhalten: Welcher Unternehmer, der seine Geschäftsidee ernst nimmt, wird nicht sein eigenes Umfeld nach Geschäftsmöglichkeiten durchleuchten? Noch wichtiger ist die Frage: Warum sollten diese Menschen nicht erfahren, welch großartige Geschäftsidee Sie verfolgen? Warum sollten Sie ihnen die Chance vorenthalten? Sie werden unter Umständen auf mehr Unterstützung treffen, als Sie denken. Es kommt darauf an, wie charmant Sie mit Ihren Gesprächspartnern umgehen. Wenn Sie merken, dass Ihr Angebot für den Gesprächspartner nicht interessant ist, dann bitten Sie ihn um Hilfe. „Kennen Sie jemanden, den mein Angebot interessieren könnte?" Oft werden Sie hören: „Für mich ist das nichts, aber den Herrn Muster könnten Sie fragen." So haben Sie wieder einen weiteren Namen für Ihre Potenzialliste.

Das Rekrutieren im eigenen Bekanntenkreis, das „warme" Umfeld, hat für Sie, aber auch für jede Ihrer Führungskräfte, folgenden Vorteil: Wenn Sie aus Ihrem eigenen Bekanntenkreis einen Geschäftspartner gewonnen haben, der von Ihnen erfolgreich eingearbeitet wurde, wird er von sich aus alles daran setzen, auch selbst zu rekrutieren. Wo wird er nach Geschäftspartnern suchen? Richtig, ebenfalls in seinem eigenen Bekanntenkreis. Die Folge: Es entwickelt sich ein homogenes Team, ein Team von Gleichen unter Gleichen.

Homogenes Team

> **Die Menschen ähneln sich in Alter, Interessen, Bildung, Status, Einstellung und Persönlichkeitsstruktur, und das ist sehr wichtig für den Aufbau und die Führung eines Teams. So gelingt es Ihnen am schnellsten, Teamgeist, Zusammenhalt und ein Wir-Gefühl zu erzeugen. Aus verschiedenen Einzelkämpfern wird gleich eine Gruppe mit dem Vorteil, dass sich das Team gegenseitig hält.**

Wahrscheinlich werden Sie alle Mitglieder der Gruppe auch mögen, weil es ja die Freunde Ihrer Bekannten sind. Sie können also damit rechnen, dass Ihnen die meisten sehr sympathisch sein werden. Das verbessert natürlich ungemein Ihre Erfolgsquote bei Ihren Einstellungsgesprächen und macht die Führung der ganzen Mannschaft für Sie später viel leichter. Kennen sich die Mitglieder bereits, z.B. aus dem Fußballclub oder der Freiwilligen Feuerwehr, dann setzen Sie den bereits bestehenden Teamgeist unmittelbar für Ihren Vertrieb ein.

Wie ist dies nun vergleichbar mit der Gewinnung im kalten und anonymen Umfeld? Wurde Ihr Geschäftspartner von Ihnen durch einen kalten Zugangsweg, wie z. B. durch eine Umfrage, einen Messestand, eine Anzeige oder durch einen Fremdkontakt gewonnen, und entscheidet sich der Geschäftspartner für seine ersten Expansionsschritte, so wird er als Erstes fragen: Wann kann ich meine erste Anzeige schalten oder wann machen wir eine gemeinsame Umfrage-Aktion? So wie Sie es durch Ihr Beispiel vorgelebt haben, wird Ihr Geschäftspartner auch vorgehen wollen. Ein sehr fragwürdiger Weg für die meist unerfahrenen Neulinge!

Es braucht ausgesprochen viel Erfahrung, um im kalten Bereich bei einem Einstellungsgespräch ein entsprechendes Vertrauensverhältnis aufzubauen, einen Neuling beim gemeinsamen Start zum Erfolg zu führen, gemeinsam erfolgreich zu verkaufen und Abschlüsse zu holen.

Außerdem sollte man genug Fingerspitzengefühl aufbringen und soziale Kompetenz beweisen, um die Geschäftspartner durch eine professionelle Führung zu halten. Ich bin aus meiner Erfahrung heraus davon überzeugt, dass es bedeutend leichter fällt, diese Hürden im eigenen Umfeld zu nehmen. Ich mache keinen Hehl daraus, dass ich aus diesem Grund kein Freund vom Recruiting über Anzeigen bin. Sollten jedoch durch einen Umzug zum bestehenden Umfeld keine Kontaktmöglichkeiten mehr vorhanden sein, halte ich von den kalten Wegen den Fremdkontakt noch für den effektivsten Zugangsweg.

Praxistipp

1. Falls noch nicht getan, reservieren Sie sich jetzt einen ganzen Tag für Ihre persönliche Potenzialanalyse.
2. Nehmen Sie sich genug Zeit, um vor Ihrem reservierten Tag alle erforderlichen Unterlagen parat zu haben.
3. Sorgen Sie dafür, dass keinerlei Störungen Sie von Ihrem Vorhaben abbringen können.
4. Kämpfen Sie um jeden Namen und vor allem um die dazugehörigen Telefonnummern. Denken Sie daran, es könnte Ihre Vertriebsperle sein, aus der sich eine große Mannschaft entwickeln kann.
5. Geben Sie sich nicht mit 100 Namen zufrieden. Aus der Erfahrung sind weit mehr möglich. Wenn Sie sich wirklich bemühen, sind 300, 400 und 500 Namen mit Telefonnummern möglich.

> **„Es gibt Leute, die glauben, alles wäre vernünftig, was man mit einem ernsthaften Gesicht tut"**
> (Georg Christoph Lichtenberg, 1742 – 1799,
> deutscher Aphoristiker und Physiker).

Fremdkontakt

Erfolgsperspektiven können in noch so leuchtenden Farben geschildert werden, der finanzielle Reiz kann noch so hoch sein, dennoch wird Sie nur Handeln zum Erfolg führen. Auch wer kontaktfreudig ist, ergreift nicht automatisch die Eigeninitiative, um andere Menschen anzusprechen und kennenzulernen.

> **Kontakt-Freude ist eine Grundvoraussetzung, wenn man gerne mit Menschen arbeiten will. Es muss gelingen, diesen charakterlichen Grundzug der Freude darüber, dass Menschen auf einen zugehen, in aktives Kontaktstreben umzuwandeln. Kontakt-Streben entsteht, wenn aus der passiven Haltung eine aktive Handlung des initiativen Zugehens auf andere wird.**

Das Ansprechen eines fremden Menschen ist erst einmal ungewohnt und deshalb mit Angst verbunden. Wir sind im Allgemeinen auf Zurückhaltung und passives Umgehen mit Fremden konditioniert. Es gilt nicht gerade als weltmännisch, fremde Menschen anzusprechen. Doch in Wahrheit stecken hinter den meisten erfolgreichen Menschen diejenigen, die am ehesten die Fähigkeit entwickelt haben, aktiv fremde Menschen kennenzulernen!

Vorteile

Das perfekte Beherrschen der Ansprache von Fremden kann beim Teamaufbau sehr hilfreich sein. Menschen, die ihrer Umwelt gegenüber offen sind und unvoreingenommen auf Fremde zugehen können, haben es viel leichter. Aber auch die, die diesem Instrument zunächst zögerlich begegnen, werden es schätzen lernen. Die Vorteile liegen auf der Hand: Sie beeinflussen direkt die Ergebnisse, ohne passiv warten zu müssen, bis andere auf Sie zukommen und etwas von Ihnen wollen. Eine passive Wartehaltung wird immer mit dem Gefühl der Abhängigkeit verbunden sein. Wurde eine Anzeige geschaltet oder hat man durch die Grundlagen des Internetzugangs die Möglichkeit der Kontakte geschaffen, ist man immer auf die Initiative des Interessenten angewiesen. Man wartet darauf, bis ein anderer reagiert. Mit Eigeninitiative durch

Fremdkontakt hingegen kommt man weiter. Je aktiver neue Kontakte geknüpft werden, um so größer der Einfluß auf den Erfolg. Je öfter mögliche Geschäftspartner kontaktiert werden, umso schneller entwickelt sich Ihr Geschäft.

> **Geschäftspartnergewinnung ist dem Gesetz der großen Zahl unterworfen, und Sie können es beeinflussen. Mit jeder zusätzlichen Aktivität kommen Sie Ihrem Ziel ein Stück näher. Warten Sie also nicht, bis sich jemand von sich aus bei Ihnen meldet, sondern suchen Sie sich aktiv Geschäftspartner für Ihren Teamaufbau.**

Kein Erfolgsdruck Wenn Sie sich auf den Zugangsweg des Fremdkontakts beschränken müssen, weil Sie sonst keine anderen Quellen haben, werden Sie sich leicht unter negativen Erfolgsdruck setzen. Sie fühlen sich zum Erfolg getrieben, und das werden die angesprochenen Menschen spüren. Machen Sie stattdessen einen sportlichen Spaß daraus. Auf diese Weise erfordert Ihr regelmäßiges Kontaktieren für Sie keinen zusätzlichen Zeitaufwand. Wird der Fremdkontakt für Sie zu einer amüsanten Gewohnheit, indem Sie ihn immer und überall anwenden, so erlernen Sie ihn ganz nebenbei, und er bindet keine Zeit.

Alle Lebensbereiche werden miteinbezogen, wenn es Ihnen gelingt, Ihr neues Hobby in Ihrem Bewusstsein zu verankern: Der Bankbesuch am Schalter, die täglichen Einkäufe von Lebensmitteln, beim Bäcker, Metzger, bei der Post usw. werden spielerisch für spontane Kontakte genutzt. Neben dem anfänglichen Mut, den Sie aufbringen müssen, kostet es Sie keinerlei finanziellen Aufwand. Keine Inserate, Anzeigen, Mailings, deren spärliche Rückläufe Sie mehr demotivieren, statt Ergebnisse zu bewirken.

Vorführeffekt Je häufiger Sie die Methode anwenden, desto mehr wird Ihr Selbstbewusstsein gestärkt. Je häufiger Sie sich überwinden, um so geringer ist Ihre Schwellenangst, die vor dem ersten Versuch immer auftaucht. Sie wird in dem Maße kleiner, je mehr sich Ihre Aktivitäten häufen und je anspruchsvoller Ihre Kontaktpartner sind. Bedenken Sie die Signalwirkung des Vorführeffekts, die Ihre neue Gewohnheit für Ihr Team haben wird: Die Vorbildfunktion wird weiter gestärkt! Ihren unterstellten Geschäftspartnern hilft beim Überwinden von Hemmschwellen Ihr Vorbild sehr, denn sie wollen Sie nachahmen.

Die Erschließung neuer Zielgruppen durch den Fremdkontakt ist dann wertvoll, wenn sich Empfehlungsketten totgelaufen haben. Verkaufsprofis kennen die Situation, dass sich Bekanntenkreise mit den gleichen Personen überlappen. Die Erschließung neuer Zielgruppen ist der Schlüssel für bedeutend größeren Rekrutierungserfolg. Durch die Ansprache einer zunächst fremden Person ergibt es sich, dass sich diese Ihrer Geschäftsidee anschließt oder aber Sie gerne dabei unterstützt. Sie selbst hatten bisher beispielsweise keine Kontakte zu Fußballspielern. Ihr neuer Geschäftspartner ist im Vorstand eines Fußballclubs. So kann sich Ihre Geschäftsidee in diesem Umfeld immer weiter verbreiten. Sie bekommen somit Zugang zu Personenkreisen, die ohne diesen Fremdkontakt nicht möglich gewesen wären. Also:

Neue Zielgruppen erschließen

> **Nutzen Sie Fremdkontakte, um die Empfehlungsketten zu durchbrechen und als effizienten Zugangsweg, um in neue Kreise zu gelangen.**

Ein bisschen Mut brauchen Sie schon, um Ihre „Komfortzone" zu verlassen. Werden Sie aktiv! Haben Sie Mut zur Begegnung mit Menschen und Freude daran. Es kostet Sie ein wenig Überwindung, die Methode der Fremdkontakte anzuwenden. Ganz am Anfang ist es nicht einfach, seinen inneren Schweinehund zu überwinden.

Hier ein Tipp, der Ihnen helfen kann: Nutzen Sie den positiven Schwung Ihrer Erfolgserlebnisse, beispielsweise nach einem besonders hohen Kundenabschluss, oder auch die gute Stimmung nach einem motivierenden Meeting. Sie haben die Wahl: Fahren Sie unmittelbar nach Hause, um den restlichen Abend auf dem Sofa zu verbringen, oder gehen Sie gut gelaunt und mit „Sieger-Ausstrahlung" noch unter Menschen, um neue Geschäftspartner zu finden? Ihre gute Laune und Ihre positive Ausstrahlung werden es Ihnen leicht machen, auf andere Menschen zuzugehen. Gerade nach positiven Erlebnissen strahlen Sie Selbstbewusstsein aus. Trainieren Sie regelmäßig, auf interessant erscheinende Personen zuzugehen. Durch diese Wiederholungen sind Sie nach einer Weile in der Lage, sich innerhalb von Sekunden auf neue Gesprächspartner und Situationen einzustellen. Das Ansprechen von Fremden unabhängig von Alter, Herkunft, Beruf und Bildungsstand führt zur Stärkung Ihres Selbstbewusstseins – denn Sie sind in der Rolle des Chancengebers. Wie diese Gespräche geführt werden, erfahren Sie nachfolgend. Strahlen Sie ehrliche Begeisterung aus, die überspringt. Ernten Sie Interesse an Ihrer Geschäftsidee und gewinnen neue Geschäftspartner.

Positive Ausstrahlung

Die vier Ws des Fremdkontakts

Wen Wen soll man ansprechen? Die Antwort lautet kurz: jeden. Der Grund ist einfach. Bei der direkten Ansprache sollte man nicht zu viele Kriterien stellen, die erfüllt sein müssen. Denn die eigene Hemmschwelle liegt sowieso hoch genug. Bei dem Versuch, die Methode des Fremdkontakts anzuwenden, wird man gerne nach Ausflüchten suchen, warum man gerade heute keinen Menschen gesehen hat, den man auf seine Geschäftsidee hätte ansprechen können.

> **Deshalb gibt es zu Beginn nur ein Kriterium: Nehmen Sie zunächst Blickkontakt auf, und lächeln Sie. Warten Sie auf die Reaktion. Das Erwidern ist Ihr Startsignal! Wird Ihr Lächeln nicht erwidert, lassen Sie die Person einfach des Weges ziehen.**

Und vergessen Sie dabei nicht Ihr Ziel: Sie wollen fünf bis sechs Multiplikatoren finden, mit denen Sie Ihr Geschäft in Zukunft voranbringen. Wenn Sympathie und „Chemie" nicht stimmen, werden Sie keinen Spaß an und in einer Zusammenarbeit haben. Schieben Sie keine Ausflüchte und fadenscheinigen Ausreden vor, warum Sie heute niemanden ansprechen. Sie können problemlos jeden ansprechen und nach dem Weg oder einer Einkaufsmöglichkeit fragen. Beobachten Sie dabei Mimik, Gestik und Körpersprache. Für den ersten Eindruck brauchen Sie keine zehn Sekunden. Entscheiden Sie erst, nachdem Sie mit der Person einige Worte gewechselt haben, ob Sie einen Kontakt für ein zukünftiges Einstellungsgespräch machen werden oder nicht. Verlassen Sie sich nicht auf Ihren allerersten Eindruck, der meist durch Äußerlichkeiten wie Kleidung, Accessoires oder das Auto entsteht. Dieser kann falsch sein und Sie so um sehr gute Chancen bringen.

Wo Auch auf die Frage, wo Kontakte geknüpft werden können, gibt es, wie Sie sich denken können, eine sehr einfache Antwort: überall. Anfangs bietet es sich an, Orte aufzusuchen, die außerhalb Ihres gewohnten und vertrauten Umfeldes liegen. Die Anonymität einer Großstadt ist ein ideales Übungsrevier. Bei gescheiterten Versuchen kann man relativ sicher sein, dass man sich nicht ein zweites Mal begegnet. Wählen Sie Orte, an denen das Publikum ständig wechselt. Orte, an denen sich die Menschenmassen bewegen, haben den großen Vorteil, dass Sie dort ein wenig verweilen können. Die Massen bewegen sich an Ihnen vorbei. Noch mal zur Erinnerung: Ihr Zusammentreffen soll nicht geplant wirken. Stellen Sie sich nicht mit dem festen Vorsatz, „Fremdkontakte zu machen", in den Eingangsbereich eines Supermarktes. Nutzen Sie die

Gelegenheit, dort Menschen zu begegnen, wo Sie sowieso Ihre Besorgungen zu erledigen haben. Fahren Sie in die Waschanlage, um Ihr Auto zu waschen, und stellen Sie bei dieser Gelegenheit als angenehmen Nebeneffekt einen Kontakt her. Fahren Sie aber nicht mit dem Vorsatz des Kontaktierens zur Waschstraße. Damit setzen Sie sich nur unnötig unter Druck. Vermeiden Sie das gezielte Kontaktieren in Szenelokalen. Hier gilt es als besonders „cool", sich nicht ansprechen zu lassen. Vergessen Sie nicht: Es soll Ihnen Spaß machen!

Wann

Fast jeder kann überall angesprochen werden. Doch wann ist der beste Zeitpunkt? Ich habe die Erfahrung gemacht, mit dem sprichwörtlichen „Mantel im Arm" kontaktiert es sich am besten, also immer dann, wenn Sie einen Ort verlassen wollen. Wenn Sie aus dem Supermarkt gehen, wenn Sie mit dem Staubsauger der Waschstraße fertig sind, dann verwickeln Sie die Person in ein Gespräch, die Sie zuvor ausgewählt haben. Sie haben sie angesprochen, Ihr Blickkontakt wurde erwidert, und durch freundliche Mimik wurde Offenheit signalisiert. Im Supermarkt haben Sie, während Sie an der Kasse anstehen, genügend Zeit, den Vordermann oder den nachfolgenden Kunden in Augenschein zu nehmen.

Wie

In der Schlange der Waschstraße können Sie die Autobesitzer einschätzen. Wenn Sie später sagen: „Sie sind mir gerade aufgefallen", ist das ehrlich und wirkt nicht künstlich aufgesetzt. Meist kommt dann die Gegenfrage: „Warum?" Auch hier braucht man zunächst nur seinem Bauchgefühl zu folgen und nicht lange nach Antworten zu suchen: „Weil Sie ein freundliches Lächeln haben" oder „Weil Sie an ihrem Auto Felgen haben, die mir gut gefallen". Dann folgt sofort die Frage nach der Telefonnummer: „Ich habe unter Umständen eine interessante geschäftliche Möglichkeit für Sie. Geben Sie mir Ihre Telefonnummer, ich rufe Sie an". Alle Einwände oder tiefer gehende Fragen beantworten Sie mit dem Hinweis, dass Sie das in der Kürze der Zeit weder erklären können noch wollen, weil Sie im Begriff sind zu gehen. Reagiert die angesprochene Person ablehnend oder uninteressiert, brechen Sie das Gespräch vorzeitig ab. Da der Kontaktierte zu diesem Zeitpunkt noch keinerlei Informationen hat, worum es geht, bleiben Sie in der psychologisch wichtigen Situation des Stärkeren und des Chancengebers. Nicht interessierte Menschen können so ohne weitere Informationen „stehen gelassen" werden. Sie beenden ein Gespräch, Sie haben die Situation im Griff und verlassen den Ort mit dem Gefühl der Überlegenheit.

Wie immer auch das Gespräch verläuft: Der Ablauf, nach dem es geführt wird, liegt ganz in Ihrer Hand. Wer fragt, der führt.

Kaum eine Frage wird Sie aus Ihrem Konzept bringen. Denn Sie sind ja im Begriff zu gehen und haben daher keine Zeit für eine ausführliche Erklärung.

Gepflegtes Äußeres

Bevor Sie sich auf den Weg zu Ihrem Kontakt machen, werfen Sie einen Blick auf Ihr äußeres Erscheinungsbild. Ich habe die Erfahrung gemacht, dass Sorgfalt in dieser Hinsicht hilfreich ist. Zur Unterstützung der eigenen Selbstsicherheit stärkt ein gepflegtes Äußeres sehr. Wenn der letzte Friseurbesuch schon zu lange zurückliegt, die Schuhe abgelaufen und ungeputzt sind und Sie sich selbst nicht wohl in Ihrer Haut fühlen, nimmt man Ihnen nur schwer ab, dass Sie eine erfolgreiche Geschäftsidee anzubieten haben. Ein zu elegantes Outfit kann ebenfalls hinderlich sein. Passt die Kleidung nicht zum Träger, dann wirkt er darin ungelenk und unglaubwürdig. Am besten tragen Sie zum Kontaktieren die Kleidung, in der Sie sich gerne und selbstsicher bewegen.

Fahrzeug

Zu einem gepflegten äußeren Erscheinungsbild gehört neben Ihrer Kleidung auch Ihr Fahrzeug. Es ist nicht wichtig, einen kostspieligen Luxusklassewagen oder einen Sportwagen zu fahren. Beachten Sie aber: Ihr Fahrzeug sollte sauber und gepflegt wirken und so Ihre Seriosität als Unternehmer unterstreichen, die Sie ja vermitteln wollen. Gönnen Sie einem so wichtigen Aushängeschild Ihres beruflichen Erfolgs wöchentlich eine Fahrt durch die Waschstraße. Halten Sie es auch innen sauber. Es kann abstoßend wirken, wenn man Sie mit überquellendem Aschenbecher und unsauberen Sitzen in Verbindung bringt. Sie wissen ja nun, dass Sie bei allen Gelegenheiten des täglichen Lebens Menschen treffen könnten, die Sie rekrutieren möchten. Seien Sie immer darauf vorbereitet: Carpe diem – nutzen Sie noch heute den Rest dieses Tages!

Gesprächsleitfaden

Einen Großteil meines Teams musste ich, wie bereits erläutert, selbst außerhalb meines Bekanntenkreises aufbauen. Durch meinen Umzug von Mannheim in das ca. 90 Kilometer entfernte Frankfurt konnte ich bei meiner Geschäftspartnergewinnung nicht auf mein persönliches Umfeld zurückgreifen. Ich war somit zu Beginn meiner Vertriebstätigkeit maßgeblich auf den Zugangsweg des Fremdkontaktes angewiesen. Aus der Not heraus perfektionierte ich die mir zugänglichen

Gesprächsleitfäden für mich und mein Team über Jahre hinweg. Immer wieder habe ich vielerlei Argumentationsketten, Einwandbehandlungen und Gesprächsleitfäden erprobt, gemessen und optimiert. Der nachfolgende Leitfaden hat sich als die effektivste Variante herauskristallisiert. Er verhalf durch seine Anwendung zahlreichen Führungskräften bei der Gewinnung von Hunderten von Geschäftpartnern. Ihnen kann dieser Aufbau eine sehr gute Unterstützung sein.

Mit dem vorliegenden Gesprächsleitfaden erreichen Sie Folgendes:

- Sie stellen die Fragen. Damit sind Sie in der Situation dessen, der **Vorteile** den Angesprochenen durch das Gespräch führt.
- Sie haben während der ganzen Unterhaltung die Gelegenheit, bei einer ablehnenden Reaktion Ihres Gegenübers aus dem Gespräch auszusteigen. Das heißt, Sie sind es, der „das erste Nein" setzt, und nicht etwa der Angesprochene.
- Die von Ihnen aufgebaute Fragekette zeigt dem Angesprochenen Ihre Anforderungen. Der Verdacht, es würde jeder Passant angesprochen, wird durch das Hinterfragen der Person ausgeschlossen.
- Zwischenfragen oder Einwände bringen Sie nicht aus dem Konzept, weil Sie durch das Wiederholen, bzw. nachhaken der gestellten Fragen die Gesprächsführung nie aus der Hand geben müssen.

Gesprächsleitfaden Fremdkontakt

Kontakter:	„Guten Tag, sind Sie aus ....?" (Den Namen des Ortes nennen, an dem der Kontakt gemacht wird)
Passant:	Nennt seinen Wohnort.
Kontakter:	(Auf den Wohnort bestätigend und nachfragend eingehen)
Kontakter:	„Was macht eigentlich ein Mann/eine Frau wie Sie beruflich?" (Mit einem anerkennenden Unterton fragen)
Passant:	Nennt seinen Beruf.
Kontakter:	(Auf den Beruf anerkennend eingehen)
Kontakter:	„Sind Sie jemand, der hart arbeiten kann, wenn es dafür gutes Geld gibt?"
Passant:	„Ja."
Kontakter:	„Ist das wirklich so?"
Passant:	„Ja, sicher!"
Kontakter:	„Dann brauche ich Ihre Telefonnummer!" (Gleichzeitig den eigenen Stift zum Schreiben anbieten!)
Passant:	„Worum geht es?"
Kontakter:	(Ohne auf die Frage einzugehen, die oben gestellte Frage wiederholen) „Sind Sie jemand, der hart arbeiten kann, wenn es dafür gutes Geld gibt?"
Passant:	„Ja."
Kontakter:	„Dann brauche ich Ihre Telefonnummer!" „Schreiben Sie mir noch Ihren Namen dazu und die Uhrzeit, wann ich Sie am besten erreichen kann!" (Wenn der Passant alles aufgeschrieben hat) „Ich rufe Sie an!"

Bei dieser Kontaktart fällt auf, dass das übliche „Nachbetteln" entfällt. Je konsequenter und standhafter der Leitfaden und die Reihenfolge der Fragen eingehalten werden, desto nachhaltiger steuert der Recruiter das Gespräch. Damit bleiben Sie immer in der stärkeren Position. Verliert der Passant das Interesse, so beenden Sie das Gespräch, bevor es der Angesprochene von sich aus tut.

> **Sie müssen nicht von jedem Angesprochenen ein positives Feedback bekommen. Das ist ein aussichtsloses Unterfangen. Vielmehr sollten Sie sich vornehmen, möglichst viele spontane Ansprachen durchzuführen. So erzielen Sie die gewünschte Routine, die dazu führt, mit Ablehnungen, die in der Natur der Sache liegen, umzugehen.**

Sie werden auf diese Weise mehr und mehr eine überlegene Selbstsicherheit entwickeln. Sie wird nicht nur in der Mitarbeiteransprache, sondern auch in der Gewinnung und späteren Führung von Geschäftspartnern benötigt.

Die Praxis bringt's

Meinen eigenen Vertrieb habe ich anfangs in Frankfurt/Main aufgebaut. Um das Thema Kontaktstreben zu üben, führte ich ab und zu mit meinem Team am Ausbildungsabend Feldtrainings durch, verbunden mit kleinen Wettbewerben. Aufgabe war es, alleine oder zu zweit möglichst viele Fremdkontakte mit Telefonnummer zu erzielen. Die Wettbewerbe waren kleine Geschenke und Anerkennungen, Piccolo-Fläschchen oder kleine Buchpreise. Dabei fiel auf, dass sich die ganz neuen Partner sehr unbefangen und spielerisch an die Sache machten. Mit Spaß und Leichtigkeit kamen sie nach ein bis zwei Stunden mit 10, 15 oder mehr Telefonnummern zum Treffpunkt zurück. Auch für introvertierte und schüchterne Menschen war diese Feuertaufe eine große Hilfe. In der Gruppe oder mit der Unterstützung eines Kollegen konnten sie ihre Scheu überwinden. Ich konnte in meinem Team Menschen beobachten, denen es mit der Zeit gelang, sich vom grauen introvertierten Mäuschen in einen kontaktfreudigen Vertriebler zu verwandeln. Ohne Frage half diese Fähigkeit ihnen, nicht nur im geschäftlichen Umfeld Kontakte und Freundschaften aufzubauen.

> **„Zwei Dinge verleihen der Seele am meisten Kraft: Vertrauen auf die Wahrheit und Vertrauen auf sich selbst"**
>
> (Lucius Annaeus Seneca, 4 v.Chr. – 65 n.Chr., römischer Philosoph und Dichter).

1. Nehmen Sie beim Thema Fremdkontakt den Erfolgsdruck heraus, indem Sie sich einen Spaß daraus machen, fremde Menschen anzusprechen. Genießen Sie die verdutzten Gesichter von Menschen, die mit Ihrer spontanen und freundlichen Art etwas überfordert sind.
2. Nutzen Sie das nächste Hochgefühl, die nächste Motivation aus, die Sie in anderen Bereichen bei Verkaufserfolgen erleben, und nehmen Sie den emotionalen positiven Schwung, um in dieser Stimmung neue Menschen kennenzulernen.
3. Gehen Sie in dieser Stimmung an Orte der Begegnung, wo das Publikum ständig wechselt.
4. Nehmen Sie sich vor, mindestens mit drei neuen Menschen in Kontakt zu kommen. Hören Sie vorher nicht auf, denn oft ist der erste Versuch eine Niete.

Notieren Sie Ihre ersten drei oder mehr Telefonnummern hier in diesen Zeilen:

_____

_____

_____

_____

Die Königsmethode der Namensgewinnung

Der Fremdkontakt ist für mutige und extrovertierte Vertriebler ein Zugangsweg, der als Ergänzung zu anderen Wegen dann sehr gut funktioniert, wenn er zum Spaß gemacht wird. Sobald man unter Druck gerät, ausschließlich über diesen Weg erfolgreich zu werden, wird es schwierig. Eine echte Potenzialmaschine ist hingegen die nachfolgende Methode; geeignet für die eher analytisch veranlagten Strategen, denen es zuwider ist, mit Fremdansprache ihr Potenzial aufzubauen, weil sie von sich selbst wissen, dass er ihrer Wesensart nicht entspricht.

Jetzt dürfen Sie aufatmen. Die nachfolgende Technik werden Sie freudig aufnehmen, weil Sie erkennen, wie Sie mit geringem Aufwand ein Mehrfaches an hochqualifiziertem, bereits vorsortiertem Namenspotenzial generieren können. Gerade für diese Methode gilt es, sie in Ihre individuellen Geschäftsabläufe so zu integrieren, dass Sie optimale Er-gebnisse erzielen werden. Wenn man sein erarbeitetes Namenspotenzial aus seinem persönlichen Umfeld nach und nach abarbeitet, werden sich die zur Verfügung stehenden Telefonnummern schnell reduzieren. Das von Ihnen persönlich weiter generierte Namenspotenzial sorgt für die Breite bei Ihrem Teamaufbau. Das bedeutet, die von Ihnen direkt ange-worbenen Partner werden aus diesen Zugangswegen gespeist. Werden Sie daher nie müde, immerzu neue Menschen kennenzulernen.

Mit der nachfolgenden Methode der Listentechnik sorgen Sie gezielt dafür, dass Ihr Teamaufbau in der Form stabilisiert wird, dass Sie aus Ihren neu angeworbenen Partnern die für Sie wichtigen Multiplikatoren machen.

Es handelt sich um das System der Listentechnik, die aus drei Teilen besteht: dem Erarbeiten von 100 Namen für Kunden, dem Selektieren der 20 besten Namen für potenzielle Geschäftspartner und dem ge-meinsamen Anrufen der 20 besten Namen für eine Zusammenarbeit. Die Listentechnik sorgt dafür, dass die neuen Partner über ausreichend Potenzial verfügen. Die neuen Geschäftspartner erstellen zu Beginn ihrer Tätigkeit eine Liste ihres gesamten Bekanntenkreises. In ihrem persönlichen Umfeld genießen sie einen gewissen Vertrauensbonus, mit dem sie einen leichteren Zugang zu ihren ersten Terminen haben. Ziel ist, dass die neu angeworbenen Geschäftspartner gleich zu Beginn ihrer Tätigkeit dazu bewegt werden, sich für ihren eigenen Teamaufbau die potenziell besten Bekannten, Verwandten und Freunde für eine zukünftige Zusammenarbeit zu reservieren und diese Personen ihrer Führungskraft fürs Recruiting zur Verfügung zu stellen, damit beide gemeinsam parallel zur Verkaufsarbeit schon zu Beginn für den Team-aufbau sorgen.

Listentechnik

Der Grund für diese Vorgehensweise ist folgende Erkenntnis: Mehr als die Hälfte aller Geschäftspartner, die im Vertrieb starten, sind nach sechs Monaten nicht mehr dabei. Mehr als 40 Prozent gewinnen nie-mals einen Kunden. Die in diese Geschäftspartner investierte Arbeit und Mühe ist verschwendet. Bei ihrer Fluktuation geht ohne die Lis-tentechnik deren Namenspotenzial dem Vertrieb ebenfalls verloren. Sie haben nach ihrem Ausscheiden verständlicherweise wenig Interesse, ihr vorhandenes Namenspotenzial zur Verfügung zu stellen. Da die Fluk-tuation gerade in den ersten Tagen der Orientierung hoch ist, ist auf die präzise Anwendung dieser Technik zu achten. Dann wird es Ihnen auch mühelos gelingen, dass Ihr Potenzialstrom immer weiter fließt.

**Fluktuations-
nachteile
vermeiden**

Nutzen Sie als Recruiter die Euphorie des neuen Vertriebs-partners und dessen Begeisterung – schmieden Sie das Eisen, solange es heiß ist! Das bereits bestehende Vertrauensverhält-nis des neuen Partners und seiner Freunde, Verwandten oder Bekannten unterstützt das Recruiting in sehr hohem Maße. Der neue Partner ist, wenn es ihm richtig erklärt wird, selbst am meisten daran interessiert, so schnell wie möglich ein eigenes Team aufzubauen.

Die am ehesten geeigneten auswählen

Genau das kommt dem Recruiter zugute, weil er dadurch sein gesamtes Team vergrößert. Er erhält wichtige Hintergrundinformationen über die Bekannten des neuen Partners und kann in aller Ruhe in Absprache mit ihm die am ehesten geeigneten Mitarbeiter heraussuchen. Auf diesem Weg wird das Potenzial des neuen Geschäftspartners entsprechend qualifiziert. Der Partner kann durch die bereits gewonnenen Erfahrungen mit seinen Bekannten dessen Charaktereigenschaften, Stärken und Schwächen am besten beurteilen. Durch positive Beeinflussung unterstützt der Partner den Recruiter beim Einstellungsgespräch seines Bekannten, so dass sich dadurch die Erfolgsquote extrem verbessert. Manchmal nehmen neue Interessenten an Informationsseminaren teil, um den neuen Geschäftspartnern einen Gefallen zu tun. Nachdem sie sich die Geschäftschancen dann näher angesehen haben, entscheiden sie sich dafür, aktiv zu werden, weil sie sich selbst hohe Erfolgschancen ausrechnen.

Die besten Namen reservieren

Im Idealfall hat der neue Geschäftspartner schon vor der Unternehmenspräsentation gemeinsam mit seiner betreuenden Führungskraft eine Liste mit 100 Namen erarbeitet. Am besten ist es, wenn der neue Geschäftspartner diese beim Besuch seines Einsteigerseminars mitbringt. Jetzt ist es auf dem Seminar leichter, weiter mit dieser Liste zu arbeiten. Entscheidend ist dabei auch das Timing.

Nach der Karrierestunde, in der das Beteiligungssystem und die damit verbundenen Einkommenschancen erklärt wurden, ist der beste und aus meiner Erfahrung der einzig richtige Zeitpunkt, um die wichtigsten zukünftigen Geschäftspartner für den Neueinsteiger zu reservieren.

Nachdem im Motivationsteil der Unternehmenspräsentation das Karrieresystem erläutert wurde, ist der Neuling für den Gruppenaufbau topmotiviert. Nie mehr ist die Bereitschaft, sich um seinen Gruppenaufbau zu kümmern, höher als jetzt. Aus diesem Grund muss direkt danach mit dem neuen Geschäftspartner ein Vieraugengespräch geführt werden. Nie wieder in der Karriere wird die Motivation höher und die Unvoreingenommenheit größer sein als genau jetzt. Sie können als Führungskraft diese Einstimmung nutzen und mit Ihren neuen Leuten deren Namen für zukünftige Geschäftspartner sichten und sichern.

Schon morgen, wenn eine Nacht darüber geschlafen wurde, sieht die Welt wieder anders aus. Neue Geschäftspartner erklären , warum es nicht funktionieren wird. Lassen Sie Ihre neuen Leute ihre ersten Schritte im Verkauf machen, so kann es durchaus sein, dass sie keinen schnellen Erfolg haben. Zweifel kommen auf, Fremdeinfluss ist möglich, und die Wahrscheinlichkeit, dass die besten Bekannten, Verwandten und Freunde für eine Zusammenarbeit ausgewählt werden, schwindet. Überzeugung der Erfolge und Zweifel wechseln sich ab.

Entgegen meinen Beobachtungen im Vertrieb vertrete ich die Überzeugung: Man kann nicht früh genug über den Vertrieb und die Geschäftspartnergewinnung sprechen. Wenn Sie erst im Bereich Verkauf schulen und ausbilden müssen, wird der Teamaufbau zu einem späteren Zeitpunkt schwerer. Der Grund: Die Anfangseuphorie ist verflogen, und die Motivation, sein Umfeld ins Geschäft zu bringen, ebenfalls.

> **„Aller Anfang ist schwer,
> am schwersten der Anfang der Wirtschaft"**
> (Johann Wolfgang von Goethe, 1749 – 1832, deutscher Dichter).

1. Setzen Sie die hier beschriebenen Hinweise bei Ihrem nächsten Kennenlernseminar in die Praxis um.
2. Machen Sie Ihre neuen Partner frühzeitig darauf aufmerksam, dass Sie sich im Anschluss an die Karrierestunde unter vier Augen über die Vorgehensweise des Gruppenaufbaus unterhalten wollen.
3. Reservieren Sie sich nach der Karrierestunde genügend Zeit, und suchen Sie die richtigen Namen aus, indem Sie gemeinsam Name für Name durchsprechen.
4. Bleiben Sie standhaft dabei, bis Sie mindestens 20 Namen mit aktuellen Telefonnummern erarbeitet haben.
5. Erst danach genehmigen Sie sich gemeinsam mit Ihrem neuen Geschäftspartner einen Drink an der Bar. Sie haben es sich verdient, denn ein wichtiger Meilenstein für seine und Ihre Karriere ist gelegt.

Kundenempfehlungen für Geschäftspartner

Verkaufsgespräche nutzen

In einem Verkaufsgespräch mit einem potenziellen Kunden wird eine persönliche Beziehung aufgebaut. Diese macht es nach Beendigung des Gespräches leicht, das Interesse an einer Zusammenarbeit anzusprechen. In diesem Fall ist es nicht so wichtig, ob es zu einem Abschluss gekommen ist oder nicht. Ein Abschluss muss immer vom Bedarf und vom finanziellen Spielraum des Kunden abhängig gemacht werden. Wichtig ist, dass der Funke der Begeisterung im Kundengespräch übergesprungen ist. Die Begeisterung für die Beratung bzw. für die vorgestellte Geschäftsform ist entscheidend.

> **Die Empfehlungen für weitere Kunden wie auch für weitere Geschäftspartner werden sogar zahlreicher gegeben, wenn ein Geschäftsabschluss nicht zustande kommt. Anscheinend will der Gesprächspartner einen Ausgleich für die Mühe schaffen, die sich der Verkäufer gemacht hat. Das schlechte Gewissen ist also ein guter Helfer.**

Begeisterung

Umso unverständlicher ist es, dass dieser Zugangsweg der Namensgewinnung nicht konsequent und diszipliniert umgesetzt wird. Natürlich spielt hier die sympathische Gesprächsführung des Vertrieblers eine große Rolle. Der beste Zeitpunkt der Empfehlungsnahme für zukünftige Geschäftspartner liegt, wie bei der Empfehlungsnahme für Kunden, direkt nach dem Kundengespräch! Die Begeisterung über das gerade vorgestellte Konzept ist nie größer als gerade jetzt. Über die Begeisterung wird sich jede Verkaufsidentifikation definieren.

Neben dem zusätzlichen Zeitaufwand, der für eine spätere Empfehlungsnahme erforderlich wäre, fehlt es den meisten Außendienstlern
an Konsequenz für die Durchführung eines zweiten Besuches. Aus
Erfahrung weiß ich, dass sich die wenigsten Geschäftspartner trauen,
ihre Gesprächspartner nach einem Kundengespräch auf eine mögliche
Zusammenarbeit anzusprechen. Anscheinend fällt es ihnen schwer, direkt von der Verkäufer- in die Recruiterrolle zu wechseln. Aus diesem
Grund habe ich schon sehr früh einen Leitfaden entwickelt, mit dem
der Vertriebler an dem Kunden „vorbeirekrutieren" kann. Er spricht ihn
nicht direkt auf eine Zusammenarbeit an, sondern fragt gezielt nach
Empfehlungen für Geschäftspartner, indem er die Rahmenbedingungen
so beschreibt, dass der Angesprochene bei Interesse sich selbst benen-
nen kann.

Sie finden hier ein in der Praxis erprobtes und sehr bewährtes Muster. **Gesprächs-**
Nutzen Sie den Leitfaden möglichst nach jedem Gespräch mit Ihrem **leitfaden**
Kunden, und warten Sie nicht auf ein weiteres Gespräch oder auf eine
bessere Gelegenheit. Verwenden Sie die wortwörtliche Abfolge.

„Herr / Frau … *[Namen nennen]*, bevor wir uns verabschieden, möchte ich noch eine wichtige Angelegenheit mit Ihnen besprechen.

Eventuell können Sie mir jetzt helfen.

Unsere Direktion expandiert momentan, d. h., wir besetzen 3-5 Stellen neu und bauen neue Büros auf.

Herr / Frau … *[Namen nennen]*, kennen Sie jemanden in Ihrem beruflichen oder persönlichen Umfeld, dem wir mit einer neuen beruflichen Chance einen Gefallen tun können und der bereit ist sich einzusetzen, wenn es dafür gutes Geld gibt?

Der dankbar dafür ist, wenn er – oder sie – sich bei einem Arbeitsaufwand von 8 bis 10 Stunden in der Woche monatlich ca. 700-800 Euro dazuverdienen kann?"

[Antwort abwarten!]

Frage des Gesprächspartners: „*Was muss man da machen?*"

„Das ist abhängig davon, in welchen der drei zu besetzenden Aufgabenbereiche er oder sie am besten hineinpasst. Deshalb ist ein persönliches Gespräch die optimale Lösung, um dies festzustellen.

Wer würde sich über einen Vorschlag freuen?
An wen denken Sie gerade jetzt?
Wer wäre denn das?"

[Gesprächspartner nennt Namen. Sie notieren:]
– ....
– ....
– ....
– ....
– ....
[Sofort 3 – 5 Namen mit Telefonnummern holen!]

Hier sind, wie bei jeder Empfehlungsnahme, die Details wichtig. Sie sollten als Führungskraft auf keinen Fall davon ausgehen, dass Ihr Geschäftspartner, wenn Sie ihm diesen Leitfaden geben, in der Lage ist, erfolgreich Empfehlungen zu holen. Wäre dies so einfach, wäre auch meine Arbeit als FührungsPartner nicht so geschätzt. Man bräuchte einfach nur entsprechende Leitfäden zu verteilen, und die Arbeit wäre getan. Das Gegenteil ist der Fall. Zuerst ist darauf zu achten, dass die Bedeutung der Aufgabe akzeptiert wird. Ist das gelungen, so steckt der Teufel im Detail: Immer wieder muss der Leitfaden am grünen Tisch, in Ihrem Fall im Schulungsraum oder im Feldtraining, gepaukt werden. Wenn der Leitfaden nicht auswendig sitzt, werden sich Ihre Geschäftspartner nicht trauen, ihn anzuwenden, weil sie Angst haben sich zu verhaspeln – also lassen sie es lieber bleiben.

Schulung der Geschäftspartner

Ist diese Hürde genommen, kommt es auf die Details an: Im Anschluss an die Abschlussfrage nach den Empfehlungsnamen werden Aufzählungsstriche (keine Zahlen!) aufs Papier gesetzt. Der Kuli wird hinter den ersten Strich aufgesetzt, ein auffordernder Blickkontakt wird hergestellt, und verbunden mit einem leichten zustimmenden Nicken wird nach der ersten Empfehlung gefragt, indem man auffordernd sagt: „Wer wäre denn das?" Nach dem ersten Vornamen macht man recht unbeeindruckt weiter und fragt mehrmals: „Wer noch? Wer noch? Wer noch?", wobei dem Gesprächspartner nach jeder Frage Zeit für eine Antwort gelassen wird. Sind so ausreichend Vornamen aufs Blatt gekommen, ergänzt man erst jetzt die restlichen Angaben mit Nachnamen und dazugehörigen Telefonnummern.

So gehen Sie vor

Jetzt ist es Zeit für die Details, die man möglichst sorgfältig und nachfragend vom Empfehlungsgeber erfragen kann. Je mehr Hintergrundinformationen von den zukünftigen Geschäftspartnern vorliegen, umso einfacher kann man die am meisten Geeigneten aussuchen. So kann man beurteilen, hinter welchen Namen sich die Perlen verstecken, die man sucht.

> **Hier geht es nicht um Masse, sondern um Klasse. Dies kann man bei der Empfehlungsnahme durch die Gesprächsführung steuern, indem man seine Kunden gezielt nach Top-Leuten in seinem Umfeld fragt.**

Nochmals: Gerade wenn kein Abschluss möglich ist, geben Sie dem Gesprächspartner durch Ihre Frage nach Empfehlungen die Möglichkeit sich zu revanchieren. Nutzen Sie diesen Vorteil aus, indem Sie unmittelbar nach dem Nichtabschluss nach Empfehlungen fragen. Je mehr Zeit jetzt verstreicht, desto weniger fühlt er sich verpflichtet.

Automatismus herstellen

Wenn es Ihnen gelungen ist, diese Details in Ihr Team zu transportieren, liegt es noch an Ihnen, dafür zu sorgen, einen entsprechenden Automatismus in Ihren Verkaufsabläufen zu installieren. Zum Beispiel können Sie nach dem Ende eines jeden Kundengesprächs einen Fragebogen über die Zufriedenheit der Beratung mit dem Kunden ausfüllen lassen. Auf diesem Bogen sehen Sie dann Platz vor, in dem sowohl Kunden- als auch Geschäftspartnerempfehlungen eingetragen werden. Es gehört zur professionellen Führung, immer wieder die Fragebögen Ihres Teams zu kontrollieren, inwieweit regelmäßig Empfehlungen generiert worden sind. Seien Sie sich darüber im Klaren: Wenn Sie als Führer die Empfehlungsnahme nicht kontrollieren, werden Ihre Mitarbeiter diesen Punkt aus den Augen verlieren.

In meinem Team hatte ich Top-Verkäufer, die sich einen Sport daraus machten, in großer Anzahl Empfehlungen zu generieren. Einige kamen mit 30 bis 50 Namen auf Empfehlung von Kunden zurück. Die Erfahrung zeigt: Entweder lehnen die Gesprächspartner die Empfehlungsgabe komplett ab, oder sie geben zwei bis drei Namen. Ist das der Fall, liegt es nur daran, wie lange Ihre Ausdauer anhält und wie lange Sie den Kunden immer weiter ermuntern und dazu motivieren, Ihnen weitere neue Namen zu geben. Bleiben Sie dran; denn wenn es Ihnen gelingt, dass Sie 3 Namen bekommen, werden es auch 10 Namen; bei 10 werden es auch 20 usw. Sie selbst entscheiden, ab welchem Zeitpunkt Sie das Empfehlungsgespräch beenden. Also bleiben Sie dran – vielleicht nur einige Minuten länger und die Zeit der Namensknappheit gehört der Vergangenheit an.

> **„Courage ist gut, aber Ausdauer ist besser.**
> **Ausdauer, das ist die Hauptsache"**
> (Theodor Fontane, 1819 – 1898, deutscher Erzähler).

Weitere Zugangswege

Der Fantasie und den Aktivitäten im Bereich der Gewinnung von Namenspotenzial sind keine Grenzen gesetzt. Jedoch sollten Sie darauf achten, dass meist auch Kosten damit verbunden sind, die vorher genau kalkuliert sein sollten. Prüfen Sie eine Idee gut, bevor Sie aktiv werden.

Fragen Sie sich immer, welche Kosten entstehen und ob Sie in einer aktiven oder passiven Rolle sind. Aktivitäten, die Kosten verursachen, versetzen Sie meist in eine passive Wartehaltung. Welche Möglichkeiten hat der Recruiter, aus eigener Kraft Potenzial für seinen Gruppenaufbau zu finden?

Er kann Kleinanzeigen in regionalen Zeitschriften im Bereich der Stellenangebote aufgeben. Diese Anzeigen sind erschwinglich. Obwohl der Recruiter aktiv wird, indem er eine Anzeige schaltet, muss er die Reaktionen abwarten. Er wird also in eine passive Wartehaltung gebracht und kann den Prozess der Namensgewinnung nicht direkt steuern. Die quantitative Ausbeute durch Anzeigen ist sehr gering und die Qualität eines Interessenten kann erst in einem persönlichen Gespräch eingeschätzt werden.

Kleinanzeigen

> **Meine Erfahrung ist: Je höher die angebotenen Verdienstmöglichkeiten in der Stellenanzeige beschrieben werden, desto niedriger ist das Niveau der Interessenten. Werden hingegen Einkommensmöglichkeiten zwischen 400 und 600 Euro genannt, melden sich die vielversprechendsten Personen.**

Generell sollte man nicht zu viel Hoffnung haben, durch Zeitungsanzeigen auf die Top-Leute zu stoßen. Denn diese suchen selbst meist nicht aktiv. Damit ihr ernst gemeintes Angebot entsprechend seriös wirkt, hat es sich bewährt, in der Anzeige keine Mobilfunknummer anzugeben, sondern die offizielle Telefonnummer Ihres Büros.

Ein kosten- und zeitintensives Instrument sind Messe- oder Info-Stände. Besteht die Möglichkeit, Mobiliar direkt vom Veranstalter zu mieten, verringert sich der Organisationsaufwand. Durch den Stand und seine Ausstattung soll ein positiver Eindruck und Interesse am Angebot entstehen. Auch das Auftreten und Verhalten des Standpersonals trägt wesentlich dazu bei, dass Namenspotenzial generiert wird. Die Geschäftspartner auf dem Stand sollten auf ihre Aufgabe ausreichend vorbereitet und an den Messetagen aktiv und initiativ sein. Meist wird die trügerische Hoffnung enttäuscht, dass Messebesucher von sich aus Interesse an einer Zusammenarbeit äußern. Um Namenspotenzial zu generieren, können Sie ein Gewinnspiel oder ein Preisausschreiben organisieren. Die Gewinne sollten attraktiv sein und zur Zielgruppe passen. Dies steigert die Ausbeute Ihrer Adressen und Telefonnummern.

Messestände

Erfragen Sie die Selbsteinschätzung der Personen in den Fragebögen. Wurde ein persönliches Gespräch geführt, vermerken Sie sofort den subjektiven Eindruck, den das Standpersonal vom Teilnehmer hat. Diese Einschätzung dient der besseren Vorauswahl bei den anschließenden Nachfasstelefonaten.

Die Arbeit auf dem Messe- oder Infostand ist zeitlich begrenzt. Obwohl Standgebühren, Ausstattung, Technik, Verpflegung und die Organisation im Vorfeld groß sind, können nur Anbahnungsgespräche stattfinden. Und die Geschäftspartner können während der Messe nicht ihren Verkaufsaktivitäten oder Rekrutierungsaufgaben nachkommen. Ich konnte beobachten, dass das mit viel finanziellem und zeitlichem Aufwand generierte Namenspotenzial anschließend überhaupt nicht genutzt wurde. Meist wird nur ein Bruchteil der Menschen angerufen, mit denen man in Kontakt treten kann! Teuer erkauftes, aber verschenktes Potenzial!

Ihre gesamte Unternehmenspräsentation, der Inhalt und die Glaubwürdigkeit Ihres Auftritts und damit die Seriösität des Unternehmens schwinden, wenn nicht innerhalb einer angemessenen Zeit die Kontaktpersonen, die am Stand ihre Adresse und Telefonnummer hinterlassen haben, zurückgerufen werden.

Die Zeit drängt, denn nach mehreren Wochen werden die Anrufe unglaubwürdig, ja fast lächerlich. Ihre wichtigste organisatorische Aufgabe ist es, vor oder spätestens unmittelbar nach der Messe Termine festzulegen, bis wann alle Kontakte telefonisch nachgefasst werden. Sollten Sie Führungskräfte für eine Messe abstellen, legen Sie frühzeitig Termine fest, an denen das erarbeitete Potenzial durchtelefoniert wird. Machen Sie sich die Mühe, diese Telefontermine zu betreuen und die Ergebnisse selbst zu überwachen. Dann können Sie sicher sein, dass die Mühe Ihrer Führungskräfte sich entsprechend dem Aufwand lohnt.

Passanten-umfrage

Umfragen bzw. Interviews mit Passanten können mit sehr geringem Aufwand durchgeführt werden. Hier reichen ein Klemmbrett und ein Stift sowie ein intelligent angelegter Frage- bzw. Interviewbogen. Dabei kommt es weniger auf die Details des Fragebogens an als darauf, dass man das Interesse des Befragten weckt und recht einfach seine Adresse und Telefonnummer erhält.

> **Diese Vorteile sprechen für die Umfrage:** Es entstehen sehr
> geringe Kosten, und das Gespräch vermittelt den ersten per-
> sönlichen Kontakt. Es gibt dem Fragenden die Möglichkeit,
> die angesprochenen Personen einzuschätzen. Das erleichtert
> die Auswahl, um später entscheiden zu können, wer rekrutiert
> werden soll. Im Hinblick auf den Standort ist man mit der Fra-
> gebogen- bzw. Interviewmethode sehr flexibel.

Durch unterschiedliche Ortswahl ergeben sich für die Interviewer immer neue Eindrücke. Der Reiz neuer Locations wirkt sich positiv aus,
indem mehr Menschen angesprochen werden.

Der richtige Umgang mit dem Namenspotenzial

Sie sollten, wo immer Sie sind, nach Menschen Ausschau halten, die
für Ihr Geschäft interessant sein können. Ohne schon von vorne herein
festzulegen, ob diese Menschen als Vertriebspartner, Kunden, Empfehlungsgeber oder in anderer Weise hilfreich werden, geht es darum,
neue Menschen kennenzulernen. Anlass und Inhalt der Begegnung sind
dabei sekundär. Viel wichtiger ist, nach der Begegnung die Chance eines späteren Kontakts zu haben. Werden Sie ein Profi im Sammeln von
Visitenkarten und Telefonnummern. So können Sie im nachhinein mit
jemandem Kontakt aufnehmen und ihn erreichen. Diese Einflussnahme
auf das Ergebnis müssen Sie immer anstreben.

Die gesammelten Visitenkarten und Notizzettel brauchen einen ent-   **Aufbewahrung**
sprechenden Platz. Ist dies nicht der Fall, wird das Suchen einer Karte
oder einer Telefonnummer Sie vor das nächste Problem stellen. Wohin
also mit den Notizzetteln und Visitenkarten? Für Büroarbeit und Ablage
fehlt erfolgreichen Vertriebsleuten sowohl die Zeit als auch die Lust.
Deshalb landen diese Notizen dort, wo sie nie mehr zu finden sind. Sie
werden im Zweifelsfall in der Kleidung vergessen und von Waschma-
schine und Trockner zerstört.

> Wenn es Ihnen gelungen ist, sich täglich anzugewöhnen, ein
> bis zwei neue Kontakte mit Telefonnummern zu machen, sind
> Sie auf der Überholspur zum Erfolg. Die diszipliniert zusam-
> mengetragenen Namen mit Telefonnummern sind Fundament
> Ihres Vertriebsaufbaus. Dementsprechend sollte damit profes-
> sionell umgegangen werden.

Wahrscheinlich haben Sie irgendwann zu Beginn Ihrer Vertriebstätigkeit eine Namensliste mit Telefonnummern erstellt. Üblicherweise werden diese Listen „abtelefoniert". Es werden je nach Motivationsgrad spontan zusammengetragene Namen aufgelistet und nacheinander abtelefoniert. Ich rate dringend von einer solchen Vorgehensweise ab! Sie haben während oder nach Ihren Telefonaten keine Möglichkeit, sich etwas zu notieren. Sie stoßen mit der Gesamtliste als schriftliche Unterlage bereits hier an Ihre Grenzen. Ganz zu schweigen von peinlichen Situationen, die entstehen, wenn man während des Telefonierens in den Zeilen verrutscht und denselben Gesprächspartner zweimal hintereinander anruft. Sich dann beim enttäuschten Partner, der glaubte, die angebotene Chance sei exklusiv für ihn bestimmt, gut aus der Situation zu manövrieren, erfordert viel Schlagfertigkeit und Geschick. Nach einigen Telefonaten wird die mit zig Randbemerkungen und Notizen versehene Liste erneut abgeschrieben, damit man einen besseren Überblick hat und sich wieder ans Telefon setzen kann. Hoffentlich hat sich beim Abschreiben kein Zahlendreher eingeschlichen.

Jeden Kontakt separat festhalten

Ist nicht jeder Ihrer Kontakte ein eigenes Blatt Papier wert? Es hat sich als zeitsparende Methode erwiesen, Zettel oder Karteikarten so schnell wie möglich an einen Bogen, den Gesprächsbericht, zu heften. Besorgen Sie sich dafür im Schreibwarenhandel neben Ihrem Hefter, der in Ihrem Büro steht, einen sehr kleinen Hefter zum Mitnehmen. So haben Sie ständig Zugriff darauf und damit die Chance, gesammelte Zettel und Visitenkarten an die Gesprächsberichtsformulare zu heften. Das Vorgehen kommt den praktisch veranlagten Vertriebspartnern stark entgegen. Sie haben nicht die Zeit für die Übertragung der Visitenkarte oder die Eingabe der Daten in ihren Computer. Stattdessen heften sie lediglich die bereits beschriebenen Notizzettel auf die Aussparung in der rechten oberen Ecke des Gesprächsberichtes. Mehr Aufwand ist für die Handhabung nicht erforderlich.

> **Bei all der Mühe, die Sie mit Ihrem Namenspotenzial hatten, sollte Ihnen jetzt jeder Name mit Telefonnummer einen eigenen Papierbogen wert sein. Legen Sie für jeden Kontakt ein separates Blatt – den Gesprächsbericht – an.**

Gesprächsbericht Vertrieb

Visitenkarten-Platz oder Anschrift eintragen:

Firma:	
Branche:	
Name:	
Vorname:	
Position:	
Straße:	
PLZ / Ort:	
Tel./	
Fax:	
Funk:	
E -Mail:	
Alter:	Familienstand Kinder

Kontakt-Zettel

Qualität des Kontakts   **A   B   C**

Kontakt hergestellt durch: _____

Anrufversuche:

Datum:	Tag	Uhrzeit:	Bemerkung: Vorlieben / Ablehnung

Terminvereinbarung

Datum:	Tag	Uhrzeit:	Bemerkung: Vorlieben / Ablehnung

Bemerkungen für Nachrekrutierung:

_____
_____
_____
_____
_____
_____

© gunkel consulting

113

Der Gesprächsbericht

Genug Platz für alle Informationen

Der Wert und die Wichtigkeit eines zukünftigen Geschäftspartners wird klarer, wenn man bedenkt, dass der komplette Gruppenaufbau von einer einzigen Person geleistet wird. Die Bedeutung dieser Person und die zugehörigen Daten rechtfertigen die Notwendigkeit, pro Person einen eigenen A4-Bogen anzulegen. Dieser Bogen heißt „Gesprächsbericht" und beinhaltet genügend Platz für alle erforderlichen Informationen von dem und über den zukünftigen Geschäftspartner. Je mehr Informationen und Notizen Sie vermerken, desto besser. Mit der Unterteilung A, B oder C legen Sie Ihre Einschätzung der Kontaktqualität fest. Sie sind in der Lage, sich bei weiteren Anrufen besser an das vorangegangene Telefonat zu erinnern und besser auf die jeweilige Person einzustellen. Sie sind beim Einstellungsgespräch gut vorbereitet und haben nützliche Hintergründe Ihres Gesprächspartners vor Augen. Wenn Sie einen neuen Geschäftspartner gewinnen wollen, ist es wichtig, dass der Funke der Begeisterung überspringt. Und je sicherer Sie sich mit Hilfe Ihrer Informationen auf das Gespräch einstellen können, umso effektiver wird es.

Besten Zeitpunkt vermerken

Besonders sinnvoll sind Vermerke für den besten Zeitpunkt eines neuen Anrufes. Bedenkt man, dass es um ein Anwerbungsgespräch im weitesten Sinne geht, ist klar, dass ein Anruf zum falschen Zeitpunkt, etwa am Arbeitsplatz des potenziellen Geschäftspartners, zu einer heiklen Sache werden kann. Hier ist Fingerspitzengefühl gefragt. Kommt Ihr Anruf zeitlich ungelegen, dann lassen Sie sich einen Zeitpunkt nennen, an dem Ihr Gesprächspartner ungestört telefonieren kann. Dadurch vermeiden Sie mehrfache Anrufe zu ungelegenen Zeiten, die schon im Vorfeld eine zukünftig angestrebte Zusammenarbeit im Keim zerstören können. Geht man auf die zeitlichen Voraussetzungen ausreichend ein, so sammelt man wertvolle Punkte und gewinnt im Vorfeld die Sympathie des Gesprächspartners.

Manchmal werden in Gesprächen auch Erwartungen, Ablehnungen oder Hoffnungen für neue Tätigkeiten geäußert und Frustration über die momentane Tätigkeit preisgegeben. Dies geschieht nicht direkt und unmittelbar, sondern eher zwischen den Zeilen. Finden sich die am Rande erwähnten Informationen über Hobbys oder Gemeinsamkeiten in Ihren Notizen im Gesprächsbericht, haben Sie ein perfektes Instrument, um einen persönlichen „Draht" zu Ihrem Gesprächspartner zu Beginn des Einstellungsgesprächs aufzubauen. Der ausgefüllte Gesprächsbericht signalisiert Ihrem Gesprächspartner Ihr Interesse an seiner Person. Er bekommt das Gefühl, wichtig genommen zu werden.

Der Expansionsordner

Das für den Recruiter wertvolle Namenspotenzial verdient eine sorgfältige Behandlung und einen angemessenen „Aufbewahrungsort". Was nützt es Ihnen, wenn Sie ein Pflänzchen mühsam aus Samen ziehen, es hegen und pflegen, bis es groß ist, um es dann in der besten Blütephase vertrocknen zu lassen? Das Namenspotenzial ist zu schade, um es einfach irgendwo zu sammeln oder es an einem Platz abzulegen, an dem es nicht wiedergefunden wird. Viel zu schnell geht ein Notizzettel mit der Telefonnummer eines potenziellen Gesprächspartners verloren. Unverzeihlich, denn es könnte einer Ihrer Multiplikatoren gewesen sein!

Um Chaos zu reduzieren und Ihre Expansion professioneller und schneller zu organisieren, gibt es den Expansionsordner, ein für Ihren Erfolg hilfreiches Arbeitsmittel.

Der Inhalt dieses Ordners dient ausschließlich Ihrem Expansionsziel. Von Anfang an sollte Ihr wichtigstes Kapital, das Namenspotenzial für Ihren Partneraufbau, streng von anderen Adressen getrennt sein. Der Expansionsordner wird ausschließlich für Ihre Recruiting-Aktivitäten genutzt. Halten Sie sich vor Augen, dass Ihnen eine strukturierte Vorgehensweise und systematische Abläufe helfen, Ihre Geschäftspartnerspreizung zu erreichen. Aus diesem Grund sollten Sie diesen Ordner wie Ihren Augapfel hüten und wenn möglich täglich damit arbeiten! Im Zeitalter der Computer, Datenbanken und elektronischen Notizbücher die Arbeitsweise mit einem Ordner zu empfehlen, mutet altmodisch an. Es gibt bei genauem Hinsehen zahlreiche Argumente, die für den Einsatz von Papier sprechen. Alle organisatorischen Entscheidungen, jede einzuführende Neuerung im Vertrieb, funktioniert nur, wenn sie auf allen Ebenen der Strukturen duplizierbar ist. Nur wenn jeder Partner in der Kette die ganzheitliche Handhabung für sich und seine neuen Geschäftspartner reibungslos und sofort umsetzen kann, ist gegeben, dass es in der Praxis angenommen und tatsächlich umgesetzt wird.

Nur zum Partneraufbau

Außerdem sollen keine unnötigen Kosten entstehen. Nicht jedem steht die entsprechende Hard- und Software zur Verfügung oder das Wissen, damit richtig umzugehen. Nicht jeder, der gerne im Vertrieb arbeitet, ist ausreichend technikverliebt, um die notwendige Datenpflege durchführen zu können. Gerade Menschen, die gerne im Außendienst eines Vertriebs arbeiten, tendieren dazu, die Bürowelt mit ihren Computerarbeitsplätzen möglichst zu meiden. Im Gegensatz zum Computer im Büro ist der Ordner zu jeder Tages- und Nachtzeit greifbar. Zugegeben,

Akzeptanz auch bei Ablehnung von Computern

es gibt inzwischen kleine und leichte Computer zum mobilen Einsatz. Wägen Sie immer das erwähnte Kostenbewusstsein gegen die mögliche Ablehnung der Computerarbeit durch Ihre neuen Geschäftspartner ab.

Ein weiterer Vorteil der Arbeit mit Papier und Stift ist, dass der Expansionsordner keinen technischen Support benötigt. Er fällt durch Stromausfall oder Programmabsturz nicht aus. Es besteht zu jeder Zeit Zugriff auf den Inhalt, und er ist eine perfekte Wiedervorlage. Es wird keine Zeit in Computerschulungen zur Anwendung einer Vertriebssoftware investiert. Bei richtiger Anwendung des Expansionsordners geht kein Kontakt verloren – weder ein eigener Kontakt noch der Ihrer Geschäftspartner.

> **Wenn mit dem Expansionsordner perfekt gearbeitet wird, stellt sich der Erfolg ein. Er ist ein Instrument, das durch seine einfache und zeitsparende Handhabung von allen Geschäftspartnern akzeptiert und genutzt wird – und darauf kommt es an.**

Wenn der Nutzen und die Bedeutung des Namenspotenzials klar geworden sind, gibt man sich beim Anlegen des Ordners besondere Mühe, gleich ob für sich selbst, um die hier beschriebenen Inhalte allein in die Vertriebspraxis umzusetzen, oder ob man seinen ganzen Vertrieb mit Ordnern ausstattet. Für alle Fälle gilt einheitlich: Man wird mit der Einführung des Ordners für seinen Vertriebsaufbau messbare Ergebnisse erzielen. Demzufolge macht sich etwas Liebe zum Detail bezahlt.

Selbst-organisation

Bei der Auswahl des Materials, der Register und der Farben sollten Sie dafür sorgen, dass man den Ordner gerne in die Hand nimmt und Spaß daran hat, mit ihm zu arbeiten. Das Wichtigste für einen Vertriebsprofi ist der richtige Umgang mit seiner eigenen Zeit. Selbstorganisation ist seine wichtigste Aufgabe. Immer wieder kann er sich die Frage stellen: Bringt mich das, was ich jetzt tue, meinem Ziel näher? Wie organisiere ich mich am besten? Der Expansionsordner ist daher ein optimales Instrument, um sich selbst entsprechend gut zu organisieren. Sie werden, wenn Sie den Ordner ständig mit sich führen, immer und immer wieder an Ihre wesentliche Aufgabe, an das Telefonieren für Rekrutierungsgespräche, erinnert. Der Expansionsordner ist eine optimale Hilfestellung, schnell und effektiv zu telefonieren.

Schluss mit der Zettelwirtschaft

Kurz vor der Beendigung des Manuskripts telefonierte ich mit einer Führungskraft, deren Team ich 2002 betreut hatte. Sie bestätigte mir, dass bei ihr selbst und ihren Expansionsverantwortlichen der Ordner nicht mehr wegzudenken sei. Der „Zettelkram" und das damit verbundene Chaos hatte bei ihr und ihrem Team seit damals ein Ende.

Das nachfolgende Register und die Arbeit mit dem Expansionsordner wurde in eigener Vertriebsarbeit über Jahre hinweg sehr erfolgreich angewandt. Mit den Jahren wurde das System immer weiter optimiert. So, wie es heute dem Leser vorliegt, wurde es in zahlreichen Führungs-Partnerschaften eingesetzt und hat überall zu hohen Steigerungen in der Geschäftspartner-Gewinnung geführt. Es ist sinnvoll, sich detailgenau an die Umsetzung zu halten. Für den Erfolg ist es wichtig, dass das hier erläuterte Vorgehen über mehrere Monate hinweg 1:1 im Vertrieb angewandt wird. Man sollte vermeiden, sich dem Drang hinzugeben, das Rad neu zu erfinden. Weitere Veränderungen und Verfeinerungen sind nur sinnvoll, wenn alle Vertriebspartner diese ebenfalls anwenden. In der Vergangenheit haben „Optimierungen" solcher Art dazu geführt, dass der Expansionsordner ganz aus dem Vertrieb verschwand.

Das System in der Praxis

Der Expansionsordner ist ein Terminvereinbarungs-Instrument. Neben der Tatsache, dass Sie es schätzen werden, einen professionellen Aufbewahrungsort für Ihre Gesprächsberichte zu haben, wird es Ihnen beim aktiven telefonieren helfen. Während des Telefonierens und bei Ihrer praktischen Arbeit wandern die Gesprächsberichte in den dafür vorgesehenen Fächern hin und her. Auf diese Weise gewinnen Sie einen genauen Überblick über den Bearbeitungsstand Ihres Namenspotenzials, zunächst über Ihr eigenes und später über das Ihrer Geschäftspartner und Führungskräfte.

Instrument zur Terminvereinbarung

Der Expansionsordner hat ein Register mit den Fächern 1 bis 10. Jedes zur Verfügung stehende Fach hat eine feste Funktion.

Das vorliegende Zehner-Register ist folgendermaßen aufgebaut:

1	**Wochenplanung** **Terminvereinbarungen** **Argumentationssammlung**
2	**Gesprächsberichte (blanko)**
3	**A - Qualität**
4	**B - Qualität**
5	**Vereinbarte Termine**
6	**Anrufe / TV ohne Termin**
7	**Wiedervorlage**
8	**Positive Zusagen zur** **Zusammenarbeit**
9	**Neg. Rekrutierungen / Ablage**
10	**Namenslisten der GP**

Im ersten Fach werden alle für die Terminvereinbarung notwendigen **Fach 1**
Unterlagen aufbewahrt: Die im jeweiligen Vertrieb gängige Wochen-
planung, ein Wochenüberblick von Montag bis Sonntag auf einer
A4-Seite. Dies ist für die Terminierung am Telefon viel sinnvoller als
handelsübliche Timer, die Tageseinlagen haben. Gesprächsleitfäden für
Terminvereinbarungen sowie eine Sammlung von Argumenten für die
Terminvereinbarung.

Im zweiten Fach befinden sich (immer!) ausreichend Kopien des leeren **Fach 2**
Gesprächsberichts. Es sollten für fleißige und kontaktfreudige Vertriebspartner zwischen 30 und 50 Gesprächsberichts-Formulare vorhanden
sein.

In den beiden Fächern 3 und 4 werden alle Gesprächsberichte aufbe- **Fach 3**
wahrt. Handelt es sich – je nach Einschätzung des Recruiters – um
einen besonders vielversprechenden Kontakt, dem wir zutrauen, gleich
oder später eine Führungstätigkeit zu bekleiden, also einen Gesprächspartner mit „A"-Qualität, dann wird der Gesprächsbericht im Fach 3
abgelegt. Hier ist eine frühzeitige Trennung sehr sinnvoll, weil sich der
Vertriebler beim Einsortieren zwingen muss, nach Qualität zu unterscheiden. Er soll sich angewöhnen, nach oben zu rekrutieren, dies wird
durch die beiden unterschiedlichen Fächer dokumentiert. Entsprechend
legen Sie hier Ihre potenziellen Multiplikatoren ab.

Alle übrigen Kontakte und Personen, die der Vertriebler nicht als **Fach 4**
Multiplikatoren einschätzt, werden in Fach 4 einsortiert. Sie erhalten
die Beurteilung B- oder C-Qualität. In den Fächern 3 und 4 befindet
sich somit das gesamte Namenspotenzial des Recruiters. Zu diesem
Zeitpunkt wurden noch keine Gesprächspartner telefonisch erreicht.
Wie im vorangegangenen Kapitel beschrieben, werden während der
Telefonate mit dem Potenzial aus Fach 3 und 4 entsprechende Vermerke
auf dem Gesprächsbericht angebracht. Die flexible Ringlochung des
Ordners sieht vor, dass nach dem Verlauf des Telefonats die Berichte in
die Fächer 5 bis 9 wandern.

Kam es zu einem verbindlichen Termin für ein persönliches Einstel- **Fach 5**
lungsgespräch oder zu einer Info-Veranstaltung, die ein individuelles
Einzelgespräch ersetzen kann, wird der Gesprächsbericht in Fach 5
abgelegt. Er verbleibt bis zur Termindurchführung in diesem Fach.
Als Vorbereitung auf die vereinbarten Termine hilft die Durchsicht
der Gesprächsberichte mit den Telefonvermerken sehr, um sich auf
die Info-Teilnehmer bzw. Bewerber einzustellen. Bei Terminverschie-

bungen oder -ausfällen hat man einen schnellen Überblick über seine Gesprächspartner. Erst nach Ende des durchgeführten Gesprächs oder am Ende der Info-Veranstaltung wandern die Gesprächsberichte je nach Ergebnis in Fach 8 (Zusagen) oder Fach 9 (Ablehnung).

Fach 6   Konnte ein Gesprächspartner durch einen Anruf nicht für einen Termin gewonnen werden, wird der Gesprächsbericht vorläufig in Fach 6 abgelegt. Konnte beim ersten Anruf noch kein Termin für eine Firmenpräsentation oder ein Informationsgespräch vereinbart werden, ist nichts verloren. Der Gesprächsbericht wird nicht etwa, wie vielleicht früher üblich, weggeworfen, sondern zu einem späteren Zeitpunkt, ggf. mit einer erfahrenen Führungskraft, erneut für einen weiteren Anruf verwendet. Daher gibt der Inhalt des Faches 6 eine gute Grundlage für die Führungskräfte, mit Vertriebs-Geschäftspartnern deren Telefonaktivitäten zu besprechen. Sie sind durch Sichtung und Nachbearbeitung in der Lage, gezielte Unterstützung bei der Telefonarbeit zu leisten.

Fach 7   Ist der Angerufene ernsthaft an einem weiteren Telefonat interessiert und werden dem Recruiter vom Interessenten konkrete Termine für einen späteren Anruf zur Terminvereinbarung genannt, wandern diese Gesprächsberichte in Fach 7. Der Anruf-Wunsch wird auf dem Gesprächsbericht mit Datum vermerkt. Bei regelmäßiger Durchsicht dieses Faches fällt es leicht, seine Anrufversprechen einzuhalten.

Fach 8   Nach der positiven Entscheidung im Anschluss an das Einstellungsgespräch bzw. die Info-Veranstaltung (siehe Fach 5) werden die Zusagen für eine Zusammenarbeit abgelegt. In Klarsichtfolien können hier die erforderlichen Personalunterlagen gesammelt und bei Vollständigkeit in der Personalabteilung oder dem Sekretariat abgegeben werden.

Fach 9   Wird der Interessent als ungeeignet abgelehnt oder konnte er beim Recruiting nicht für Ihr Team gewonnen werden, wird der Bericht in Fach 9 abgelegt. Geeignete Partner sollte man noch nicht verloren geben. Es hat sich gezeigt, dass für Top-Leute oft mehrere Gespräche erforderlich sind, um sie zu einem Einstieg zu bewegen. Häufig ist es die richtige Person, aber der falsche Zeitpunkt. Daher ist es möglich, dass dieser Gesprächsbericht von Fach 9 wieder in Fach 3 wechselt. Man hat jedoch einen sehr guten Überblick und auch nach Monaten einen schnellen Zugriff auf alle geführten Gespräche mit Interessenten.

In Fach 10 werden die für die Mitarbeit vorgesehenen Namen, die von den unterstellten Geschäftspartnern zusammengetragen wurden, einsortiert. Je nach Bearbeitungsstand werden sie von den Mitarbeiterlisten auf Gesprächsberichte übertragen.

> **„Ordnung ist die Tochter der Überlegung"**
> (Georg Christoph Lichtenberg, 1742 – 1799
> deutscher Aphoristiker und Physiker).

Erfolgscode 3-7-4

Der Erfolgscode heißt 3-7-4, weil mit System die Kontakte mit der höchsten Prioritätsstufe angerufen werden. Man beginnt bei seinen Recruiting-Telefonaten immer mit Fach 3, da sich hier das beste Potenzial befindet, eben das „A-Potenzial". Danach kontrolliert man Fach 7 mit den „Wiedervorlagen für Terminvereinbarungen" und telefoniert es termingenau ab. Noch mal zur Erinnerung: Diese Personen hatten Interesse signalisiert, nur war beim letzten Telefonat keine unmittelbare Terminvereinbarung möglich. Erst wenn diese Fächer abgearbeitet sind, geht es weiter mit Fach 4, dem „B- und C-Potenzial".

> **Gehen Sie in dieser Reihenfolge vor: Sie starten bei Ihren Telefonaten mit Fach 3, machen weiter mit Fach 7 und setzen nach dessen Bearbeitung mit Fach 4 fort: 3 – 7 – 4.**

Die Gesprächsberichte wandern in Fach 5, sobald ein Termin vereinbart wurde. Gesprächspartner, die nach einem persönlich durchgeführten Termin nicht für eine Zusammenarbeit gewonnen werden konnten, werden in Fach 9 abgelegt. Ist ein Einzelgespräch positiv verlaufen und hat der Geschäftspartner zugesagt, ist dafür Fach 8 vorgesehen. Unabhängig zu welchem Zeitpunkt ein Kontakt positiv oder negativ ist, der Gesprächsbericht wird niemals vorzeitig weggeworfen. Dazu sind die Adressen zu wertvoll.

Nach Ablauf von ca. sechs Monaten widmet man sich intensiv Fach 9. Denn es kommt vor, dass sich die Lebenssituation eines Menschen verändert. Nach einem halben Jahr erneuern Sie Ihr Angebot. Vielleicht ist der Angerufene dankbar, dass Sie ihm nochmals die Möglichkeit geben, sich über Ihr Geschäft zu informieren. Zum anderen führt ein harmonisch geführtes Rekrutierungsgespräch zwar nicht zur Einstellung, aber unter Umständen ist eine Kundenberatung und ein Abschluss mit anschließender Empfehlungsnahme möglich.

Haben Sie sich an dieses Ablagesystem gewöhnt, werden Sie diese Einteilung auch auf Ihre Geschäftspartner übertragen. Manche meiner Anregungen im Umgang mit dem Expansionsordner werden Sie für profan oder unnötig halten. Aus Erfahrung weiß ich, dass für eine systematische und erfolgreiche Arbeit jedes Detail von Bedeutung ist.

Der größte Vorteil dieses Systems ist, dass kein Kontakt mehr verloren geht oder vergessen wird. Termine mit Wiedervorlage-Charakter sind immer an den vorgegebenen Plätzen abgelegt. Sie werden schnell gefunden und zur vereinbarten Zeit abtelefoniert.

Halbjährlich neuer Ordner Wer zuverlässig vereinbarte Termine einhält, die in einem vorangegangenen Gespräch ausgemacht wurden, wirkt zuverlässig und seriös. Nutzen Sie die halbjährliche Gelegenheit, einen neuen Ordner anzulegen. Aktuelle und vielversprechende Gesprächsberichte werden in diesen neuen Ordner übernommen. Sortieren Sie alle Gesprächsberichte aus, die Sie aktuell nicht für vielversprechend halten oder die Sie demotivieren. Sie werden bei disziplinierter Arbeitsweise immer über ausreichend motivierende Personen verfügen und auf die Aussortierten nicht mehr zugreifen müssen.

Fach 10 im Expansionsordner

Fach 10 kommt besondere Bedeutung zu. Sobald Sie einen neuen Geschäftspartner eingestellt haben, wird er von Ihnen darin unterstützt, sich aktiv um den Aufbau seiner eigenen Gruppe zu kümmern. Nutzen Sie die Motivation und Begeisterung neuer Geschäftspartner nicht nur für das Umsatzziel. Wichtiger als Verkaufsergebnisse ist eine Liste mit 20 qualifizierten Namen aus seinem Umfeld. Diese dienen der Expansion Ihres neuen Geschäftspartners.

Vorteile Die schnelle Erstellung und Abarbeitung der Zwanziger-Liste hat folgende Vorteile:

- Es besteht eine persönliche Beziehung zwischen dem neuen Geschäftspartner und seinem Umfeld. Das bereits bestehende Vertrauensverhältnis des neuen Geschäftspartners zu seinem

Bekanntenkreis erleichtert es Ihnen, die Geschäftsidee unter positiven Vorzeichen zu präsentieren.

- Ist Ihr neuer Geschäftspartner eine anerkannte und beliebte Person in seinem Bekanntenkreis und hat er die Chancen des Vertriebs erkannt, dann löst das eine positive Kettenreaktion auf Ihr Geschäft aus.
- Die Vorprüfung ist durch den Meinungsträger erfolgt, und seine Beurteilung wird von seinem Bekanntenkreis daher vorbehaltloser übernommen.
- Aus seinem Umfeld können neue Geschäftspartner leichter gewonnen werden.
- Das Bestreben des Neuen, selbst so schnell wie möglich von den Vorteilen des Gruppenaufbaus zu profitieren, kommt Ihrer Expansion zugute.
- Ihr Versprechen, dem neuen Partner beim Aufbau einer eigenen Gruppe zu helfen, halten Sie ein. Somit werden Euphorie und Begeisterung eines neuen Geschäftspartners genutzt.

Unterstützen Sie Ihren neuen Partner aktiv darin, seine Potenzialliste zu qualifizieren. Dabei werden 20 potenzielle Kontakte herausgearbeitet und Ihnen als Liste übergeben. Beschäftigen sich diese Kontaktpersonen dann näher mit der von Ihnen vorgestellten Geschäftsidee, so stoßen Sie aus eigenem Interesse zu Ihrem Team dazu.

> **Die Kunst für Sie als Recruiter besteht darin, aus dem zur Verfügung stehenden Potenzial Ihres Neuen so schnell wie möglich die Persönlichkeiten herauszufiltern, die ebenfalls für Ihren Vertrieb begeistert werden können. Hier ist schnelles Handeln angesagt! So bringen Sie auch Ihre eigene Expansion am schnellsten voran.**

Der Grund ist einfach: Mehr als die Hälfte all jener, die starten, sind nach sechs Monaten nicht mehr dabei. Optimal wäre es daher, wenn es Ihnen gelänge, schon vor dem Besuch des Einstiegsseminars die „Zwanziger-Liste" von Ihrem neuen Geschäftspartner erarbeiten zu lassen. Diese Listen werden dann bei Ihnen in Fach 10 des Expansionsordners einsortiert.

Der Expansionsordner soll Sie und Ihr Team bei der täglichen Arbeit in Zukunft begleiten. Geben Sie sich bei der Auswahl der Materialien besondere Mühe und investieren Sie in die Qualität lieber etwas mehr. Gestalten Sie die Außenseiten mit Ihrem Logo. Das Inhaltsverzeichnis sowie das Register sollten entsprechend strapazierfähig sein (aus Plastik, nicht aus Papier oder Pappe), weil der Ordner in Zukunft jeden Tag mehrere Stunden mitgeführt werden soll. Zelebrieren Sie daher die Übergabe der von Ihnen vorbereiteten Ordner entsprechend anerkennend. Weisen Sie Ihre Führungskräfte darauf hin, dass Sie von ihnen erwarten, die zukünftigen Führungskräfte-Meetings nur mit Ordner zu besuchen, und kontrollieren Sie vor der Begrüßung in den Veranstaltungen, ob dem tatsächlich Folge geleistet wird. So wird der Ordner für Sie zu einem idealen Führungs- und Kontrollinstrument.

Was konkret unternehmen Sie jetzt gleich?

_____

_____

_____

Was genau tun Sie, um bei sich selbst zu starten?

_____

_____

_____

Was unternehmen Sie im Hinblick auf Ihr Team?

_____

_____

_____

2. Terminvereinbarung

Grundregeln

Nichts ist motivierender als ein Kalender, in dem viele vereinbarte Einstellungstermine eingetragen sind. Es gibt leider keine gute Fee, die Sie Ihnen in Ihren Kalender hineinzaubert. Allgemein wird im Vertrieb das Geld am Telefon verdient: Ohne Termine finden keine Kundengespräche statt; ohne Kundengespräche gibt es keine Abschlüsse, und es wird kein Geld verdient. Auch im Team-Aufbau wird nur erfolgreich expandiert, wenn ausreichend Einstellungstermine vereinbart werden. Ohne Einstellungsgespräche keine neuen Geschäftspartner; ohne neue Geschäftspartner keine Expansion. Der Terminvereinbarung kommt somit die entscheidende Schlüsselrolle für den Erfolg zu. Die Technik der Terminvereinbarung hilft, die schwierige Aufgabe des Telefonierens zu meistern. Durch die Einhaltung einiger weniger Regeln werden Sie sich stärker in eine souveräne Ausgangsposition bringen. Nicht nur für das Gespräch zur Vereinbarung einer Verabredung, sondern auch für die professionelle Terminierung, für die Durchführung und für das anschließende Einstellungsgespräch gibt es bewährte Erfolgsformeln, die nachfolgend beschrieben werden.

Schlüsselrolle für den Erfolg

Erfolgsformeln

1. Eignen Sie sich die Einstellung an, ein Chancengeber und Lebensverbesserer für Ihre Interessenten zu sein.

2. Tue Unangenehmes sofort. Erfolg ist eine Überwindungsprämie. Wenn Sie keinen Spaß daran haben, tun Sie es gleich!

3. In kurzer Zeit viel erreichen. Seien Sie effektiv und holen Sie in kurzer Zeit viel heraus!

4. In Ihrem Terminkalender sollten permanent zehn Termine auf Vorrat stehen. Reduziert sich die Anzahl, so füllen Sie die Termine auf.

5. Telefonieren Sie immer und überall! Nutzen Sie tote Zeiten.

6. Steigern Sie Ihre Terminsicherheit. Lassen Sie nur kurze Zeitspannen zwischen Anrufen und vereinbarten Terminen.

7. Planen Sie einen festen Zeitpunkt zur regelmäßigen Terminvereinbarung.

**„Die Perle kann ohne Reibung nicht zum Glänzen,
der Mensch ohne Anstrengung nicht vollkommen werden"**

(Konfuzius, 551 – 478 v.Chr.,
chinesischer Philosoph mit dem Titel „Ehrwürdiger Meister").

Zehn Termine auf Vorrat

Gesetz der großen Zahl

Die Grundlage für erfolgreichen Vertriebsaufbau ist das Gesetz der großen Zahl. Um zu einer berechenbaren Erfolgsquote der Einstellungsgespräche zu kommen, ist die Voraussetzung klar: genügend durchgeführte Gespräche. Die vorangegangene Potenzialarbeit gibt die Grundlage der notwendigen Masse, die für die erfolgreiche Gewinnung der richtigen Geschäftspartner unumgänglich ist! Daher gilt der Grundsatz:

Klasse aus Masse! So wird es gelingen, die notwendige Überzeugung bei Interessenten-Gesprächen zu erlangen. Diese Überzeugung und eine ausreichende Anzahl geeigneter Partner hingegen bei ein bis zwei Gesprächen pro Woche oder gar im Monat zu gewinnen, gestaltet sich schwierig. Es fehlt einfach an Routine, an Souveränität und an der notwendigen Grundhaltung.

Diese Grundhaltung lautet: Ich hätte Sie gerne in meinem Vertrieb, aber ich brauche Sie nicht. Das heißt, auch wenn Sie sich sehr dafür engagieren, den neuen Partner für Ihren Vertrieb zu gewinnen, so machen Sie sich nicht von seiner Zusage abhängig. Sie setzen sich nicht unter Erfolgsdruck, den Betreffenden unbedingt gewinnen zu müssen, und seine Absage stellt keine existenzielle Bedrohung für Sie dar.

Grundhaltung

Eine souveräne Einstellung ist bei zu wenig Aktivität einfach nicht realistisch! Wer nur ein bis zwei Gespräche pro Woche oder Monat führt, ist auf die Zusage jedes Interessenten angewiesen. Genau das ist es, was die Interessenten spüren: „Der braucht mich!" Schon beim Telefonieren lässt sich das z.B. am Klang der Stimme heraushören. Aus diesem Grund ist es wichtig, so lange zu telefonieren, bis mindestens zehn Termine in Ihrem Kalender eingetragen sind.

Ein Gesprächspartner am anderen Ende der Leitung spürt die Sicherheit und Souveränität, die ein Anrufer ausstrahlt. Mit zehn Terminen im Kalender gewinnen Sie sie leicht und können die Gespräche ganz gelassen angehen. Warten Sie nicht, bis der Stand Ihrer Termine wieder bei null ist, sondern füllen Sie Ihren Kalender auf, sobald sich die Anzahl in Richtung fünf Termine reduziert. Streben Sie dann gleich an, sich in Richtung zehn Termine auf Vorrat hochzuarbeiten.

Das Ergänzen von Terminen geschieht in der Folge unspektakulär. Sie nutzen die Freiräume zwischen zwei Gesprächen unterwegs oder in den Pausen zwischen den Meetings oder Besprechungen, um neue Termine zu vereinbaren. Es erfordert etwas Disziplin, sich an diese Arbeitsweise zu gewöhnen. Dabei leistet der Expansionsordner wertvolle Dienste, hat man doch stets alle Informationen beisammen und auf einen Griff alle Kontakte mit Telefonnummern parat, so dass man effektiv und zielgerichtet telefonieren kann. Bedenken Sie dabei, wenn sich Ihre Gruppe und damit Ihre Vertriebsverantwortung erhöht, steigt auch der Administrationsaufwand. Die Freiräume für ungestörtes Telefonieren werden dadurch geringer. Höhere Provisionseinnahmen, und die sind

Termine auffüllen

ja Ihr Ziel, erreichen Sie mit der Anwerbung neuer direkter Partner. Die Rekrutierungsaktivitäten bringen Ihnen Geld, viele andere Aktivitäten hingegen kosten Sie Geld und wertvolle Zeit. Durch die regelmäßige, zur Gewohnheit gewordene Aktivität, ständig Rekrutierungstermine „vor sich herzuschieben", bleiben Sie genau an der Tätigkeit, die Sie wirklich weiterbringt und Ihre Gruppe wachsen lässt. Der Level von zehn Terminen führt zu sechs bis sieben durchgeführten Einstellungsgesprächen. So wird es Ihnen gelingen, souveräner zu telefonieren.

Recruiting-Blöcke

Feste Tage und Zeiten

Sie haben im systematischen Vertriebsaufbau sehr viele unterschiedliche Aufgaben, und der einzige echte Feind ist, wie schon erläutert, die Zeit.

> **Aus diesem Grund sollten Sie darauf bedacht sein, eine bestimmte Anzahl von wahrzunehmenden Einstellungsterminen auf ein oder zwei Blocktage mit jeweils zwei bis maximal drei festen Uhrzeiten zu legen. Im Hinblick darauf, dass ein Teil Ihrer Geschäftspartner zu Beginn nebenberufliche Interessenten gewinnt, haben sich in der Praxis zwei Tage und die folgenden Uhrzeiten bewährt: donnerstags 18.30 und 20.45 Uhr sowie samstags 10.45 und 12.30 Uhr.**

Damit decken Sie die verschiedenen Berufs- und Betätigungsgruppen ab, so dass für jeden ernsthaft interessierten Gesprächspartner ein passender Termin gefunden werden kann. Den Lesern, die sich fragen sollten, inwieweit es möglich sein soll, an diesen beiden Tagen und diesen vier Terminvarianten zehn oder mehr Gesprächspartner zu „bearbeiten", sei gesagt: Das muss es gar nicht! Einerseits fallen bei vereinbarten Terminen auch welche aus, so dass Lücken bleiben. Damit muss und kann man leben, wenn man die Termine doppelt und auch dreifach belegt. Selbst bei Ausfall eines Gesprächspartners haben Sie noch einen zweiten Bewerber.

Sollten einmal alle Interessenten gleichzeitig erscheinen, ist dies nur von Vorteil. So sehen alle Anwesenden, dass es mehrere Mitinteressenten für die Tätigkeit gibt, was dazu führt, dass jeder bemüht ist, sich selbst im besten Licht zu präsentieren. Das ist für alle Beteiligten angenehmer, als gegen 20.45 Uhr in ein stilles von Menschen verlassenes Büro zu kommen. (Über die richtige Vorgehensweise beim Einstellungsgespräch mit mehreren Personen an späterer Stelle mehr.)

Wenn außerhalb der standardisierten Termine weitere Gespräche vereinbart werden – z.B. für Gesprächspartner, denen man eine höhere Erwartungshaltung zubilligt und mit denen man deshalb einen Einzeltermin an einem extra ausgesuchten Ort vereinbaren will –, werden Sie mit dem folgenden Zeitraster von 16.15 Uhr (I) / 18.30 Uhr (III) / 20.45 Uhr (II) am besten zurechtkommen. Alle angebotenen Termine liegen einheitlich zwei Stunden und fünfzehn Minuten auseinander. Mit kurzen Fahrzeiten können so in der für nebenberufliche Interessenten besten Zeit täglich drei Termine durchgeführt werden.

Um die vorgegebenen Zeiten auch im Voraus zu belegen, ist die Reihenfolge der Belegung entscheidend: Als Erstes sollte der 16.15 Uhr-Termin angeboten werden, da prozentual die wenigsten Berufstätigen so früh ihren Arbeitsplatz verlassen können. Als zweiten Termin nimmt man den letzten Termin um 20.45 Uhr. Er ist zwar für das allgemeine Verständnis etwas spät, aber für jeden interessierten Gesprächspartner durchaus machbar. Der 18.30 Uhr-Termin wird, wenn überhaupt, als Letztes angeboten. Oft wird er bei der Alternativtechnik sehr schnell vergeben. Man sollte mit der Vergabe dieser populären Uhrzeit aber geizen, da sich um 18.30 Uhr auch spontan ohne Weiteres Besuche ohne Ankündigung machen lassen, während dies um 16.15 Uhr oder 20.45 Uhr schwieriger sein sollte: Um 16.15 Uhr stünden Sie vor verschlossenen Türen und um 20.45 Uhr vor entsetzten Gesichtern.

Reihenfolge der Terminbelegung

Zu zweit geht's leichter

Unabhängig davon, wie gut oder schlecht Ihnen das Auffüllen von Terminen gelingt, sollten Sie zusätzlich für die Terminvereinbarung einen festen Tag mit zwei bis drei Stunden in der Woche reservieren. Tag und Uhrzeit legen Sie nach Ihrem Ermessen fest. Bleiben Sie standhaft darin, ihn konsequent jede Woche durchzuführen. Sie sollten es nicht zulassen, den Termin von Ihnen oder irgendjemand anderem verschieben zu lassen. Er hilft Ihnen, sich immer wieder auf Ihre wichtigste Aufgabe zu konzentrieren.

Das Telefonieren, um Einstellungs- oder Verkaufsgespräche zu vereinbaren, ist für das Gros aller Vertriebler eine verhasste Aufgabe. Ja, Sie haben richtig gelesen. Gerade wenn es Ihnen nicht gelingt, Termine regelmäßig in ausreichender Zahl auf Vorrat zu vereinbaren, kann das Telefon zum Feind Nr. 1 werden.

Feind Nr. 1?

Selbst erfahrene und jahrelang erfolgreiche Vertriebler müssen sich zum Griff ans Telefon immer wieder überwinden. Gut erkennbar ist dies dann, wenn es darum geht, nach einem zwei- bis dreiwöchigen Urlaub seinen Terminstand von null auf zehn Termine zu bringen.

Die ersten zwei bis drei Anrufe sind beschwerlich, vor denen man sich gerne mit allen möglichen „wichtigeren Aufgaben" drückt. Regelmäßigkeit und Gewohnheit der sich wöchentlich wiederholenden Tätigkeiten helfen sehr, eine Aufgabe zu erledigen, die man gerne vor sich her schiebt.

Zusammen mit Kollegen

Es hat sich bewährt, diese Aufgabe mit ein bis zwei Kollegen gemeinsam durchzuführen. Noch besser: Sie verpflichten sich zur Einhaltung des regelmäßigen Termins mit einem Ihrer Geschäftspartner, den Sie im Bereich Vertriebsexpansion besonders fördern wollen. Auf diese Weise sind Sie sicher, den Termin durch die Kontrolle Ihres eigenen Geschäftspartners einzuhalten. Denn Sie können sich als sein Vorbild nicht erlauben, den Termin abzusagen oder ausfallen zu lassen, ohne an Glaubwürdigkeit zu verlieren. Die Kontrolle Ihres Partners führt dazu, dass weder Sie noch Ihr Geschäftspartner dieser Aufgabe ausweichen. Sind Sie mutig, dann reservieren Sie sich den Sonntagmorgen von 10.00 bis 13.00 Uhr oder anderenfalls den Samstag von 15.00 bis 18.00 Uhr. In dieser Zeit tun Sie dann nichts anderes. Sie haben richtig gelesen: Samstag, noch besser Sonntag ist der optimale Zeitpunkt, um Termine für die Geschäftspartner-Gewinnung zu vereinbaren!

Wir hatten unsere besten Erfolge beim Telefonieren am Wochenende. Es war uns in der Führungsrunde selbst etwas mulmig zumute, als wir die ersten Male versuchten, unsere Idee, am Sonntagvormittag Termine für die Partnergewinnung zu vereinbaren, in die Praxis umzusetzen. Wie würden die Angerufenen reagieren, wenn man sie am Sonntagmorgen störte oder im schlimmsten Falle weckte? Die negative Reaktion blieb fast gänzlich aus. Begründet haben wir unseren Anruf damit, dass berufliche Angebote unter der Woche schwer zu koordinieren seien und daher nur das Wochenende bliebe. Die Quote der Erreichbarkeit ist und bleibt zu keinem Zeitpunkt besser als am Sonntag.

Wenn Sie bereit sind, am Sonntag zwei bis drei Stunden effektiv in Ihren Teamaufbau zu investieren, ist dies sicher ein sehr zu empfehlender Zeitpunkt. Sie verstärken diese Wirkung, wenn Sie sich gegenseitig dazu verpflichten, diesen Termin einzuhalten. Ihr Terminkalender wird weit mehr Termine für Einstellungsgespräche beinhalten, und das ist ein tolles Gefühl für den Wochenstart am darauffolgenden Montag.

Die Telefon-Party

Weil einerseits die regelmäßige Terminvereinbarung dem Recruiter viel Disziplin abverlangt und andererseits so wichtig ist, um die Expansion zu steuern, hat es sich bewährt, die Telefon-Party zu einem festen Jour-fix-Termin zu machen. Wenn Sie die nachfolgenden Grundregeln zu Hilfe nehmen, wird es Ihnen leichter gelingen, für sich und Ihr Team Spaß und Schwung ins Telefonieren zu bringen. Ihre Partner werden Freude daran haben, sich gegenseitig zu unterstützen und zu beobachten, wie sie überlegener und souveräner am Telefon werden. Bald werden sich aus der Praxis und durch Ihre Unterstützung manche Geschäftspartner zu wahren Telefon-Virtuosen entwickeln, die ihrerseits eine Gruppe bei der Telefon-Party übernehmen können. Wenn außer Ihnen noch eine zweite Führungskraft da ist, die sich wie Sie dem Vertriebsaufbau verschrieben hat, verpflichten Sie sich gegenseitig zur Einhaltung dieser zwei bis drei Stunden, in denen Sie zu zweit Terminvereinbarungen durchführen, und zwar ausschließlich für Recruiting-Termine! Mit dieser Maßnahme steuern Sie die Entwicklung Ihres ganzen Vertriebsaufbaus. Jetzt sind Sie gegenseitig in der Verpflichtung, regelmäßig für Recruiting-Termine zu sorgen.

Verantwortliche nachziehen

Sobald sich ein weiterer Geschäftspartner entwickelt, der den Vertriebsaufbau ernsthaft betreiben will, nehmen Sie ihn zur Telefon-Party hinzu. Dies steigert sich so lange, bis maximal vier bis fünf regelmäßige Teilnehmer erreicht sind. Zwischenzeitlich ist meist eine entsprechende Teilnehmerzahl nachgewachsen, der Sie die Leitung einer neuen Telefon-Party übergeben können. Diese sorgt dann ihrerseits dafür, die nachfolgend beschriebenen Grundregeln zu überwachen. Nichts scheint so schwierig zu sein, wie einerseits auf Dauer selbst aktiv zu bleiben und andererseits die Motivation für die Terminvereinbarung in der Gruppe aufrechtzuerhalten. Hilfreich ist es, mit viel Liebe zum Detail sich selbst und die Teilnehmer zu motivieren, an dieser Aufgabe dranzubleiben. Meine eigene Erfahrung ist:

Je mehr Anstrengung, Fürsorge, Vorbereitung und Aufmerksamkeit Sie auf die Telefon-Party legen, desto mehr wird es Ihnen gelingen, die natürliche Angst vor dem Telefon, die Ihr Team hat, in Spaß und Schwung zu verwandeln! Die Rahmenbedingungen sind wichtig. Deshalb sorgen Sie für tolle Stimmung und gute Laune.

Jedem ein Gläschen Sekt auszugeben und gemeinsam anzustoßen, bevor es richtig losgeht, wirkt manchmal Wunder, bringt Spaß und gute Laune, die bis zum Angerufenen hinüberschwappt. Halten Sie als Organisator alle Teilnehmer bei Laune und halten Sie alle aktiv beim Telefonieren. Das ist eine echte und herausfordernde Aufgabe, die Sie nicht nur nebenbei machen können. Also: Konzentrieren Sie sich voll und ganz auf das Ergebnis. Sparen Sie deshalb nicht mit Lob und Anerkennung auch für die kleinste Anstrengung und Leistung. Loben Sie Ihre Teilnehmer. Denken Sie daran: Am Telefon wird die Expansion Ihres Teams gesteuert.

Grundregeln

1. Die Telefon-Party hat höchste Priorität vor allen anderen Aufgaben. Lassen Sie nicht zu, sich durch andere Termine von Ihrem Vorhaben abzuhalten.

2. Planen Sie den gleichen Tag und die gleiche Uhrzeit ein. Damit machen Sie sich die Macht der Gewohnheit zunutze.

3. Telefonieren Sie immer am gleichen Ort, auch wenn dies durch die Belastung der Telefonrechnung bei verschiedenen Teilnehmern ungerecht wird. Gegebenenfalls richten Sie eine Telefonkasse ein.

4. Legen Sie sich die benötigten Unterlagen bereit: Expansionsordner mit Gesprächsleitfäden und Wochenplanungen. Das erspart unnötige Zeitverluste durch lästige Telefonnummern-Suche.

5. Sorgen Sie für eine gemütliche Atmosphäre, um diese notwendige Arbeit angenehm zu gestalten.

6. Eliminieren Sie Störungen schon im Vorfeld, indem Sie z. B. ein Schild „Bitte nicht stören" an Ihre Bürotür hängen.

7. Konzentrieren Sie sich nur auf die Telefonarbeit. Keine anderen Arbeiten während der Telefon-Party! Lassen Sie es nicht zu, dass man Sie in der Zeit mit anderen Aufgaben ablenkt, und beschäftigen Sie sich nicht etwa mit dem Prüfen von Anträgen oder Ähnlichem.

8. Telefonieren Sie nicht alleine. Auch Ihnen hilft die unterstützende Gruppenmotivation.

9. Zwei bis fünf Teilnehmer teilen sich ein Telefon! Auch wenn es Ihnen vorkommt, als ob weniger Telefonate geführt würden. Im Gesamtergebnis wird wesentlich mehr getan.

10. Sorgen Sie dafür, dass alle telefonieren. Alle telefonieren reihum, bis jeder Teilnehmer einen Gesprächspartner erreicht hat! Entstehen Pausen, weil einem Teilnehmer zu wenige Namen vorliegen, so haben Sie frühzeitig einen wichtigen Coaching-Ansatz erkannt.

11. Bleiben Sie dran und telefonieren Sie so viel wie möglich. Machen Sie das Telefon zum begehrten Objekt. Reißen Sie sich um das Telefon, so werden es auch Ihre Geschäftspartner tun – das Telefon wird nie still stehen!

12. Telefonieren Sie als Führungskraft selbst am meisten. Damit werden Sie für alle Teilnehmer ein motivierendes Vorbild.

13. Loben Sie die Ergebnisse. Entwickeln Sie eine positive, konstruktive und aufbauende Atmosphäre. Machen Sie Ihre Geschäftspartner süchtig. Nachher feiern Sie jeden einzelnen Termin mit entsprechendem Klatschen, Pfeifen, Trampeln. Besser noch: Kaufen Sie eine Kuh- oder Schiffsglocke, und hängen Sie diese dort auf, wo die Telefon-Party stattfindet. Lassen Sie die Anrufer nach jedem erfolgreichen Telefonat läuten. Das ankert auch akustisch den Erfolg.

14. Machen Sie die Ergebnisse der Telefon-Party ständig transparent. Verwenden Sie ein Flipchart und notieren Sie die Namen aller Beteiligten und eine Vorher/Nachher-Strichliste. Tragen Sie sich selbst mit ein. Verfolgen Sie die Ergebnisse, indem Sie Anrufversuche/ erreichte Teilnehmer/vereinbarte Termine zeitgleich eintragen.

15. Sorgen Sie für Speisen und Getränke. Seien Sie gut vorbereitet. Geben Sie keinen Anlass zur Pause, weil Hunger oder Durst die Telefon-Party unterbrechen. Seien Sie einfallsreich, indem Sie im Hochsommer gekühltes Obst, zum Fasching Berliner und zu Weihnachten Plätzchen reichen.

16. Arbeiten Sie mit Telefon-Lauthörer und nutzen Sie die Einwände und Argumentation Ihrer Kollegen! So profitieren alle davon und werden besser. Listen Sie neue Argumente in einer Sammlung auf.

17. Verabschieden Sie alle Teilnehmer mit einem abschließenden Resümee der Ergebnisse und einem Lob für die Teilnahme. Notieren Sie dafür während der Telefon-Party die positiven Terminvereinbarungen der Teilnehmer, die Ihnen besonders gut gefallen haben.

> **„Was dem Schwarm nicht nützt,**
> **das nützt auch der einzelnen Biene nicht"**
> (Marc Aurel, 121 – 180, römischer Kaiser und Philosoph).

Telefonparty am 31. Mai   18.15 - 20.45 Uhr

Name	Anruf-versuche	Gesprächs-partner erreicht	Termine vereinbart	Termine zuvor	Termine danach
Peter	IIII	III	II	3	5
Sabine	II	II	II	2	4
Nicole	IIII	II	I	4	5
Rainer	I	-	-	1	1
Karl	IIII	IIII	III	3	6
Thomas	ꟼꟼꟼꟼ I	ꟼꟼꟼꟼ	IIII	5	9
Gesamt	**22**	**16**	**12**	**18**	**30**

© gunkel consulting

Gesprächsleitfäden

Vorgehen nach Vorlage

Die Verwendung eines gut vorbereiteten, durchdachten und in der Praxis erprobten Gesprächsleitfadens ist die beste Voraussetzung für eine erfolgreiche Terminvereinbarung. Gerade am Telefon haben Sie und Ihre Partner den Vorteil, dass man sie nicht sehen kann. Sie können ohne Weiteres vom Blatt ablesen, bis die Inhalte auswendig sitzen. Selbst der professionelle Top-Verkäufer und erfahrene Recruiter sollte dieses einfache und doch wirkungsvolle Hilfsmittel für sich noch stärker nutzen. Natürlich ist für eine professionelle Anwendung die Vorlage gut einzustudieren, um den Eindruck zu vermeiden, dass der Text tatsächlich abgelesen erscheint. Trotz des subjektiven Verdachts, das Vorgehen nach Vorlage würde bei der Terminvereinbarung anwesenden Zuhörern nicht professionell erscheinen können, ist eher das Gegenteil der Fall. Die Profis kennen den oft zitierten und etwas profan erscheinenden Ausspruch: Besser gut kopiert, als schlecht kreiert! Hier ist das Ergebnis entscheidend, nicht die Vorgehensweise.

Der Vertriebsprofi sollte sich aller ihm zur Verfügung stehenden Tools bedienen, auf die er zugreifen kann. Das war ja mit Sicherheit auch der Grund für den Leser, dieses Buch zu studieren. Natürlich ist es die Aufgabe eines Profis, Verbesserungen, die sich in der Praxis entwickelt haben, mit in den individuellen Leitfaden aufzunehmen. Denn auch der erfolgreichste Praktiker wird, wenn er längere Zeit nicht mit den vorliegenden Skripten telefoniert hat, diese unbewusst und unabsichtlich verändern und damit verwässern. Folglich werden unmerklich, im Original nicht enthaltene Konjunktiv- (Möglichkeits-) Formen verwendet. Diese verfälschen nicht nur die Aussage, sondern mindern deutlich die beabsichtigte Wirkung.

> **Man ist gut beraten, die Skripte bei längerer Nichtanwendung von Zeit zu Zeit wieder einmal zur Terminvereinbarung einzusetzen. Mit Verwunderung wird man mit der Zeit entwickelte Veränderungen gegenüber dem Original feststellen. Meist liegt darin auch der Grund, warum die Terminvereinbarungen in der letzten Zeit schlechtere Ergebnisse erbrachten.**

Geschäftspartnern zuhören

Auch wenn es dem Leser gelingen sollte, diese Veränderungen mit seinem professionellen Geschick zu kompensieren, so wird die Verbreitung der Kopie der Kopie spätestens in der Geschäftspartnerkette zum Problem. Nicht alle Partner bringen gleiche rhetorische Begabungen mit. Es ist daher wichtig, seinen unterstellten Geschäftspartnern bei der

Terminvereinbarung regelmäßig zuzuhören, um nachzuvollziehen, auf welchem Stand sich deren Umsetzung befindet!

Nachfolgend finden Sie für die wichtigsten Situationen Gesprächsleitfäden. Dies soll eine kleine Unterstützung für Ihre wichtigsten Anrufe sein. Wie Sie sicher nachvollziehen können, ist dieser Themenbereich so wichtig, dass es angemessen ist, allein dafür mehrere Bücher zu lesen. Meine Kollegen haben auf diesem Gebiet schon exzellente Arbeit geleistet.

Skript für gute Bekannte
Da sich das erarbeitete Namenspotenzial zu Beginn in erster Linie aus dem eigenen Umfeld zusammensetzt, lassen Sie uns zuerst einen sehr simplen Leitfaden besprechen. Genau genommen werden Sie gar keinen brauchen, weil es nicht schwer sein sollte, mit Ihren guten Bekannten einen entsprechenden Termin zu vereinbaren. Ihr Gespräch am Telefon kann dann kurz und bündig etwa so ablaufen:

„Hallo Peter, wie geht's?

Du, ich habe da eine ganz tolle Sache kennengelernt und dazu ist mir deine Meinung sehr wichtig. Wann passt es Dir um vorbei zu kommen?

Was ist dir lieber:
Kannst du am ... oder besser am ... kommen, was ist dir lieber?"

Antwort des Gesprächspartners.

„Also heute um 19:00 Uhr!

Du, ich bringe noch jemanden mit."

Gesprächspartner: „Wen bringst du mit?"

„Einen, der es besser zeigen kann als ich! Ist Evi auch da?"

Antwort des Gesprächspartners.

„Gut, bis heute Abend, wir sehen uns."

Es geht weniger darum, wie man ein solches Telefonat führt. Die persönliche Bindung wird es immer möglich machen, ein Gespräch zu führen. Vielmehr geht es um das Tun, um die Überwindung, den einen oder anderen aus Ihrem Umfeld auf Ihr Geschäft anzusprechen. Das ist eine Mut- bzw. Einstellungsfrage, wie stark Sie hinter Ihrem Geschäft und der Entscheidung stehen, Ihren Vertriebsaufbau voranzutreiben.

Skript für entfernte Bekannte

Etwas anspruchsvoller werden Ihre Telefonate, wenn Sie Menschen anrufen wollen, die Sie vielleicht nur oberflächlich oder auch nur vom Sehen kennen. Um einerseits einen guten Einstieg zu bekommen und andererseits einschätzen zu können, inwieweit Ihr Angebot für einen beruflichen Vorschlag passt, sollte Ihr Smalltalk um so ausführlicher sein, je länger es her ist, dass Sie mit Ihrem Gesprächspartner keinen Kontakt mehr hatten.

Begrüßung: Small Talk

„Hallo, Wolfgang! Gut, dass wir uns sprechen. Ich habe an dich gedacht. Was machst du denn eigentlich momentan genau beruflich?"

Anmerkung: Hier sehr gut hinhören und zwischen den Zeilen lesen!
- *Versteckte Unzufriedenheit heraushören!*
- *Was? Wo? Wie lange? (Viele W-Fragen stellen)*
- *Spaß, Frust?*
- *Aufgabengebiet? Verantwortungsbereich? (Im aktuellen Tätigkeitsbereich)*
- *Lange weg von zu Hause?*
- *Zukunftsperspektiven?*
- *Vergütung und Steigerungsmöglichkeiten, Aufstiegsmöglichkeiten? (Jetzt und in den nächsten fünf Jahren?)*
- *Gesundheit? Beziehung?/Trennung?*
- *Kinder?/Zeitaufwand? (Besteht Freiraum für Privates?)*
- *Hobbys?/Engagement?*

Interesse klären und Frage variieren:
1. „Hast du Interesse, hart zu arbeiten, wenn es dafür gutes Geld gibt?"

2. „Hast du Interesse, gutes Geld zu verdienen, parallel zu deinem Hauptberuf?"

3. „Bist du interessiert, dir ein zweites Standbein aufzubauen, ohne finanziellen Einsatz?"

Erfahrungsgemäß gibt es in Ihrem Umfeld Menschen, die Sie aus den Augen verloren haben oder nur sehr oberflächlich kennen oder kannten. Hier wird der Leitfaden Ihnen helfen, am Telefon Folgendes herauszufinden: Was macht dieser Mensch zur Zeit? Gibt es aufgrund seiner beruflichen Situation oder anderswo in seinem Umfeld Unzufriedenheiten und Leidensdruck? Durch gezieltes Fragen und sehr genaues Hinhören sollte es Ihnen gelingen, eventuelle berufliche Unzufriedenheiten herauszuhören. Vor diesem Hintergrund können Sie noch besser eine berufliche Neuorientierung vorschlagen.

Mögliche Antworten und Ihre Reaktion darauf:

Antwort: Nein.

Kein Problem, ist nicht schlimm, ich habe an dich als Freund gedacht, ich habe noch den einen oder anderen, der dafür in Frage kommt.

Antwort: Bitte genauer erklären.

Noch mal 1., 2. oder 3. wiederholen, bis Ja-Reaktion erfolgt.

Antwort: Ja.

a) „Sehr gut, ich bringe dich mit jemandem zusammen, von dem du genau erfährst, um was es geht. Ich hole dich morgen um .... Uhr zu Hause ab. Schreibe es dir bitte auf, damit es auch 100-prozentig klappt. Es wäre peinlich für uns, wenn der Termin ausfällt!"

b) „Wie sieht es bei dir zeitlich aus? Mache dir in Ruhe ein Bild. Ich komme bei dir vorbei. Wann passt es dir von deinem Ablauf am besten? Donnerstag, 20.45 Uhr oder Samstag, 10.45 Uhr?"

„Stell dich darauf ein, es geht um eine hochinteressante Chance. Du wirst staunen, was möglich ist."

Termin – Ende – Verabschiedung

Skript für Fremdkontakte

„Hallo, ich grüße Sie, Herr/Frau ... Mein Name ist Muster, Klaus Muster ... .
Wir haben uns letzte Woche kennengelernt.
Sie sind mir positiv aufgefallen.
Sie erinnern sich bestimmt!
Sie sagten, dass Sie beruflichen Perspektiven gegenüber grundsätzlich aufgeschlossen seien.
Sie sagten, es macht Sinn, dieses Thema kurzfristig zu vertiefen.
Was halten Sie davon, sich darüber einen besseren Einblick zu verschaffen?
Von Ihrem Wochenablauf her, ist bei Ihnen der Wochenanfang oder das Wochenende besser?
Den Termin bestimmen Sie!
Möglich ist der Donnerstag oder lieber der Freitag?
Welche Uhrzeit passt Ihnen am besten ...?
Bei einem so wichtigen Thema macht es immer Sinn, den Lebensgefährten/die Eltern dabei zu haben.
Vier Ohren hören mehr als zwei.
Also dann bis ... um ...
Sie können sich darauf freuen, eine interessante Sache kennenzulernen.“

Skript für Empfehlungen

Ihr Anruf sollte unbedingt mit Absprache und Gutheißung, noch besser im Beisein Ihres Geschäftspartners erfolgen.

„Hallo, ich grüße Sie, Herr/Frau ... . Mein Name ist Muster, Klaus Muster ...
Vor ein paar Tagen saß ich mit Herrn/Frau ... zusammen.
Während unseres Gesprächs ging es um Unternehmensexpansion.
Aus diesem Grund besteht die Möglichkeit, dem einen oder anderen entsprechend interessante berufliche Perspektiven bieten zu können.
Herr/Frau ... hat von Ihnen in den höchsten Tönen gesprochen. Er/Sie ist ganz begeistert von Ihnen und hat mich sehr neugierig auf Sie gemacht. Er/Sie bat darum, Sie anzurufen, um mit Ihnen einen Termin zu vereinbaren. Da ich Herrn/Frau ... sehr schätze, komme ich seiner Bitte heute nach. Herr/Frau ..., sind Sie grundsätzlich an

* einer beruflichen Perspektive
* einem interessanten Zusatzeinkommen
* einem zweiten Standbein ohne finanzielle Investitionen interessiert?

Um Ihnen alles Weitere zu erläutern, ist ein Treffen das Beste. Wann passt es Ihnen von Ihrem Zeitablauf her?

Den Termin bestimmen Sie.

Ist Ihnen der Wochenanfang oder das Ende lieber?

Vorzugsweise der Donnerstag oder der Freitag?

Da es um eine interessante Perspektive geht, hat es sich bewährt, wenn Ihr/e Lebenspartner/in anwesend ist. Also dann bis ... um ... Uhr.

Freuen Sie sich schon jetzt auf den Termin, ich kann Ihnen versprechen, es wird sich lohnen.

Ich freue mich, Sie kennenzulernen."

Verwenden Sie in Zukunft beim professionellen Terminieren verstärkt Leitfäden. Schreiben Sie alle für Sie passenden Leitfäden ab und heften Sie diese in Ihren Expansionsordner. Einerseits fällt es Ihnen so leichter, die Texte auswendig zu lernen und zu behalten, andererseits sind Sie bei Ihrem nächsten Telefonat immer verfügbar und griffbereit. Auch wenn Sie sehr souverän telefonieren und glauben, die Leitfäden nicht zu brauchen, weil Sie die Texte auswendig können, telefonieren Sie die nächsten Male mit Leitfäden. Sie werden sehen, wo Sie sich noch weiter verbessern können.

Praxistipp

| Das Namens-potenzial | Die Termin-verein-barung | Das Einstellungs-gespräch | Die Einarbeitung | Die Führungs-hilfen |

3. Einstellungsgespräch

Allgemeine Tipps

Auf der Seite Ihres Partners Ich will Sie nicht langweilen mit Zitaten wie: „In dir muss brennen, was du in anderen entzünden willst", aber der heilige Augustinus (354 – 430 n. Chr.) lag mit seinem Grundsatz goldrichtig. Fragen Sie sich selbst: Wie stark brennen Sie für Ihre Idee? Spürt man in Ihren Einstellungs-gesprächen das Feuer Ihrer Begeisterung? Was tun Sie, um sich selbst vor jedem Einstellungsgespräch positiv einzustimmen? Ist Ihnen klar, dass Sie weniger als eine Stunde haben, um Ihren Gesprächspartner zu begeistern, wobei die ersten paar Sekunden die entscheidenden sein sollen? Wie machen das gerade junge Recruiter mit wenig praktischen Erfahrungen? Verlassen Sie den Blickwickel Ihrer eigenen Vorteile, was die Zusage Ihrer Interessenten für Ihren weiteren Gruppenaufbau bedeutet, was Sie an Differenzprovision an ihnen verdienen werden und wie sich dadurch Ihr Bankkonto steigert. Dieser Blickwickel ist für ein Einstellungsgespräch nicht optimal. Gute Leute, die Sie ja für sich ge-winnen wollen, scheinen das geradezu zu riechen. Neben den eigenen Vorteilen, die eine aktive Recruiting-Arbeit mit sich bringt, sehen Sie besser auf die andere Seite: die Ihres Gesprächspartners.

Den Nutzen und die Vorteile für die Interessenten sollten Sie sich vor und während des Einstellungsgesprächs vor Augen führen, so dass Sie sie im Gespräch in den Vordergrund stellen können.

> **Wenn sich im Laufe eines Einstellungsgesprächs Ihre Hoffnung in eindeutige Überzeugung verwandelt, dass Sie die richtige Person vor sich haben, so tun Sie alles, diese auch für sich zu gewinnen.**

Das wussten Sie schon vorher. O.k., wie gehen Sie jetzt weiter vor? Denken Sie darüber nach, wie sich das Leben Ihres Interessenten zum Positiven verändern wird, wenn er sich Ihnen anschließt:

- Was entgeht ihm, wenn er bei seiner jetzigen Tätigkeit bleibt?
- Was können die Menschen in Ihrem Vertrieb aus sich machen?
- Was kann, wenn sie sich Ihnen anschließen, aus ihnen werden?
- Wie können sie sich mit der entsprechenden Unterstützung weiterentwickeln?
- Inwieweit können Sie ihr Leben positiv verändern?
- Welche Erfolge werden Sie mit ihnen gemeinsam feiern können?

Versuchen Sie sich vorzustellen: Was werden diese Menschen zu Ihnen sagen, welche Gedanken und Gefühle werden sie haben, nachdem sie gemeinsam hohe Ziele erreicht haben? Wenn Sie dieses Gefühl spüren, diese Bilder sehen, den Erfolg fast riechen können, dann haben Sie die richtige Haltung, um an dieser Stelle des Einstellungsgespräches Ihrem Gesprächspartner zur richtigen Entscheidung zu verhelfen.

Die höchste Kunst des Verkaufens

Eine entsprechende Verkaufserfahrung sehe ich als sehr gute Voraussetzung für die Arbeit des Recruitings an, ja sie ist eine unschätzbare Hilfe für das professionelle Einstellen. Beim Recruiting handelt es sich ebenfalls um einen Verkauf, nämlich um den Verkauf einer Idee – genauer: den Verkauf Ihrer eigenen Idee! Während sich der Verkäufer beim Anbieten seiner Dienstleistung oder eines Produktes darauf konzentriert, den Nutzen für den Kunden herauszustellen, um ihn zum Kauf zu bewegen, muss sein Blickwinkel auf die Vorteile seines Angebots gerichtet sein. Seine Gedanken kreisen im Wesentlichen um zwei Dinge: den Kunden und die Vorteile des Produkts.

Beim Einstellen kommen noch weitere Aspekte dazu, um die sich der Recruiter kümmern sollte: Zum einen will er nach dem Gespräch einschätzen können, ob der Interessent zu ihm und seinem Unternehmen passt; zum anderen sollte er sein eigenes Verhalten, seine Wirkung und sein Auftreten unter Kontrolle haben. Das ist von entscheidender Bedeutung für das Ergebnis seines Einstellungsgespräches. Natürlich werden die Profis jetzt einwenden: Gibt es für einen Verkäufer auch Verhaltensweisen, die Abschlüsse gefährden können? Die Verkäufer haben den Vorteil, dass ihr Verkaufserfolg zur Hälfte von ihrem Produkt abhängig ist. Vertriebs-Profis wissen, dass der Grund einer positiven Rekrutierung zu 90 Prozent an demjenigen liegt, der einstellt.

Während der Erfolg beim Verkauf zu 50 Prozent dem Verkäufer und 50 Prozent dessen angebotenem Produkt zuzuschreiben ist, so ist das positive Ergebnis des Einstellungsgesprächs zu 90 Prozent von der Person des Recruiters abhängig. Der Recruiter muss daher größten Wert darauf legen, einen guten und überzeugenden Eindruck zu erwecken und zu hinterlassen.

Lebendes Erfolgsbeispiel

Er verkauft sich selbst als ein lebendes Beispiel für Erfolg bei seinem neuen Interessenten. Wird er dieser Rolle in den Augen seines Interessenten nicht gerecht, so fehlt diesem das nachahmenswerte Beispiel für seinen eigenen Erfolgsweg. Man hört immer wieder: Beim Zuhörer soll der Eindruck entstehen, dass der Recruiter eine Stelle zu vergeben hat. Beim aktiven Recruiting liegt jedoch meist folgende Situation vor: Der Interessent hat sich nicht selbst aufgrund seiner eigenen Initiative beim Recruiter beworben, wie es ja üblicherweise bei Einstellungsgesprächen der Fall ist. Vielmehr geht die Initiative vom Recruiter aus. Beim Gesprächspartner, der also im besten Fall ein Interessent ist, soll nun der Eindruck entstehen, dass ihm eine große Gunst zuteil wird, wenn man sich für ihn entscheidet, und das, obwohl alles, was man umsonst erhält, ja angeblich wenig wert sein soll.

Es ist immer ein Spiel mit dem Zünglein an der Waage. Beim Interessenten soll der Eindruck entstehen, dass man ihn gerne als Geschäftspartner hätte. Nie darf er aber das Gefühl bekommen, man sei auf ihn und seine Zusage angewiesen. Diese Aufgabe erfordert eine große Portion schauspielerisches Talent. Und offen gestanden, haben selbst alte Hasen damit ihre Schwierigkeiten. Junge Verkäufer, die jetzt mit dem Teamaufbau beginnen und zwischen Yuppie-Gehabe und Selbstüberschätzung schwanken, geraten hier absolut ins Schwimmen. Die Menge der möglichen Fehler, die begangen werden können, ist viel größer als die wenigen Wege, die beim Recruiting zum Erfolg führen. Die Meinungen gehen hier auseinander. Man kann unterscheiden: Geht die Initiative vom Interessenten aus, weil er sich durch eine Anzeige oder aufgrund der Aktivität einer unserer bestehenden Geschäftspartner selbst interessiert – sich also im weitesten Sinne bewirbt –, so kann man mit der Begehrlichkeit des Job-Angebotes schon etwas besser spielen und den Interessenten etwas „zappeln lassen". Man kann ihm das sicher geglaubte Angebot wegnehmen, indem man zwei Tage später einen neuen persönlichen oder telefonischen Termin vereinbart, bei dem man ihm „unsere Entscheidung" mitteilt.

Geht es jedoch anderenfalls um die aktive Anwerbung von neuen direkten Geschäftspartnern, vielleicht sogar aus dem eigenen privaten Umfeld, wirkt eine solche Vorgehensweise sicher nicht sehr glaubwürdig. Erst wird alles daran gesetzt, die entsprechende Person zu einer Info-Veranstaltung oder einem persönlichen Gespräch zu gewinnen, und danach schlüpft der Anwerber in die Rolle des strengen Personalchefs, der in seiner Personalauswahl unter Dutzenden von Interessenten auswählen will? Entscheiden Sie selbst, ob dies für die ohnehin kritischen Interessenten eine nachvollziehbare Vorgehensweise sein kann.

Ich persönlich denke, wenn es Ihnen gelingen soll, Top-Leute für Ihr Geschäft zu gewinnen, sind Sie mit Offenheit und Ehrlichkeit besser beraten. Auch im Vertrieb sollte langsam die Zeit des Schauspielerns vorbei sein. Sagen Sie Ihrem Interessenten doch offen, was Sie von ihm halten, und dass Sie davon ausgingen, gemeinsam einen erfolgreichen Weg zu beschreiten. Ihnen sei allerdings an seiner zeitnahen Entscheidung gelegen, inwieweit für ihn eine generelle Zusammenarbeit in Frage komme. Sie hätten noch andere Gespräche mit Interessenten und müssten daher wissen, ob Sie mit ihm rechnen sollen. Das ist ehrlich, authentisch und auch mutig.

Offenheit hilft

Promoteter Termin

Wenn Sie für ein Gespräch von Ihren Geschäftspartnern mit deren Interessenten anpromotet wurden, dann ist die Erwartungshaltung hoch. Man stelle sich Folgendes vor: Sie sind bei einem millionenschweren Superstar eingeladen. Ihm geht der Ruf voraus, einer der reichsten und erfolgreichsten Männer der Stadt zu sein. So oder ähnlich ist die Erwartungshaltung, die Interessenten für die bevorstehenden Einstellungsgespräche mitbringen. Wenn Sie sich in diese emotionale Einstimmung Ihres Gesprächspartners begeben, können Sie leicht nachvollziehen, mit welcher Erwartungshaltung er in ein solches Gespräch gehen wird. Was erwartet ihn dabei? Wer ist der Mensch, den er treffen wird? Kann das überhaupt seriös und vertrauenswürdig sein, oder entspricht der Mensch, dem er begegnet, doch dem negativen Klischee, das man ohnehin von der Finanzdienstleistungsbranche und den Vertrieben kennt? Auch wenn es kein Haar in der Suppe geben sollte, Ihr Gesprächspartner wird es suchen, und sein Fokus ist darauf ausgerichtet es zu finden.

Fragen Sie sich selbst: Wie würden Sie alle neuen Eindrücke aufnehmen? Wenn Ihr Einstieg noch nicht so lange her ist, erinnern Sie sich noch, mit wie viel Skepsis Sie selbst Ihrem ersten Termin entgegensahen?

**Die meisten Fehler werden nicht bei den Inhalten der Gesprä-
che begangen. Die Rekrutierung scheitert nicht an den Fakten,
sondern an einem negativen Bauchgefühl, das der Interessent
mit nach Hause nimmt, das ihn warnt und ihm sagt: Irgendetwas stimmt da nicht. Es geht hier einerseits darum, was gesagt
wird, aber auch darum, wie es gesagt wird.**

Entscheidend ist letztendlich nicht, was Sie denken oder hoffen,
sondern nur, was auf der Gefühlsebene Ihres Zuhörers zurückbleibt,
wenn das Gespräch beendet ist. Das reicht meist schon, um nicht mehr
beim Folgetermin zu erscheinen oder sich, noch schlimmer, von da an
verleugnen zu lassen. Damit Ihnen dies nie passiert, werden Ihnen die
nachfolgenden Hinweise wertvolle Hilfe leisten. Sie werden die lauern-
den Fallen sicher umgehen und Ihre Wunschkandidaten viel sicherer für
Ihre Idee gewinnen.

Verschiedene Gesprächsorte

Genau genommen sollte man als guter Recruiter immer und überall in
der Lage sein, neue Partner für sein Geschäft zu gewinnen. Es ist aber
unumstritten, dass jede Verabredung durch eine exklusive Atmosphäre
in direkter Hinsicht aufgewertet wird.

So wie man bei exklusiven Geschenken auf eine außergewöhnliche
Verpackung Wert legt, gibt die wohlüberlegte Location dem Bespre-
chungstermin das gewisse Etwas.

Das Clubhaus eines Golfvereins, ein elegantes Bootshaus oder der VIP-
Raum für Privatpiloten – ein gut überlegter Gesprächsort wird neben
dem Inhalt dafür sorgen, das Gespräch noch lange in Erinnerung zu
behalten. Gerade bei Gesprächen, denen der Recruiter ein entsprechendes Gewicht beimisst, wird sich die Mühe lohnen. Für die klassischen
Gespräche haben sich die folgenden Gesprächsorte als ideal herausge-
stellt.

**Im Büro des
Gesprächs-
partners**
Sollten Sie innerhalb der Branche Geschäftspartner für Ihren Vertrieb
rekrutieren, ist das Büro des anderen strategisch ein guter Ort. In der
Regel ist der Einladende immer etwas intensiver mit den Vorbereitun-
gen der Rahmenbedingungen eines Gesprächs beschäftigt, gleich ob
es darum geht, daran zu denken, dass frischer Kaffee gekocht wird,
der Besprechungsraum gelüftet ist oder die zu bearbeitenden Akten
vom Schreibtisch zu räumen sind. Ohne diese vorbereitenden Arbeiten

werden Sie sich nicht wohlfühlen. Ist der Recruiter in der Besucherrolle, kann er sich sehr entspannt und beobachtend in die Situation begeben. Er sieht sofort, ob dort regelmäßig Umsätze produziert werden, reger Interessenten-Verkehr herrscht, häufig das Telefon klingelt. Man kann den Gesprächspartner in seinem eigenen Umfeld viel besser einschätzen und beurteilen, weil sich dem Recruiter innerhalb des Gesprächs mehr offenbart. Wird er seinen Anforderungen gerecht? Wie geht er mit seinen Interessenten, Mitarbeitern oder Kunden um? Kurz: Repräsentiert er die neue Firma und die Produkte nach Ihren Erwartungen?

Rekrutiert man Branchenfremde, dann ist das eigene Büro, die eigene Verwaltung der ideale Ort für ein Einstellungsgespräch. Die repräsentativen Räumlichkeiten und das gehobene Ambiente unterstreichen die Aussagen des Recruiters und machen Visionen, die dem Interessenten geschildert werden, glaubhafter. Sie sollten daran denken: Viele Menschen glauben nur, was sie sehen. Ihre Wahrnehmung ist aufgrund ihrer Erwartungshaltung entsprechend geschärft, und es wird nichts geben, das ihnen entgeht:

In Ihrem Büro

- der übervolle Mülleimer am Kopierer,
- die Ecken des Teppichbodens, die schlecht gesaugt sind,
- die Ranglisten der Produktionsbesten, die noch vom vorletzten Monat am schwarzen Brett aushängen und seitdem noch nicht ausgetauscht wurden,
- das Büromaterial, das unausgepackt im Flur steht, in dem der Interessent bis zum Gesprächsbeginn warten musste,
- die schmutzigen Tassen, die von einigen Teilnehmern des gerade beendeten Meetings versäumt wurden, in die dafür vorgesehene Spülmaschine zu räumen.

Sollte es ein späterer Termin am Abend sein, bei dem man davon ausgehen kann, dass jede dafür zuständige Sekretärin schon längst die heiligen Hallen verlassen hat, wird einem ein so vernachlässigtes Büro gerade von geübten Augen vielleicht als Schwäche ausgelegt. In den seltensten Fällen werden Ihre Gesprächspartner Sie direkt darauf ansprechen. Gehen Sie deshalb nicht davon aus, sie hätten es nicht bemerkt. Sollten Sie also noch nicht über das entsprechende Büro verfügen oder der Gesprächspartner nicht in der Lage sein, den Recruiter in seinem Büro zu empfangen, weichen Sie vorzugsweise auf ein Hotel aus.

Im Hotel oder Restaurant

Man sollte das erste Haus am Platz wählen. Wichtig ist, dass man sich darin wohlfühlt und willkommen ist. Bedenken Sie, dass Sie mit der Bewirtungsrechnung das Ambiente des ganzen Hauses für sich einsetzen. Wer hier spart, tut dies am falschen Ende. Beachten Sie dabei Folgendes: Wenn man das Haus öfter für Einstellungsgespräche nutzt, kann man dafür sorgen, dass einem das Personal durch Freundlichkeit und entsprechendes Trinkgeld mag. Das Hotelpersonal lässt es sehr gut spüren – sowohl in die eine als auch in die andere Richtung. Wie beeindruckend ist die Wirkung auf die Interessenten, wenn man einen Parkplatz und seinen Lieblingstisch reserviert vorfindet und als ein besonderer Gast behandelt wird. Selbst Menschen, die regelmäßig in guten Hotels verkehren, werden immer wieder durch einen Top-Service beeindruckt und werden dies auf den Recruiter zurückführen.

Vermeiden Sie Gespräche in Ihrer Privatsphäre

Selbst wenn das eigene Haus oder die Privatwohnung jeden erdenklichen Luxus aufweist, bewährt sich dieser Ort aufgrund der Vermischung von Privatsphäre und Geschäftsbereich nicht für Recruiting-Gespräche. Man kann die Öffnung der Grenze zwischen Privatem und Geschäftlichem zu einem späteren Zeitpunkt viel besser für sich nutzen. Doch das erste Einstellungsgespräch sollte – wenn es sich nicht eben um einen Freund oder nahen Bekannten handelt, der Ihr Zuhause ohnehin kennt – nicht dort stattfinden. Gerade dann wählen Sie wie oben beschrieben für diesen Anlass einen ganz besonderen Ort aus.

Ein König muss aussehen wie ein König

„Ein König muss aussehen wie ein König." Dieses Bild gab mir einer der erfahrensten und anerkanntesten Trainerkollegen, Nikolaus Enkelmann. Er machte damit deutlich, wie wichtig es ist, dass Erscheinung, Stimme und Blickkontakt mit dem Inhalt konform gehen müssen, um für den Zuhörer authentisch zu sein. Wenn dies nicht der Fall ist, wird er Ihre Aussage anzweifeln, und das kann die spätere Zusammenarbeit gefährden. Einer Führungskraft muss man vertrauen können. Sie muss ausstrahlen, dass sie in der Lage ist, Menschen dabei zu helfen, sie erfolgreich zu machen. Vertrauen ist die Voraussetzung. Deshalb die Frage:

Sind Sie schon eine Vertrauen einflößende Persönlichkeit? Wenn Sie so aussehen wie eine solche, sich so bewegen, so sprechen, sich so kleiden, so wirken, wird man sich Ihnen leichter anschließen und Ihnen folgen. Gibt es also nach Ihrer eigenen Einschätzung noch das ein oder andere, das bei Ihnen nicht auf Vertrauenswürdigkeit hinweist, sollten Sie sich überlegen, es zu verändern.

Kleidung

Machen Sie sich bewusst: Ihre Beeinflussung beginnt vom ersten Augenblick an. Was für eine Rolle spielt dabei Ihre Kleidung? Enkelmann sagt: Kleidung macht noch keinen Menschen, aber sie ist 90 Prozent von dem, was man von ihm sieht, der Rest sind Gesicht und Hände. Ohne hier in eine Abhandlung über Stil- und Typenberatung zu entgleisen, was den Rahmen dieses Buches sprengen würde, sollten Sie sich, wenn nicht schon vorher geschehen, damit befassen.

Der erste Eindruck

Es sei dazu nur so viel gesagt: Fahren Sie hier nur erster Klasse, alles andere ist zu teuer, weil es billig aussieht. Bei Hemden, Anzügen, Schuhen, Gürteln und anderen Accessoires, die Sie bei Einstellungsgesprächen tragen wollen, sollten Sie nicht sparen. Dem Interpretationsspielraum eines guten Beobachters sind keine Grenzen gesetzt. Mit scharfem Urteilsvermögen wird alles Einschätzbare unter die Lupe genommen. Und das so getroffene Urteil ist genauso hart wie unabänderbar. Entweder positiv und angenehm überrascht oder negativ, enttäuschend, abgeneigt. So grundlegend wird ein Urteil im Auge des Betrachters ausfallen, und er ist nicht mehr in der Lage, selbst wenn er es wollte, spätere Korrekturen zu berücksichtigen.

Mit geübtem Blick wird der Gesprächspartner mit dem im geistigen Auge vorhandenen Bild verglichen. Äußerlichkeiten wie Anzug, Kombinationen von Gürtel und Schuhen, deren Alter und Sauberkeit, der Wert der getragenen Uhr oder die Marke des gefahrenen Fahrzeugs sollen helfen, die Aussagen über die vorgestellten Einkommens- und Verdienstmöglichkeiten zu überprüfen. Schon die geringste Abweichung von der Erwartung – wie z.B. der als Zweitwagen dienende Golf, der den in der Inspektion befindlichen Porsche ersetzt –, wird als mögliches Indiz für die Nichtexistenz des Letzteren gewertet. Gesprächspartner gehen davon aus, dass das stimmt, was sie wirklich gesehen haben. Zumindest taten dies die besten Leute, die ich rekrutiert habe. Das ist nicht etwa nur eine Vermutung, sondern wurde mir immer wieder Monate nach der Einstellung von diesen Damen und Herren mitgeteilt.

> **„Um Erfolg zu haben, muss man aussehen, als habe man Erfolg"**
> (Valentin Polcuch, *1911, deutscher Publizist).

Die häufigsten Fehler im Einstellungsgespräch

1. *Der Recruiter ist zu weich.*
   Er wird nicht ernst genommen. Man glaubt ihm nicht, dass die vorgestellten Chancen wirklich zutreffen. Das Angebot wird als uninteressant eingestuft und unterschätzt.

2. *Der Recruiter wirkt zu stark und souverän.*
   Man glaubt an die Möglichkeiten des Geschäfts und die Chance, Geld zu verdienen, doch der Interessent traut es sich nicht zu. Er kann sich nicht vorstellen, so gut zu werden, wie sein Recruiter ist. Hier wurde über den Interessenten hinweggesprochen.

3. *Der Recruiter ist zu verbindlich und kumpelhaft.*
   Dem Gespräch fehlt das Geschäftliche. Es fehlt das Gefühl für die Business-Chance. Der Interessent nimmt das Angebot nicht genügend ernst, sondern tut es als Hobbyverein mit Briefmarkensammler-Flair ab.

4. *Der Recruiter ist zu hart.*
   Der Interessent befürchtet ausgenutzt, für das System benutzt und als Spielball eingesetzt zu werden. Er sieht sich nicht als gleichberechtigter Partner, der sich seine eigene Karriere aufbauen kann. In dieser Situation sieht er sich aber möglicherweise auch schon in seinem Angestelltenverhältnis.

5. *Der Recruiter „schleimt".*
   Der Interessent hat das Gefühl, dass der Recruiter seine Zusage nötig hat. Er glaubt, er sei auf seine Mitarbeit angewiesen, vielleicht um über ihn und seine Kontakte an weitere Kunden zu gelangen. Es bleibt das Gefühl: Irgendetwas ist hier faul!

Praxistipp !

1. Gehen Sie mit den Augen eines neuen Interessenten durch Ihr Büro.

2. Seien Sie selbstkritisch und räumen Sie alles weg bzw. auf, was nicht Ihren Erfolg unterstreicht.

3. Prüfen Sie Ordnung und Sauberkeit und stellen Sie sofort eventuelle Missstände ab.

Gesprächsleitfaden

Echte Verkaufsprofis sind sich einig: Man braucht eine professionelle und duplizierbare Verkaufsstrategie! Die wichtigste Voraussetzung für ein erfolgreiches und funktionierendes Verkäuferteam ist ein einheitliches, vorgefertigtes und ausgefeiltes Muster-Verkaufsgespräch. Dies sollte so lange gepaukt werden, bis es in allen Passagen auswendig sitzen. Laien machen gelegentlich darüber ihre Scherze: Sie glauben, wenn sie einem so trainierten und auf sein Gespräch fixierten Verkäufer in der Mitte seines Gesprächs unterbrechen, muss dieser, um weiterzukommen, wieder von vorne beginnen, um nicht aus dem Konzept zu kommen. Das Gegenteil ist jedoch der Fall, denn Spitzenverkäufer haben ihre Konzeption so im Kopf, meist sogar so oft niedergeschrieben und wortwörtlich auswendig gelernt, dass sie alle Varianten verinnerlicht haben und problemlos mit jeder Passage spielen können.

Dementsprechend sattelfest, sind sie nicht aus der Ruhe zu bringen. So sind sie optimal in der Lage, sich nicht mehr über das Was ihrer Aussage, sondern über das Wie Gedanken zu machen. Das ist der Weg zu Top-Leistungen, die erst dann erreicht werden, wenn die Basis des Was gelegt wurde. Genauso ist es in allem, was man professionell lernen will: die freie Rede, der Gesang, das Schauspiel oder das Beherrschen eines Musikinstrumentes. Die Grundbasis muss sitzen, erst dann kann mit dem Variieren und Improvisieren begonnen werden. Bei Profis aller Branchen erwartet man das gleiche professionelle Vorgehen. Was für ein Gefühl hätten Sie, wenn sich Ihr Chirurg bei Ihrer Blinddarm-Operation „durch Ihren Bauch improvisiert"? Was würden Sie von Ihrem Architekten halten, der die Konzeption Ihres Wohnhauses ohne entsprechende Pläne erstellen wollte? Wie kämen Sie sich vor, wenn Ihr Anwalt sich vor seinem Schlussplädoyer Ihrer Verteidigung vorher keine Gedanken über die Konzeption seines Vortrages gemacht hat?

> **Von jedem Profi erwartet man Konzeption und Strategie – nur die Zunft der Verkäufer und Vertriebler soll eine Ausnahme sein?! Wenn man den Teamaufbau ernst nimmt, dann weiß man, dass die Anforderungen im Vertrieb weit höher sind als die eines Einzelverkäufers. Um so grundlegender ist die Verpflichtung für den Vorstand eines Unternehmens, dafür zu sorgen, den Damen und Herren, die es gegenüber hochklassigen Interessenten repräsentieren sollen, eine ordentliche und vor allem einheitliche Außendarstellung zur Verfügung zu stellen.**

Einfache Handwerkszeuge

Es hilft dem Vertrieb, wenn alle Handwerkszeuge einfach sind. Um so mehr sind sie duplizierbar, für jeden Geschäftspartner zugänglich und in allen Ebenen anwendbar. Entsprechend leicht kann sich ein System verbreiten, wenn man auf einen Standard zurückgreifen kann.

Natürlich sind Sie als Top-Führungskraft in der Lage, sich durch Ihre verkäuferische und persönliche Erfahrung situativ auf jede Gesprächssituation einzustellen, aber sind auch Ihre nachwachsenden Führungskräfte dazu in der Lage, ohne zu viele Verluste durch die Versuch-Irrtum-Methode hinnehmen zu müssen? Die besten Ergebnisse erzielen Sie, nachdem Sie einen individuellen Gesprächsleitfaden entwickelt haben, der Ihrer Philosophie entspricht und durch die folgende Vorgehensweise. Üben Sie regelmäßig mit Ihren Expansionsverantwortlichen einzelne Passagen des Einstellungsgesprächs. Einmal geübt sind diese noch nicht verinnerlicht, deshalb fragen Sie die Schlüsselpassagen in Vier-Augen-Gesprächen ab. Mit der Zeit wird es Ihnen gelingen, dass die Kernpassagen der Gespräche Ihren wichtigsten Leuten reflexartig abrufbar sind.

Drauflos rekrutieren

Ich kann leider immer wieder beobachten, wie einfach mal „drauflos rekrutiert" wird, ohne besondere Hinweise, Anleitungen, Leitfäden oder spezielles persönliches Coaching und Briefing durch die erfahrenen Betreuer und Führungskräfte. Das heißt, unerfahrene Neulinge rekrutieren, wie es ihnen in den Sinn kommt. Mit viel Motivation und Enthusiasmus des Neuen wird drauflos geplappert. Mag sein, dass die einen oder anderen Interessenten so von der Begeisterung mitgerissen werden. So können sich mit etwas Glück auch die ersten Ergebnisse einstellen, aber das ist eher Glücksache. Flacht jedoch mit der Zeit die anfängliche Euphorie des Teamaufbaus ab und bleiben die Erfolge aus, kann der Recruiter nicht nachvollziehen, warum seine Gespräche nicht mehr zum Ergebnis führen. Welche Fehler sind daran schuld, dass seine Einstellungsgespräche keinen Erfolg mehr haben? Natürlich kommen keine Hinweise von den Interessenten, denn kaum einer traut sich, den Recruiter zu kritisieren. Sie kommen schlicht und einfach nicht mehr wieder. Die Zweitgespräche fallen regelmäßig aus – Frust ist vorprogrammiert.

Der Unerfahrene tappt monate-, manchmal jahrelang im Dunkeln. Er bemerkt nicht, welche Fehler er ständig aufs Neue wiederholt, und tröstet sich damit, dass Vertrieb eben aufgrund des „Gesetzes der großen Zahl" funktioniert, oder er ist davon überzeugt, dass seine Interessenten einfach nicht verstehen wollen, welch tolle Chancen er ihnen bietet. Er bekommt dann entweder gar keine oder nur sehr schwache Leute.

In seinem Gruppenaufbau fehlt es ihm an wirklich starken und guten Multiplikatoren, die gebraucht werden, um nachhaltig und langfristig seinen Teamaufbau zu sichern.

Gute Vertriebler sind häufig sehr emotionale Menschen, die auch mal schlechtere Tage haben. Um gerade an diesen Tagen gute Ergebnisse bei den Einstellungsgesprächen zu erzielen, kann ein Gesprächsleitfaden eine sehr große Hilfe sein. Er hilft dabei, alle wesentlichen Punkte anzusprechen, nichts Wichtiges zu vergessen und auch bei kritischen und schwierigen Gesprächspartnern nicht aus dem Konzept zu kommen. Es gelingt eine souveräne Gesprächsführung, ohne vom Hölzchen aufs Stöckchen zu kommen, sich nicht in Kleinigkeiten zu verlieren und eine Gesprächsdauer von mehr als einer Stunde nicht zu überschreiten.

Gesprächsleitfaden als Hilfe

Um Ihren Geschäftspartnern die Präsentation Ihrer Geschäftschancen zu vereinfachen, geben Sie Ihnen auch andere Medien zur Hand. Entwerfen Sie in Zusammenarbeit mit Ihren wichtigsten Führungskräften eine Powerpoint-Präsentation, die Ihre Geschäftspartner noch individueller einsetzen können als ein Gespräch mit Papier und Stift. Diese Präsentation kann dann mit Beamer einer größeren Gruppe gezeigt werden. Im Anschluss können Sie in Einzelgesprächen mit den Zuhörern die persönlichen Details besprechen, die sich in der Gruppe nicht ansprechen ließen. Man kann diese Präsentation sehr preisgünstig vervielfältigen. Mit der Präsentation ist ein Einstieg oder eine Ansprache auch für schwache, neue oder unsichere Geschäftspartner um einiges leichter als ein Gespräch in Schriftform. Sorgen Sie einfach dafür, dass alle Ihre Geschäftspartner in der Lage sind, einmal am Tag Ihre Vertriebsstory zu erzählen – in welcher Form ist manchmal nicht so wichtig.

Powerpoint-Präsentationen

Gliederung des Gesprächs

1. Begrüßung des Interessenten
2. Übergabe und Erläuterung des Personalfragebogens
3. Vorstellung der eigenen Person
4. Vorstellung des Interessenten
5. Vorstellen des Unternehmens
6. Vorstellung des Produkts
7. Vorabschluss
8. Einkommen
9. Karriere
10. Abschluss
11. Verabschiedung

1. Begrüßung des Interessenten

Verkäufer wissen: Die ersten Sekunden sind entscheidend. Der Recruiter sollte alles in seiner Möglichkeit Stehende tun, um gleich zu Beginn eine herzliche und angenehme Atmosphäre zu schaffen. Ein fester Händedruck und ein direkter Blick in die Augen sind die Grundvoraussetzungen für einen Einstieg. Zeigen Sie Ihrem Gesprächspartner ruhig die Bedeutung des Gesprächs und seiner Person. Schließlich geht es für ihn um eine neue Perspektive für sein Leben und für den Recruiter um eine neue wesentliche Säule seines Geschäftsaufbaus.

Nachzufragen, wie er den Weg zur Verabredung gefunden hat, ist Standard, aber bei Vertriebsprofis als Gesprächspartnern weniger angebracht. Besser ist die Frage, ob er sein abgestelltes Fahrzeug ungestört stehen lassen kann, wenn Sie wissen, dass die Parkplatzsituation angespannt ist. Noch besser sind Fragen nach persönlichen Details, die Sie sich gemerkt haben (z.B. Familie, Gesundheit). Jetzt kommen Ihnen die Notizen auf dem Gesprächsbericht zugute, die Sie bei den zuvor geführten Telefonaten angefertigt haben.

Alles ist hilfreich, was dem Gesprächspartner zeigt, dass er Ihnen etwas bedeutet. Bedeutend zu sein ist ein sehr wichtiges Bedürfnis, das im Berufsleben selten befriedigt wird. Hier können Sie schon jetzt wertvolle Punkte sammeln.

Lassen Sie Ihren Besuch nicht warten, vor allem nicht, wenn er pünktlich zum Termin erscheint, und quittieren Sie dies mit einem kurzen Blick auf die Uhr. Ist er zu früh, begrüßen Sie ihn kurz persönlich, versorgen ihn mit Getränken und Lektüre und seien Sie dann pünktlich wieder für ihn da. Verspätet er sich, so begrüßen Sie ihn auch persönlich, versorgen ihn wie oben beschrieben und lassen ihn genau die gleiche Zeit auf Sie warten, die er zu spät erschienen ist.

2. Übergabe und Erläuterung des Fragebogens

Unabhängig, ob es sich um einen Bewerber oder einen von Ihnen selbst angeworbenen Interessenten handelt, überreichen Sie allen Gesprächspartnern einen unternehmenseigenen Fragebogen. Er sollte neben den Kontaktdaten wie Adresse und Telefonnummern, die für Sie weniger relevant sind, weil sie Ihnen bereits vorliegen, noch die folgenden grundsätzlichen Einstiegsvoraussetzungen abfragen: Führerschein und eigenes Kfz, Eintragungen im polizeilichen Führungszeugnis oder Schufa, AVAD-Eintragungen. Sollten die von Ihnen festgelegten Anforderungen nicht gegeben sein, haben Sie sich im Vorfeld unnötige Folgetermine erspart.

Für den Gesprächsverlauf ist es für Sie als Recruiter sehr hilfreich, mittels Fragebogen herauszufinden, wie seine Wertigkeit in Bezug auf freie Zeiteinteilung, Vergütung, Teamgeist, Karriereperspektiven, Sicherheit und Coaching einzuschätzen ist. Dies können Sie anhand einer Benotung von 1 bis 6 sehr schnell abfragen und kennen so bei der Gesprächsführung die für den Interessenten wesentlichen Schlüsselpunkte seiner Motivation. Hierauf können Sie sich im späteren Gesprächsverlauf konzentrieren.

Ergänzend können noch bereits gewonnene Erfahrungen mit Nebentätigkeiten, mögliche Zeitinvestition, neben- oder hauptberufliche Einstiegswünsche sowie die Einkommenserwartungen abgefragt werden.

Personalfragebogen

(nur zum internen Gebrauch)

Persönliche Daten

Name: _____ Vorname: _____

Straße / Nr.: _____

PLZ / Ort: _____ geboren am: _____

Telefon: _____ Fax: _____ Staatsangehörigkeit: _____

Mobil: _____ Email: _____ Familienstand: _____

Name u. Beruf: [   ] Kinder: [   ]
(Partner/in)   (Name u. Alter)

Berufliche Daten

Höchster Schulabschluss: _____ im Jahr: _____

Erlernter Beruf: _____

Tätigkeit als	von / bis	Firma

Sonstige Ausbildung/Prüfung: _____

Sind oder waren Sie bereits nebenberuflich tätig? ja ☐ nein ☐

Führerschein Klassen: [   ] PKW ja ☐ nein ☐

Für welche Art der Tätigkeit interessieren Sie sich? hauptberuflich ☐ nebenberuflich ☐

Wie viele Stunden können Sie wöchentlich aufbringen? [   ] Stunden

Ihre monatlichen Einkommensvorstellungen [   ] Euro

Haben Sie bereits Erfahrungen in der Finanzdienstleistungsbranche? ja ☐ nein ☐

Haben Sie Eintragungen in der Schufa oder im polizeilichen Führungszeugnis? ja ☐ nein ☐

Wie wichtig ist für Sie: (1 = sehr wichtig .... 6 = unwichtig)

	1	2	3	4	5	6
1. Freie Zeiteinteilung	☐	☐	☐	☐	☐	☐
2. Angemessene, leistungsorientierte Vergütung	☐	☐	☐	☐	☐	☐
3. Teamgeist	☐	☐	☐	☐	☐	☐
4. Sicherheit	☐	☐	☐	☐	☐	☐
5. Karriereperspektiven	☐	☐	☐	☐	☐	☐
6. Coaching	☐	☐	☐	☐	☐	☐

Mit meiner Unterschrift bestätige ich die Richtigkeit der obigen Angaben.

_____   _____
Datum / Ort   Unterschrift

© gunkel consulting

156

Zur Auflockerung des Gesprächs und um eine flüssige Vorstellung des Interessenten zu stimulieren hat es sich bewährt, dass sich der Recruiter dem Interessenten zuerst vorstellt. Die eigene Vorstellung sollte die Punkte enthalten, nach denen er seinen Interessenten bei dessen Vorstellung fragen will, so dient diese als eine vorweg genommene Inhaltsangabe für den Interessenten.

3. Vorstellung der eigenen Person

> **Die Vorstellung sollte beinhalten: Alter, Familienstand, Anzahl und Alter der Kinder, Studium, Fachbereich, vorher ausgeübte Berufe und Position, Interessen, die Beweggründe für den eigenen Einstieg in den Vertrieb, die damaligen Erwartungen, Bedenken und ersten Erfahrungen sowie eine kurze Skizze des Karrierewegs im Vertrieb und die Hoffnungen für die Zukunft.**

Es ist wichtig, die eigene Vorstellung auf den Gesprächspartner abzustimmen. Damit ist gemeint, bei einem schwächeren Interessenten die eigenen damaligen Bedenken zu erwähnen, um ihm das Gefühl zu geben, nicht alleine an den Möglichkeiten zu zweifeln. Bei starken Partnern ist es wichtig, sich gleichwertig darzustellen. Erwähnen Sie hier ruhig Ihren Hintergrund, z.B. den Abschluss des Hochschulstudiums und zuvor erworbene Management-Qualifikationen. Hilfreich ist es, hier schon eine gleichwertige Basis herzustellen, um den Interessenten da abzuholen, wo er steht. Er sollte sich nicht überlegen, aber auch nicht unterlegen fühlen.

Konzentrieren Sie sich auf Ihr Leben vor Ihrer Vertriebstätigkeit wenn der Interessent noch keine Erfahrung mitbringt – so schaffen Sie Identifikation. Schreiben Sie sich die verschiedenen Varianten Ihrer eigenen Vorstellungen auf. Noch besser: Sprechen Sie diese auf Band. So können Sie selbst beurteilen, wie Sie bei Ihren Zuhörern ankommen. Aus Erfahrung sind hier schlimme Prahlereien zu hören, die dem Recruiter gar nicht auffallen. Hier wird oft versucht, die Unsicherheit zu überspielen. Das Gegenteil wird erreicht, und man hat alles andere als einen guten Gesprächseinstieg.

> **„Manche Hähne glauben, dass die Sonne ihretwegen aufgeht"**
> (Theodor Fontane, 1819 – 1898, deutscher Erzähler).

Wenn man den Interessenten nach der eigenen Vorstellung auffordert, etwas von sich zu erzählen, wird er dies etwas freimütiger tun. Jetzt hat der Recruiter die Gelegenheit festzustellen, ob der Interessent jemand ist, mit dem er die nächsten Monate zusammenarbeiten will. Der Recruiter sollte

4. Vorstellung des Interessenten

sehr kritisch sein und alles ausführlich hinterfragen: die Ziele, die Ziele hinter den Zielen, Familienstand, Prioritäten, Ehrgeiz, Umfeld, Kontakte, Potenzial, Zeiteinsatz, Einkommensvorstellungen – eben alles.

Es ist wichtig, dass die Führungskraft vom Interessenten genauso begeistert ist wie der Interessent von der Führungskraft.

So viel zum persönlichen Hintergrund. Die folgenden Details gilt es zu erfragen: Inwieweit wurden im Verkauf schon Erfahrungen gesammelt und sogar Erfolge erzielt? Trauen Sie dem Interessenten zu, sich auf Ihr Produkt einzustellen und es anzubieten? Hat er vielleicht schon ein ähnliches Produkt verkauft, wie es von Ihnen angeboten wird, und wird es ihm leicht fallen, sich auf Ihr Produkt umzustellen? Ist er Branchenneuling, so müssen Sie entscheiden, ob er Ihnen die Mehrarbeit bei der Einarbeitung wert ist. Doch manchmal können Laien, die ganz unbedarft an die Aufgaben herangehen, Rohdiamanten für Ihren Gruppenaufbau sein. Der Grund ist einfach: Sie wissen nicht, wie es nicht geht – das aber wissen die alten Hasen genau.

5. Vorstellung des Unternehmens

An dieser Stelle geht es sehr individuell um die eigene Unternehmensphilosophie. Was ist Ihr USP, *die Unique Selling Proposition*, also Ihr Alleinstellungsmerkmal? Was macht Sie als Unternehmen so besonders, dass Sie auf dem Markt bestehen, wachsen und expandieren? Was haben Sie Ihren Kunden und Interessenten zu bieten?

6. Vorstellung des Produkts

Das Produkt bzw. der Beratungsansatz kann einer der wichtigsten Bestandteile eines Einstellungsgespräches sein. Allerdings ist sehr darauf zu achten, dass alle verkäuferischen Aspekte entfallen. Das Kundengespräch sollte zügig und motivierend vorgestellt werden. Vorteilhaft ist hier die verkäuferische Professionalität des Recruiters. Er beherrscht Aspekte wie Pausentechnik, Schweigeminute und Blickkontakt so professionell, dass der Zuhörer diese gar nicht bemerkt. Beim Zuhörer muss der Funke der Begeisterung für das Produkt oder für den Beratungsansatz überspringen. Es ist wichtig, dass beim Interessenten keinerlei Verkaufsdruck aufgebaut wird. Dies wird erreicht, indem zu Beginn der Erklärung darauf hingewiesen wird, dass es sich nur um ein Rollenspiel handelt. Selbst wenn er wolle, könne er heute nicht kaufen, da dies nicht Zweck des heutigen Gespräches sei. Sollten Sie zu diesem Zeitpunkt des Gesprächs darüber beim Interessenten nicht für Klarheit gesorgt haben oder sollte er sich sogar zu einer Kaufentscheidung motiviert sehen, wird das den Erfolg des Einstellungsgesprächs stören. Im Kopf des Zuhörers würde ständig die Frage kreisen: „Soll ich Kunde oder Mitarbeiter werden?" Er wird weder kaufen noch mitarbeiten.

Wenn dies am Anfang geklärt wurde, kann sich der Interessent ganz entspannt auf die Vorteile des Beratungsansatzes konzentrieren. Der Recruiter führt keinen Dialog zwischen dem Zuhörer und dem gespielten Verkäufer, sondern nur einen gespielten einfach gehaltenen Monolog mit einem sehr verständigen und kaufwilligen Kunden. Der Interessent erlebt das schlüssige Bild eines standardisierten Muster-Beratungsgesprächs.

Vorsicht bei der Dauer der Präsentation! Sollte ein Beratungsgespräch in der Regel eine Stunde dauern, dann planen Sie für die Erklärung maximal sieben bis fünfzehn Minuten ein, sonst sprengt dies Ihren zeitlichen Rahmen. Dem Zuhörer hier die letzten erlernten Verkaufsraffinessen vorführen zu wollen, ist ein Anfängerfehler mancher junger Verkäufer und verfehlt den Sinn des Gespräches vollkommen. Vielmehr soll dem Interessenten der Eindruck vermittelt werden: Das ist ein Produkt oder ein Beratungsansatz, der für jeden passt. Es ist das Einfachste auf der Welt, es jemandem zu erklären, es verkauft sich von selbst und es ist kinderleicht. Wichtig ist nur, dass es dem Interessenten so gut gefällt, dass er dahinterstehen kann.

Bevor Sie näher auf die Verdienstmöglichkeiten eingehen, stellen Sie an dieser Stelle fest: Wo steht der Interessent bisher? Gefällt ihm das Konzept? Kann er sich mit der Aufgabe und mit der Unternehmensphilosophie identifizieren? Unter welchen Voraussetzungen würde er sich einbringen? Usw. Wenn er jetzt eine Zusage macht, sind Sie auf dem Weg. Wenn nicht, müssen Sie zurück gehen und herausfinden wo Sie ihn verloren haben.

7. Vorabschluss

Machen Sie es Ihrem Gesprächspartner leicht, seine Einkommensperspektiven in Ihrem Vertriebssystem zu verstehen. Versuchen Sie nicht, ihm Ihr Einheiten-Bewertungssystem, Divisoren für die Umsatzberechnung, Provisionsschlüssel unterschiedlicher Positionen usw. zu erklären. Das wird ihn nur verwirren, statt motivieren, und Sie schießen am eigentlichen Ziel vorbei. Für die Details ist immer noch Zeit genug, nachdem die ersten Kunden gewonnen sind.

8. Einkommen

> **Machen Sie es für den Zuhörer einfach! Ermitteln Sie die Provisionshöhe einer durchschnittlichen Beratung anhand der Einsteiger-Position. Teilen Sie diese durch den Zeitaufwand anhand des durchschnittlichen Abschlussverhältnisses. Damit stellen Sie die Provisionshöhe ins Verhältnis zu den investierten Stunden, und das reicht aus. Der Hauptfehler bei der Erläuterung des Einkommens besteht darin, dass schwachen Leuten ein zu hohes und Top-Leuten ein zu niedriges Einkommen in Aussicht gestellt wird.**

Orientieren Sie sich immer daran, wie hoch das Einkommen in der bereits ausgeübten Tätigkeit ist oder was der Interessent anhand seines Fragebogens ausgefüllt hat. So liegen Sie immer richtig. Den schüchternen Leuten sollten nur die Einkommensmöglichkeiten des Eigenverkaufs vorgestellt werden; mit mehr sind sie beim ersten Gespräch meist überfordert. Bei den Top-Leuten verfahren Sie wie folgt:

9. Karriere   Rekrutieren Sie nicht am Interessenten vorbei. Das Vorgespräch, seine Antworten auf dem Fragebogen und Ihre Fragen während seiner Vorstellung geben Ihnen einen guten Überblick über seine Erwartungshaltungen und Vorlieben sowie Ablehnungen. Der Interessent kann bei seinen Wünschen, Erwartungen und Zielen abgeholt werden. Es ist bei manchen Interessenten am besten, die Karrierechancen gar nicht zu erläutern. Machen Sie einfach mit dem nächsten Punkt – 10. Abschluss – weiter. Sollten die Gesprächspartner nachfragen, kann man immer noch darauf eingehen.

Einem jungen, schüchternen Interessenten mit verstecktem Talent, der allerdings nur die Absicht hat, sich mit einer Nebentätigkeit ein Zubrot zu seinem Studium zu verdienen, sollte nicht mit einer Grundsatzdiskussion der Karriereweg aufgedrängt werden, gekrönt mit der Bemerkung, dies sei besser als jedes Hochschulstudium. Wenn dieses Beispiel auch übertrieben klingen mag, so wird deutlich, dass es nicht darum geht, die Schlacht gewinnen zu wollen und damit zu riskieren, den Krieg zu verlieren.

> **Ziel des Gespräches ist es, vom Interessenten eine Zusage über seinen Vertriebsstart zu bekommen, nicht mehr, aber auch nicht weniger. Er wird, nachdem er später auf den Geschmack gekommen ist, von ganz alleine seine Ziele an die ihm gebotenen Möglichkeiten anpassen.**

Verlieren Sie nicht das Ziel aus dem Auge. Gute Leute haben manchmal Probleme, sich mit der anfänglichen Verkaufsarbeit zu identifizieren. Es scheint so zu sein: Alle wollen führen, aber keiner möchte verkaufen. Die Aufgabe besteht darin herauszustellen, was der Interessent will. Einem Multiplikator bagatellisieren Sie die Verkaufsarbeit, indem Sie ihm Folgendes erklären: Ein bisschen Verkaufen sollte man am Anfang schon, aber nur um seinen zukünftigen Geschäftspartnern zeigen zu können, dass man auch selbst gemacht hat, was man von ihnen erwartet; das ist alles. Wichtiger ist in diesem Fall, schon gleich beim ersten Gespräch dem Interessenten deutlich zu machen, dass man an ihm deshalb so stark interessiert ist, weil er sich darauf versteht, den Führungsbereich kompetent zu besetzen. Diskussionen über die Wichtigkeit der Verkaufskenntnisse sind nicht zielführend, weil man damit die besten Interessenten schon zu Beginn vergrault.

Hat sich der Einsteiger etwas mehr mit der Thematik, dem Produkt und seinen Aufstiegsmöglichkeiten vertraut gemacht, wird er schon sehr bald selbst seinen Weg zu seinen ersten Beratungen finden. Es ist schwer einzuschätzen, wie viele Top-Leute verloren gingen, weil die Recruiter darauf bestanden, ihre Weltanschauung über Verkauf und Führung im ersten Gespräch bei den Interessenten durchzusetzen. Behandeln Sie Interessenten, als seien sie schon die Führungskräfte, zu denen sie sich noch entwickeln sollen. Gehen Sie mit ihnen so respektvoll und anerkennend um, als seien sie bereits jene wichtigen Geschäftspartner, die einen entsprechenden Anteil Ihres Geschäftsvolumens ausmachen. Der Interessent fühlt sich gleich zu Beginn anerkannt. Gute Leute wissen es zu schätzen, in ihrer beruflichen Vertriebsperspektive die Achtung zu bekommen, die sie in ihrem Hauptberuf vermissen, das kann ihnen mehr bedeuten als der finanzielle Aspekt.

Gerade wenn Verkäufer neu in den Gruppenaufbau einsteigen, waren sie vorher gewohnt, beim Abschlusstermin auf ein Ergebnis hinzuarbeiten. Sie hatten ein klares Ziel: die Unterschrift am Ende des Gesprächs. Bei entsprechendem Engagement konnten sie nach Beendigung eines Monats genau nachvollziehen, wie erfolgreich sie waren. Es war genau anhand des Provisionsschlüssels zu berechnen, wie viel man verdient hatte und was auf dem Konto des Vermittlers oder der überstellten Führungskraft ankommen wird. Genau diese Fokussierung fehlt den Anfängern beim Teamaufbau. Das Einzige, was sie nach einem aktiven Recruitingmonat haben, ist ein „ganz gutes Gefühl", weil einige Gespräche gut gelaufen sind und man einige neue Geschäftspartner in Aussicht hat. Die Interessenten waren alle nett und wollten sich bei Interesse melden, wenn sie die angebotene Tätigkeit näher interessiert.

10. Abschluss

Die Recruiting-Anfänger haben so keinerlei Orientierung, inwieweit sie adäquat zum Verkaufsabschluss dafür sorgen müssen, bei den Einstellungsgesprächen ein abschließendes Closing herbeizuführen. Der Interessent muss an dieser Stelle dazu gebracht werden, Farbe zu bekennen. Wie bindend die gegebene Verpflichtung des Interessenten für eine zukünftige Zusammenarbeit sein soll, ist von der individuellen Unternehmensphilosophie abhängig.

Hier ist es jedoch sehr unterstützend, wenn expansionsverantwortlichen Führungskräften ein Instrument für den Abschluss eines Einstellungsgesprächs an die Hand zu geben. Dies kann ein Anmeldeformular für die weitere Zusammenarbeit, eine Seminaranmeldung für die erste Ausbildungsveranstaltung oder sogar das Kassieren der Kostenbeteiligung eines Einstiegsseminars sein. Wofür Sie sich entscheiden, ist nicht wesentlich, denn wenn Sie voll dahinterstehen, wird alles funktionieren. Wichtig ist nur, dass beide Gesprächspartner, der Recruiter und der Interessent, an diesem Punkt wissen: Jetzt ist die erste Entscheidung zu treffen – keine Entscheidung von großer Tragweite und mit entsprechenden Konsequenzen. Diese sind bei einer Zusammenarbeit im freien Handelsvertreterstatus sowieso nicht bindend. Es reicht hier, den Gesprächspartnern auf den Zahn zu fühlen, wie ernst es ihnen an dieser Stelle mit einer zukünftigen Zusammenarbeit ist. Das sehen Sie schnell, wenn Sie auf irgendeine Art eine Unterschrift von Ihren Interessenten einfordern.

11. Verabschiedung

Neben der Begrüßung ist die Verabschiedung nach einem harmonischen Gespräch deshalb so wichtig, weil der Schluss darüber entscheidet, mit welchem Gefühl der Interessent sich verabschiedet. Das Verlassen des Besprechungsraumes bringt eine gewisse Auflockerung mit sich. Die Angespanntheit lässt nach, was damit verbunden ist, dass der Interessent scheinbar beiläufige Bemerkungen fallen lässt, die er in der kontrollierten Atmosphäre nicht gemacht hätte. Jetzt gilt es aufmerksam hinzuhören und zwischen den Zeilen zu lesen! Hat er Zweifel an den vom Recruiter gemachten Aussagen, wird er jetzt damit herauskommen. Äußert er Bedenken, was wohl der nicht beim Gespräch anwesende Lebensgefährte / die Lebensgefährtin von dem Vorhaben halten mag, Unsicherheit, inwieweit es ihm von seinem Arbeitgeber erlaubt sein wird, eine Nebentätigkeit auszuüben, oder nur die Skepsis darüber, ob er in der Lage ist, mit der Doppelbelastung Haupt- und Nebenberuf zu kombinieren, zurechtzukommen? Genau jetzt, wenn der Entscheidungsdruck weicht und er zum Nachdenken kommt, wird er seine Bedenken äußern.

Es ist sinnvoll, diese Phase des lockeren Gesprächs so lange wie möglich in die Länge zu ziehen. Ist es Ihnen zeitlich möglich, bringen Sie den Interessenten immer zur Tür, besser noch zu seinem Wagen. Damit optimieren Sie diese wichtige Phase, und Sie unterstreichen mit dieser Geste nochmals seine Wertigkeit. Wenn es sich bei Ihrem Gesprächspartner um einen Bekannten oder Freund Ihres bereits bestehenden Geschäftspartners handelt, also dieser in Ihrem warmen Umfeld rekrutiert wurde, so sprechen Sie schon im Vorfeld ab, dass er als sein zukünftiger Betreuer den neuen Partner auf dem Nachhauseweg begleitet.

Diese Rückfahrt kann genauso wichtig sein wie das ganze Einstellungsgespräch. Der vertraute Freund des Interessenten wird als Zeuge über die Richtigkeit der Aussagen des Recruiters befragt. Nach positiver Bestätigung seines Freundes werden die Aussagen als Wahrheit akzeptiert. Wenn der befreundete Zeuge nun auch noch den Rest des Abends mit dem Interessenten verbringt, ist das gut investierte Zeit. Er kann helfen, seine eigenen Bedenken sowie die des beim Gespräch nicht anwesenden skeptischen Lebenspartners auszuräumen. Die Fragen und Bedenken, die im Laufe des Abends auftauchen, werden sofort beantwortet. Optimalerweise geschieht dies nicht durch den „parteiischen" Recruiter, sondern von einem dem Interessenten nahestehenden Zeugen, seinem Freund. Alles was der Recruiter sagt, stellt der Interessent mit gesunder Skepsis erst einmal in Frage. Dies zeigt sich in Aussagen wie: „Das kann ja alles nicht wahr sein, das ist ja viel zu schön, um wahr zu sein" oder „So einfach kann das doch gar nicht sein" bis zu „Ich weiß nicht, ob ich dafür der Richtige bin".

All seine Zweifel wird der Interessent dem Recruiter nicht offenbaren, allerdings sehr wohl seinem empfehlenden Bekannten, dem er vertraut und den er schon lange kennt. Wenn nach einem motivierenden Gespräch der Interessent aufgewühlt und im Wechselbad der Gefühle einen Vertrauten hat, mit dem er sich über Details und Zweifel austauschen kann, werden Bedenken leicht ausgeräumt.

Außerdem macht es die Zusammenarbeit mit dem Interessenten sicher und vertieft die Beziehung zwischen dem Neuanwerber und seinem nun neuen Geschäftspartner. Das kann der Grundstein für deren zukünftige Zusammenarbeit und den Teamgeist sein.

Sie erkennen hier, welchen Vorteil der Recruiter im warmen Umfeld hat. Bei der Anwerbung und noch mehr bei der späteren Führung wird das bereits bestehende Vertrauensverhältnis der Teampartner für den Gruppenauf- und -ausbau genutzt. Hier kann, wenn die Führungsköpfe von Ihnen vorher entsprechend gebrieft werden, mit überschaubarem Aufwand ein neues Team entstehen. Die Folge: Ihr Team wächst. Es wird hier nicht nur in die Breite, sondern in die Tiefe rekrutiert. Dies hat einen entscheidenden Nebeneffekt: Die persönliche Bindung der miteinander befreundeten Geschäftspartner vermindert eine Fluktuati-

Die Rückfahrt

on der Mitglieder im Team. In Phasen des Misserfolgs sind die neuen Geschäftspartner stärker motiviert durchzuhalten. Das ist eine hilfreiche Unterstützung für die Führungskraft, die es versteht, den systematischen Aufbau im warmen Umfeld gezielt zu forcieren.

Der richtige Einsatz des Fahrzeugs

Manche Führungskräfte verbindet die Leidenschaft für schöne und teure Fahrzeuge. Sie scheinen eine gewisse Anziehungskraft auf sie auszuüben. Das Verlangen ist schwer zu bremsen. Man erklärt sich selbst die Notwendigkeit eines Traumwagens mit sehr logischen Begründungen. Man verbringt ja im Außendienst sehr viel Zeit, braucht einen sicheren Arbeitsplatz und muss außerdem bei seinen Geschäftspartnern auch einen guten Eindruck hinterlassen. Manche unterstreichen ihren dynamischen Gesamteindruck mit einem sportlichen Fahrzeug, um dem eigenen Erfolg mehr Glaubwürdigkeit zu verleihen.

Aus kaufmännischer Sicht werden mit nichts so viele Fehler begangen wie mit der Anschaffung und Haltung von Fahrzeugen im Vertrieb. Mit der Grundregel über den Kaufpreis eines passenden Fahrzeugs ist man gut beraten: Der Kaufpreis sollte das Dreifache der monatlichen Durchschnitts-Provision nicht übersteigen.

Wahrnehmung des Autos Tatsächlich nimmt der Interessent mit geschärften Sinnen alles wahr. Auch das Fahrzeug des Recruiters wird als Indiz des Erfolgs, seines Einkommens und somit seiner Glaubwürdigkeit der von ihm vorgestellten Verdienstmöglichkeiten als Vergleich herangezogen. Verfügt der Recruiter – aus welchen Gründen auch immer – nicht über ein angemessenes Fahrzeug, sollte er die Wirkung eines bescheidenen Fahrzeugs auf den Interessenten nicht unterschätzen. Dann parkt man eben ein bis zwei Blocks weiter weg. Haben Sie einen Termin beim Interessenten zu Hause oder im Hotel vereinbart, dann sollte man das Fahrzeug nicht gerade so platzieren, dass die Interessenten darüber stolpern.

Wenn Sie sich den Luxus eines Fahrzeugs der Oberklasse geleistet haben, sollten Sie dieses auch einsetzen. Es ist durchaus sinnvoll und verfehlt seine Wirkung selten, wenn Sie es so platzieren, dass es den Besuchern ins Auge fällt. Ein solches Fahrzeug können Sie, wenn ohnehin vorhanden, auch bei der Partnergewinnung einsetzen und nicht etwa in der Tiefgarage versteckt halten. Bei der Verabschiedung kann man dezent eine Visitenkarte aus dem Handschuhfach nehmen, um so dem Gesprächspartner das gute Stück sehr dezent vorzuführen. Handelt es sich bei Ihrem Gesprächspartner um einen Autofan der gleichen Marke und träumt dieser schon lange davon, einmal ein solches Auto zu besitzen, dann drehen Sie mit ihm unter einem Vorwand eine Runde um den Block.

Diese kleine Geste wirkt oft mehr als viele Erklärungen über Erfolg und Karriere. Haben Sie einfach etwas Mut zum Außergewöhnlichen. Ihr Abstand zu den klassischen Konventionen bewirkt beim Zuhörer Wunder und wird auch nach Jahren der Zugehörigkeit nicht vergessen und immer wieder gerne erzählt.

Ich erinnere mich noch gut daran, dass ich bei einem besonders hartnäckigen und kritischen Interessenten über zwei Stunden Überzeugungsarbeit leisten musste. Als mir durch eine Anspielung auffiel, dass es sich bei ihm um einen Autonarren handelte, verkürzte ich das Gespräch auf ein Minimum. Unter dem Vorwand, die Briefsendung müsse noch vor 18 Uhr zur Post gebracht werden, lud ich den Autofan ein, in meinem Wagen mitzufahren. Kurz nachdem wir von der Postfiliale zurückkamen, war seine Entscheidung für unsere Zusammenarbeit gefallen. Mein Auto hatte seine Wirkung nicht verfehlt.

Wirkungsvoll einsetzen

> **„Das erste Auto im Leben vergisst man ebenso wenig wie die erste Frau"**
> (Stirling Moss, *1929, britischer Rennfahrer, 222 Siege).

Der Umgang mit Kollegen im Team

Gerade fremde Interessenten, die Sie aus einem kalten Umfeld gewinnen, sind sehr sensibel. Sie nehmen nicht nur das Gesagte auf, sondern auch die Umgebung und den Umgang miteinander. Natürlich wird beim Leser eine gute Kinderstube vorausgesetzt. Doch Anstand und gutes Benehmen lassen manchmal gerade in den Chefetagen oder bei denen, die sich für Chefs halten, zu wünschen übrig. Einfache Verhaltensregeln, wie die Verwendung von „bitte" und „danke" werden in manchen von Imponiergehabe dominierten Gesprächen einfach vergessen. Selbst Führungskräfte, die ansonsten sehr höflich und zuvorkommend mit dem Innendienst umgehen, verhalten sich falsch im Überschwang der Selbsteinschätzung und in der irrigen Annahme, ein gewisser Kasernenhofton würde ihre Autorität und Kompetenz unterstreichen.

Natürlich verunsichern sie damit alle Anwesenden mehr, als dass sie imponieren, und lassen die Interessenten befürchten, sie müssten nach ihrem Einstieg mit ähnlicher Behandlung rechnen. Denn anscheinend ist das ja in diesem Unternehmen der übliche Umgangston. Das Gegenteil dessen, was erreicht werden sollte, ist eingetreten.

Zeigen Sie doch Ihren Besuchern bei Gesprächen, die in Ihren Räumen stattfinden, dass in Ihrem Unternehmen der Mensch im Vordergrund steht. Es hilft, wenn Sie Ihren Besuchern Kollegen und Geschäftspartner vorstellen und über diese alles Vorteilhafte sagen, das sie auszeichnet. Dies wirkt auf alle Beteiligten sehr angenehm und vermittelt ein gutes Betriebsklima.

Geschäftspartner vorstellen

Eine solche Vorstellung könnte etwa folgendermaßen lauten: „Oh schön, dass ich Ihnen Herrn Meier vorstellen kann, Herr Meier hat bei uns erst vor sechs Wochen begonnen und in seinem ersten Monat im Eigenverkauf schon beachtliche Erfolge erreicht. Wir sind sicher, dass Herr Meier bei uns sehr rasch Karriere machen wird. Herr Meier, wenn ich Sie kurz mit Herr Muster bekannt machen darf. Herr Muster interessiert sich für eine Zusammenarbeit mit unserem Hause ....“ Stellen Sie die Mitarbeiterin des Innendienstes vor, wenn diese den bestellten Kaffee bringt: „Herr Muster, darf ich Ihnen Frau Fleißig vorstellen. Sie haben sich ja schon bei Ihrem Eintreffen gesehen. Sie sorgt bei uns sehr zuverlässig dafür, dass wir den Rücken frei haben, um weiter zu expandieren, indem sie sich um die Administration kümmert. Sie arbeitet mit uns schon seit mehr als fünf Jahren zusammen. Frau Fleißig, das ist Herr Muster, Herr Muster interessiert sich für eine mögliche Zusammenarbeit mit unserem Hause, vielleicht werden sie sich ja in Zukunft öfter sehen ... .“

Der Grundsatz: Komplimente kosten nichts, doch die Bereitschaft der Menschen, viel dafür zu zahlen, wird in den oben genannten Beispielen gut eingesetzt. Zwangsläufig erkennt der Interessent mehrere Dinge: Er wird anderen Geschäftspartnern vorgestellt, somit bekommt er weiter das Gefühl, gut eingeführt zu sein und eine gewisse Bedeutung zu haben. Die Interessenten werden vorgestellt, was die Wertschätzung des Recruiters sowohl für seine Interessenten als auch für die vorhandenen Kollegen und Mitarbeiter zeigt. Im Fall des erst vor sechs Wochen gestarteten Geschäftspartners sieht er sogar ein lebendes Beispiel für den Erfolg. Haben wir Glück und der Interessent kann sich mit ihm als Person identifizieren, so ist das wirkungsvoller, als wenn ihm das Geschäft anhand von leblosen Skizzen erklärt wird. Unwillkürlich vergleicht sich der Interessent mit dem ihm vorgestellten Mitarbeiter, um einzuschätzen, ob er sich weniger, mehr oder ungefähr gleich viel zutrauen kann. Wie auch immer sein Urteil ausfallen mag, er hat einen lebenden Beweis kennengelernt, bei dem das eben erklärte Geschäft anscheinend funktioniert. Vielleicht dauert eine solche Vorstellung nur ein paar Minuten. Sie erspart Zweifel angesichts des Neuen und viele Argumente.

Diese einfache aber sehr wirkungsvolle Technik können Sie sich generell zur Gewohnheit im Umgang mit Interessenten und Kollegen machen. Gerade bei Info-Veranstaltungen, Wochen-Meetings, Großveranstaltungen und Firmenpräsentationen wird nicht nur durch die Vorträge selbst, sondern maßgeblich durch das kollegiale Verhalten miteinander eine große Wirkung bei Neuen erzielt.

Die Anwerbung von direkten Vertriebspartnern ist schwieriger, weil es keine Führungskraft mehr zwischen dem Interessenten und dem Recruiter gibt. Der Interessent spürt: „Der will mich haben." Um das abzumildern, lässt sich offen sagen, dass Personalentscheidungen nur mit Zustimmung eines zweiten Kollegen getroffen werden. In der Abschlussphase nutze ich gerne die Hilfe von Mitarbeitern. Es fällt einem unparteiischen Geschäftspartner, der in keiner Weise an der Neuanwerbung partizipiert, leichter, entspannt zu reagieren. Er kann viel leichter als man selbst die erhoffte Zusage einer Zusammenarbeit einfordern. Er klopft ab, ob der Interessent seinerseits bereit ist, Zeit und Anstrengungen zu investieren.

Der zweite Mann

Die Nachrekrutierung

Um bei fremden Interessenten aus dem kalten Umfeld die Wirkung der Personalauswahl zu verstärken, kann die Nachrekrutierung auf einen Zweittermin verschoben werden. Nach Beendigung des ersten Gesprächs wird dem Interessenten erklärt, man habe von dem geführten Gespräch einen durchaus positiven Eindruck gewonnen, habe aber mit seinem Partner vereinbart, Personalentscheidungen gerade im Hinblick auf in Aussicht gestellte Führungsposition nur gemeinsam zu treffen. Der Partner sei bei diesen Entscheidungen gleichberechtigt, und eine Zusage würde nur bei übereinstimmendem positivem Urteil für die Interessenten getroffen.

Diese Vorgehensweise hilft bei Bewerbern, die den Eindruck vermitteln, sich ihrer Sache etwas zu sicher zu sein. Auch dem Vorurteil, es würde in solch einem System jeder eingestellt werden, kann mit dieser

Methode sehr gut entgegengewirkt werden. Man kann die Wirkung des unbekannten zweiten Mannes noch verstärken, indem man dessen zur Verfügung stehende Zeit dadurch verknappt, dass man den Interessenten einige Zeit auf das Gespräch warten lässt oder/und man erwähnt, wie ausgesprochen wählerisch der Geschäftspartner sei und dass deshalb schon eine Reihe von Interessenten abgelehnt worden sei.

Unter sechs Augen Der so vorbereitete Kollege hat nun die Aufgabe, in einem Gespräch unter sechs Augen die Einstellung zur Tätigkeit und die Leistungsbereitschaft des Interessenten zu hinterfragen. Es wird auf die bevorstehende Einarbeitung durch den Mentor eingegangen. Fragen nach der Bereitschaft zur Zeitinvestition, der Vorbereitung im Hinblick auf das Erstellen einer Potentialliste und der Einschätzung seiner Fähigkeiten werden angesprochen. Wenn ihnen von einem Dritten in solcher Weise auf den Zahn gefühlt wird, versuchen selbst vorher passive Interessenten sich entsprechend positiv zu verkaufen. Das kann dazu führen, dass er sich im Idealfall von einem Dritten in Verpflichtung nehmen lässt und sich deshalb weit mehr bemüht.

> **Wichtig beim Teamaufbau ist Ihr eigenes Selbstbewusstsein. Dies ist die Grundvoraussetzung für Sie als Multiplikator. Lassen Sie sich nicht beeinflussen und keine Zweifel an Ihrem Erfolg zu. Eine solche Positionierung erfordert eine starke Persönlichkeit. Sie ist die Grundvoraussetzung für erfolgreiche Vertriebsarbeit.**

Das ist deshalb so wichtig, weil noch mehr als im Verkauf mit Ablehnung gerechnet werden muss. Man gibt sich als Team-Builder noch stärker der Aufgabe hin, andere für sich und seine Idee zu gewinnen; man bringt sich persönlich noch mehr ein als im Verkauf. Dort identifiziert man sich mit dem Produkt und mit den Vorteilen, die es für den Käufer hat. Beim Teamaufbau sagt man so viel wie: „Schau her, das ist mein Leben. So kann es auch für dich aussehen. Ich finde es toll, wie es ist, und es wird noch viel besser, wenn das eintritt, was ich noch vorhabe. Ich hätte gerne, dass du ein Teil von diesem Ziel wirst. So kann es für uns beide großartig werden."

Umgang mit dem Nein Es ist bitter für jemanden, der so denkt, sich voll einbringt und engagiert, aber dann sein Angebot verschmäht sieht. Der Verkäufer führt die Ablehnung des Kunden im gewissen Sinne auf das angebotene Produkt zurück. Der Vertriebler kann das nicht. Er fühlt sich selbst missverstanden, nicht für voll genommen und bezieht die Ablehnung stärker als der

Verkäufer auf sich selbst. Häufigere Ablehnungen sind für ihn schwieriger zu verdauen. Dafür bringen die Erfolge im Teamaufbau aber auch mehr Befriedigung und Bestätigung als die Erfolge im Verkauf. Und das macht nicht nur vieles wieder gut, es bringt auch Schwung in die eigene Psyche.

Dranbleiben

Unerfahrene Führungskräfte stellen alle ihre Interessenten in gleicher Weise vor die Entscheidung, nach dem ersten Gespräch einer Zusammenarbeit zuzustimmen. Macht der Interessent nicht spontan eine Zusage, setzen die Recruiter ihre Gesprächspartner damit ins Unrecht, dass sie zu einer Entscheidung nicht fähig seien. Derart negativ abgestempelt, trennt man sich dann in Disharmonie. Die Tür für weitere Gespräche wird so verschlossen. Der Recruiter wendet sich neuen Interessenten zu, die sich sofort für ihn und sein Geschäft entscheiden. Dieses Verhalten ist verständlich und nachvollziehbar. Aber es geht oft an den wirklich guten Ergebnissen vorbei. Man wendet sich dann neuen Interessenten zu in der Hoffnung, hier bessere, weil schnellere Ergebnisse zu erzielen. Im Fließbandverfahren werden schließlich unabhängig von den Fähigkeiten und Perspektiven weitere Interessenten bearbeitet.

Hartnäckigkeit

Man kann dies mit dem Begriff „Hartnäckigkeit" abtun. Hartnäckigkeit ist für die hier beschriebene Vorgehensweise aber nicht die richtige Bezeichnung. Sie beschreibt einen harten Nacken, eine gewisse Sturheit, Unbeweglichkeit, einen Mangel an Geschmeidigkeit und die Unfähigkeit, echte Chancen zu erkennen. Die wirklichen Top-Leute unter den Vertriebsprofis sind wahre Virtuosen in der Gewinnung von Menschen für ihre Idee. Der Profi weiß, dass die großen Ergebnisse und Teams meist über einen einzigen talentierten Multiplikator aufgebaut werden. Teamaufbau ist nicht der schnelle Deal!

> **Die Hauptaufgabe des Recruiters besteht darin, Rohdiamanten zu finden, die durch die Vertriebsarbeit zu lupenreinen Brillanten geschliffen werden. Er weiß, dass es darum geht, die starken fünf bis sechs Säulen seines Teams zu finden. Seine primäre Aufgabe sieht er darin, die Suche nach der Stecknadel im Heuhaufen anzupacken, natürlich auch aus seiner eigenen Zielstellung und Vision heraus, um seinen Weg zur eigenen finanziellen Unabhängigkeit zu erlangen.**

Vision Diesen Weg sichert er sich dadurch, dass er sein Tagesgeschäft weitestgehend an die Top-Leute delegiert. Ein hohes Selbstbewusstsein wird für diesen Weg sicher gebraucht. Wenn den Recruiter das Gefühl beschleicht, den Leuten hinterherlaufen zu müssen, wird er sich weniger wertvoll vorkommen als der Interessent, dem er immer wieder den Hof macht. Hier passt das Zitat aus Richard Bachs Buch „Die Möwe Jonathan": „Wer höher fliegt – weiter sieht!" Nur der Recruiter mit seiner Vision weiß, wie sein Vorhaben aussieht, wenn es fertig ist. Der Interessent kann es nicht wissen, denn er kennt das Geschäft nicht, um es beurteilen zu können. Bleiben Sie dran; denn die besten Multiplikatoren können sich gar nicht adhoc aus ihrer derzeitigen Verpflichtung lösen.

Optimale Durchführung von Info-Veranstaltungen

Was das Einstellungsgespräch für die Einzelperson ist, ist oft die Unternehmenspräsentation für eine ganze Anzahl von Interessenten. Natürlich kann in einigen Fällen auch beides, hintereinander durchgeführt, helfen, die Interessenten für Ihre Geschäftsidee zu gewinnen. Für diese Art Veranstaltungen gibt es viele Namen: „Unternehmenspräsentation", „Unternehmensvorstellung", „Business-Abende", „Informationsveranstaltungen", auch kurz „Info". Der Zweck ist bei allen Vertrieben der gleiche: Interessenten sollen für eine Zusammenarbeit gewonnen werden und haben die Möglichkeit – so wird es ihnen erklärt –, sich das Unternehmen, das Produkt- bzw. Dienstleistungsangebot und die beteiligten Menschen näher anzusehen. Es wird von manchen Interessenten etwas leichter angenommen, weil ein Gruppenvortrag weniger verpflichtend ist als ein Vier-Augen-Gespräch. Für den Vertrieb, der schnell wachsen will, beinhalten die Infoveranstaltungen einige Vorteile:

Vorteile
- Großer Durchlauf bei hoher Teilnehmerzahl
- Effektives Recruiting bei gutem Controlling
- Einfachheit des Einladens im Vergleich zu Einstellungsgesprächen
- Hilfestellung für junge Führungskräfte durch Gruppendynamik
- Professionelle Außendarstellung durch erfahrene Referenten
- Standardisierte Vorträge erleichtern den überregionalen Teamaufbau
- Gute Kontrollierbarkeit des Vertriebs-Durchlaufs

Liest man diese Liste, könnte man denken, das sei des Rätsels Lösung: Man organisiert wöchentlich eine Info-Veranstaltung mit jeweils 20, 30 oder 50 Teilnehmern, und schon kann man sich nach zwei bis drei Monaten vor neuen Geschäftspartnern nicht mehr retten. Wie bei allen Vertriebsbausteinen sind aber hier die Details, die es zu beachten gibt, sehr wichtig.

> **Wenn die Veranstaltungen von der Einladung und Durchführung bis zur Nachbearbeitung nicht äußerst professionell aufeinander abgestimmt werden, kann nach wenigen Veranstaltungen das wertvolle Namenspotenzial der gesamten Führungscrew verschossen sein.**

Was sind die wesentlichen Dinge, auf die es bei den Veranstaltungen wirklich ankommt? Halten wir uns nicht mit den Nebensächlichkeiten wie Bestuhlung, Auswahl des richtigen Wochentags oder der besten Uhrzeit auf. Es ist selbstverständlich, dass Sie, wenn Sie sich vor Interessenten präsentieren, sich und Ihr Unternehmen von der besten Seite zeigen. Dazu gehören in der Dienstleistungsbranche nun mal Pünktlichkeit, geschäftsmäßige Kleidung, zeitgemäße Medien und professionelle Sprecher.

Der Ablaufplan

Der grobe Ablauf einer Info-Veranstaltung sollte die folgenden Inhalte behandeln:

- Begrüßung
- Unternehmensdaten
- Marktsituation
- Produkt
- Tätigkeitsbeschreibung
- Einkommen / Karriere
- Unternehmenseinstieg der Interessenten

Powerpoint-Präsentation

Im Zeitalter der neuen Medien sollte eine Beamer-Präsentation mit Powerpoint eine Selbstverständlichkeit sein. Daher gilt es, auf die Erstellung des „Prototypen" einer Unternehmenspräsentation sehr viel Mühe und Detailverliebtheit aufzuwenden. Schließlich kann der einmal erstellte Vortrag ein wichtiger Bestandteil Ihrer funktionierenden Vertriebsmaschine werden. Er wird so lange in Theorie und Praxis verfeinert, bis er seine optimale Wirkung erzielt. Um dies festzustellen, gilt es danach zu dokumentieren, wie hoch der Prozentsatz der Teilnehmer war, die sich im Anschluss für eine Zusammenarbeit eingeschrieben haben, denn das ist das einzige Kriterium, das zählt. Hier gilt wie in jedem Controlling: Miss es oder vergiss es! Es geht nämlich nicht um Entertainment für die Führungskräfte, sondern darum, die Vorbehalte der Zuhörer aufzulösen. Genau da sollte der Fokus einer solchen Veranstaltung liegen! Wurde also durch entsprechendes Controlling die beste Wirkung festgestellt, wird beschlossen, den nun optimierten Vortrag bis auf Weiteres nicht mehr zu verändern. Hier gilt eine klare Absprache, Ablauf und Inhalte beizubehalten. Sinnvoll ist es bei solchen Absprachen, alle wichtigen Führungskräfte in den Entscheidungsprozess einzubeziehen, damit sie von allen getragen werden und folglich keiner der Versuchung erliegt, eigenständige Änderungen vorzunehmen. Auch bei unterschiedlichen Veranstaltungsorten sorgt der so festgelegte Ablauf dafür, dass die Sprecher eine hilfreiche Unterstützung in die Hand bekommen, um optimale Ergebnisse zu erzielen.

> **„Der Zwerg wird nicht größer,**
> **auch wenn er sich auf einen Berg stellt"**
> (Lucius Annaeus Seneca, 4 v.Chr. – 65 n.Chr.,
> römischer Philosoph und Dichter).

Die Besten nach vorne

Bedenken Sie, dass die Löwenarbeit des Vertriebsaufbaus nicht das eigentliche Gespräch oder das Referieren eines Info-Vortrages ist, sondern die Anstrengungen, die notwendig waren, damit die Interessenten in der Veranstaltung sitzen. Mit dem entsprechenden Respekt gegenüber den Führungskräften darf sich der beste Sprecher nicht zu schade sein, sein Bestes zu geben.

> **Wenn der Inhaber oder sehr erfahrene Führungskräfte das Unternehmen als Referenten präsentieren, so ist die Identifikation am größten. Sie sind aufgrund ihrer großen Erfahrung im Umgang mit Menschen und als Redner am besten in der Lage, auf alle möglichen Einwände, Zwischenfragen und heikle Situationen entspannt, gelassen und souverän zu reagieren.**

Unerfahrene Sprecher, die noch damit befasst sind, ihren Text im Vortrag richtig zu präsentieren, haben nicht die nötige Bodenhaftung, um die wesentliche, nötige Überzeugungsarbeit zu beherrschen. Das ist weniger eine Frage des Tuns als vielmehr eine Frage des Seins.

Was sich als überaus publikumswirksam und sehr positiv bewährt hat, ist die Tatsache, dass wir uns als unterschiedliche Menschen nicht alle mit den gleichen Personen identifizieren können. Der eine mag den lustigen Spaßvogel, der andere lieber den Sachlich-Korrekten, der Nächste favorisiert den klassischen Businesstyp, und ein Weiterer den Modisch-Dynamischen. Man kann beobachten, dass es meist Überschneidungen von Sympathierichtungen gibt, je nachdem, ob der Sender die gleiche Wellenlänge wie der Empfänger hat. Hier geht es nicht um Besser- oder Schlechtersein, sondern um Anderssein. Wenn Sie in Ihrem Vertrieb mehrere Führungskräfte haben, die sehr gut referieren können, sollten Sie die verschiedenen Charaktere für eine optimale Gesamtwirkung gezielt einsetzen. Lassen Sie, wenn möglich, zwei oder sogar drei unterschiedliche Referenten gemeinsam den Abend gestalten. So erhöhen Sie die Wahrscheinlichkeit, dass die meisten Zuhörer einen Lieblingsreferenten finden, mit dem sie sich am ehesten identifizieren.

Die Info-Vorträge sind aber kein Platz für die Ausbildung von Nachwuchssprechern. Es gibt genügend andere Gelegenheiten wie Wochenmeetings, Fachthemen, Führungskräfterunden, in denen die noch unerfahreneren Führungskräfte sich versuchen sollten. Der Verlust eines zukünftigen Top-Geschäftspartners, der sich wegen eines Patzers im Info-Vortrag nicht einschreibt, wäre ein zu hoher Preis. Wir haben uns die Motivationsveranstaltungen immer zu zweit oder zu dritt geteilt. Ich war in meiner Anfangszeit für viele Zuhörer als Typ viel zu fordernd, erschien zu hart und zu dominierend. Dies wurde durch den Charme und die liebenswürdige Wesensart meines längsten Vertriebspartners ideal ausgeglichen. Heute weiß ich sehr gut einzuschätzen, wie viele Geschäftspartner wir für unser Unternehmen gewinnen konnten, weil meine Führungskräfte es verstanden, sie mit ihrer verbindlichen Art für eine Kooperation zu gewinnen. Beides war wichtig: einerseits eine klare Ansage, dass der Erfolg einen gewissen Einsatz braucht, und andererseits die verbindliche Wesensart. Nutzen Sie eine solche menschliche Ergänzung, wenn Sie erkennen, dass in Ihrem Führungsteam solche Mischungen verfügbar sind. Deshalb immer die Besten vor!

Die echte Professionalität einer Info-Veranstaltung erkennt man hinter den Kulissen. Dabei ist es wichtig, dass Sie Ihr komplettes Führungsteam auf den idealen Ablauf der Veranstaltung einstimmen. Dies ist nicht mit einer einzelnen Schulung oder mit einmaligem Durchsprechen getan.

Wirklich alles muss sitzen, damit sich Ihre Gäste nach der Veranstaltung als zukünftige Geschäftspartner einschreiben oder zumindest einer weiterführenden Ausbildung oder einem abschließenden Gespräch zusagen.

Hier unterscheiden sich Profis von Amateuren. Amateure denken, es sei damit getan, ihren Interessenten zur Info zu bestellen. Er wird schon alleine den Weg zum Hotel oder Büro finden, und der Referent wird dann schon dafür sorgen, dass die Neulinge sich entsprechend motiviert fürs Geschäft entscheiden. Nichts dergleichen wird passieren, zumindest nicht sehr häufig! Bei Nichtbeachtung können Ihnen Dutzende von Geschäftspartnern verloren gehen.

Der neue Fußballverein

Stellen Sie sich vor, Sie sind fußballbegeistert und in eine neue Stadt gezogen. Sie würden gern ein- bis zweimal die Woche trainieren und am Wochenende ab und zu mitspielen. Sie informieren sich, welche Vereine in der näheren Umgebung für Sie in Frage kommen: Welche passen zu Ihrer Spielstärke, Ihren Ambitionen und wie sind die Rahmenbedingungen des Vereins? Sie fassen zwei mögliche Vereine in die engere Wahl. Ihre beiden Probetrainings laufen sehr unterschiedlich ab. Das erste Training ist sehr anonym, niemand nimmt Sie nach ihrem Erscheinen richtig wahr. Sie trainieren zwar mit, müssen sich allerdings um alles selbst kümmern, werden niemandem vorgestellt und wissen gerade mal, wer der Trainer ist. Und der scheint auch nicht sonderlich an Ihnen interessiert zu sein. Die Stammspieler machen untereinander ihre Witze, ohne Sie mit in das Geschehen aufzunehmen. Sie müssen zweimal nachfragen, um zu erfahren, wo der Umkleideraum ist, vermissen einen freien Spind, und nach dem Duschen geht anscheinend jeder unvermittelt seiner eigenen Wege, ohne dass man sich von Ihnen verabschiedet oder nachfragt, ob Sie denn beim nächsten Mal wiederkommen werden. Auf Ihrer Heimfahrt kommen Sie sich in der fremden Stadt nun noch etwas fremder vor.

Sich gut aufgehoben fühlen

Ganz anders bei Ihrem zweiten Training: Sie werden bei Ihrem Erscheinen von einem sehr sympathischen Trainer, der Sie noch vom Telefon kennt, sehr herzlich begrüßt. Bevor es losgeht, werden Sie jedem Spieler persönlich vorgestellt und auch von diesen mit Handschlag begrüßt. Einer der Abwehrspieler nimmt sich Ihrer an. Er zeigt Ihnen, wo Sie Ihre Tasche einschließen können, wie der Getränkeautomat funktioniert und dass man in der Halbzeit den Boiler anstellen muss, um nicht kalt duschen zu müssen. Er bietet Ihnen an, für Fragen zur Verfügung zu stehen, sobald Sie irgendetwas brauchen. Bei den Späßen, die nach dem Spiel in der Kabine gemacht werden, fühlen Sie sich integriert, als gehörten Sie schon seit Jahren zum Verein. Danach gehen alle geschlossen in die gemütliche Vereinskneipe. Dort geben Sie noch am gleichen Abend Ihren Einstand und merken gar nicht, dass es nach Mitternacht geworden ist, wenn Sie gemeinsam mit dem Torwart das Lokal verlassen und Sie sich auf dem Parkplatz darüber unterhalten, dass Sie beim nächsten Training gemeinsam fahren können, weil sie beide im gleichen Stadtteil wohnen. Sobald Sie zu Hause ankommen, wundern Sie sich nicht, dass Sie sich bereits jetzt auf das nächste Training freuen und dort eingetreten sind, obwohl der erste Verein ein nagelneues Stadion mit allen Annehmlichkeiten gebaut hat, während der zweite nicht so komfortabel ausgestattet ist.

Genau in derselben Weise sollten Sie angenehme Rahmenbedingungen für Ihre Interessenten bei der Info-Veranstaltung schaffen. Schon weit vor dem eigentlichen Vortrag ist also einiges zu arrangieren. Sorgen Sie dafür, dass die Gäste von ihren Betreuern zu Hause abgeholt werden. Bei dieser Gelegenheit schadet es nicht, das Führungsteam auf den Dresscode und auf die Sauberkeit der Fahrzeuge innen und außen zu sensibilisieren. Mit der persönlichen Abholung reduzieren Sie die Wahrscheinlichkeit des Terminausfalls. Die Betreuer können auf die Kleidung der Besucher positiv Einfluss nehmen, und bei Personen, die das Gesamtbild stören würden, auch einmal entscheiden, diese nicht zur Veranstaltung mitzunehmen. Schon auf dem Hinweg zum Veranstaltungsort kann der Interessent von seinem Gastgeber positiv eingestimmt werden, indem er ihn auf die Leute neugierig macht, denen er heute begegnen wird. Entsprechend eingeplante Zeitpuffer sorgen dafür, dass alle entspannt anreisen, sich gegenseitig bekannt machen, Eintrittskarten abgegeben, Namensschilder erhalten und entsprechend gute Plätze reserviert werden können.

Ein eingespieltes Führungsteam

Bei der allgemeinen Begrüßung sollte man darauf achten, dass sich die Führungskräfte nicht zu überschwenglich begrüßen, während die Gäste stehen gelassen werden und sich als Fremdkörper vorkommen. Denken Sie daran: Die Gäste sind die Hauptpersonen des Abends, und sie sollten auch so behandelt werden. Der pünktliche Beginn wird dann vom Referenten problemlos eingehalten, denn es ist eine Person dafür abgestellt, eventuelle Nachzügler gruppenweise hineinzulassen, um mehrfache Störungen zu vermeiden.

Mit in die Planung einzubeziehen ist, den Zeitrahmen von zweieinhalb Stunden nicht zu überschreiten und zwei größere sowie einen kurzen Vortragsteil mit zwei Pausen dazwischen vorzusehen.

Bedenken Sie, dass es die Pausen sind, in denen die Weichen zum Erfolg gestellt werden. Die Pausen sind für Betreuer nicht etwa zum Ausruhen da, sondern die wichtigsten Arbeitszeiten, um aktiv und positiv auf die Entscheidung der Gäste Einfluss zu nehmen, sich Ihrem Unternehmen anzuschließen oder sich wenigstens näher damit zu befassen.

Pausen nutzen Nutzen Sie die Pausen als Betreuer aktiv, um eventuell verbleibende Bedenken oder Kritik Ihrer Besucher abzufangen. Gehen Sie nicht davon aus, dass die Zuhörer auf Sie zukommen. Zu jedem Zeitpunkt sollten Sie wissen: Wie ist die Stimmung, wer hat Bedenken, Zweifel oder Vorbehalte? Die wenigsten Gäste werden sich von selbst äußern. Wenn es ihnen gut gefällt, schweigen sie meist, weil sie denken, es sei schick, sich zurückzuhalten, und wenn sie mit etwas nicht einverstanden sein sollten, werden sie vielleicht aus Höflichkeit schweigen, deshalb sollten Sie unbedingt nachfragen. Sie müssen immer wissen, wo Ihre Besucher gerade stehen:

- „Was halten Sie von den Marktchancen?",
- „Wie gefällt es Ihnen?",
- „Was haben Sie für einen Eindruck von unserem Unternehmen?"
- „Unter welchen Voraussetzungen kommt eine Zusammenarbeit für Sie in Frage?"

Sind Ihre eigenen direkten Gäste positiv eingestimmt und sehen Sie bei Ihren Geschäftspartnern deren Besucher mit grimmigem Gesicht, dann sprechen Sie diese freundlich an. Auch wenn Sie es vorher wissen, fragen Sie beispielsweise: „Guten Abend, mein Name ist Klaus Muster, wer hat Sie heute abend eingeladen?", „Sind Sie heute zum ersten Mal hier?", „Gefällt es Ihnen bei uns?". Bringen Sie sich einfach ins Gespräch ein, zeigen Sie sich verantwortlich, ohne sich aufzudrängen. Gehen Sie davon aus, dass die Gäste viel unsicherer und befangener sind als Sie selbst, deshalb brechen Sie das Eis und machen Sie den ersten Schritt auf Ihre Besucher zu. Damit helfen Sie Ihren Kollegen und Geschäftspartnern ungemein.

Weil Sie für den Besucher ein Fremder sind, der ihn nicht direkt eingeladen hat, ist für ihn nicht ersichtlich, dass Sie von ihm profitieren. In den Pausen sind die Unterlagen bereitgelegt, um sich einzuschreiben. Dabei achten Sie bitte darauf, dass die Führungskräfte und Betreuer beim wichtigsten Abschnitt des Abends wohlwollend anwesend sind, während die Registrierung erfolgt. Mit sanfter Einflussnahme können die Besucher idealerweise in ihren Entscheidungen bestärkt werden, den nächsten Schritt in Richtung Geschäftspartner zu tun.

Negative Stimmungsträger abfangen

Sollte sich während der Veranstaltung ein Gast so negativ äußern, dass zu erwarten ist, dass dadurch auch andere Interessenten beeinflusst werden, nehmen Sie diesen frühestmöglich in einem Vier-Augen-Gespräch zur Seite und sprechen Sie ihn direkt auf sein Verhalten an. Wenn abzusehen ist, dass sich in Kürze keine positive Einsicht abzeichnen wird, vereinbaren Sie einen persönlichen Termin, sobald Sie glauben, dass es sich um einen vielversprechenden Geschäftspartner handeln könnte. Andernfalls fordern Sie seinen Gastgeber auf, mit ihm die Veranstaltung zu verlassen, damit nicht andere Gäste negativ beeinflusst werden können. Dies tun Sie in der folgenden Weise: „Wolfgang, kann ich dich mal kurz unter vier Augen sprechen? Mir fällt auf, dass du bisher den ganzen Abend nur alles zu kritisieren hast. Was ist mit dir los? So kenne ich dich gar nicht. Was hast du denn auf dem Herzen?"

Wenn er jetzt alles leugnet, legen Sie ruhig noch etwas nach. „Deine negative Art strahlt auf die anderen Teilnehmer ab und stört die Stimmung für alle. Wenn du das nicht abstellen kannst oder willst, sollten wir die Veranstaltung verlassen. Wie siehst du das?" Sicher ist es kein Leichtes, mit einem Bekannten so zu sprechen, doch in den meisten Fällen steckt reine Verunsicherung hinter dem ablehnenden Verhalten. Vielleicht sind Teile aus dem Vortrag oder dem Karriereplan noch unklar. In den seltensten Fällen ist es Desinteresse. Also haben Sie den Mut, Missstände anzusprechen. So bekommen Sie Klarheit, wo Ihre Besucher stehen, und Sie können auf Unklarheiten eingehen. Die Teilnehmer sehen, dass Sie mit Ihnen nicht Katz und Maus spielen können, und Sie bewahren die positive Grundstimmung, wenn Sie Querulanten vom Seminar entfernen. Aus Erfahrung sind es nur Details, die kritischen Teilnehmern für ihre positive Bewertung fehlen.

Cool-down-Phase

Veranstaltungsorte eignen sich besonders gut, wenn eine Gastronomie angeschlossen oder in nächster Nähe ist. Bei einem gemütlichen Glas außerhalb des Schulungsraums lassen sich positiv gestimmte Gäste nochmals in ihren Entscheidungen bestärken und kritische in einem Vier-Augen-Gespräch noch am gleichen Abend für eine Zusammenarbeit gewinnen. Gerade hier ist es sehr hilfreich, wenn sich andere, für den Außenstehenden unparteiische Führungskräfte als Unterstützung in die Gespräche einschalten. Deshalb bringen Sie sich aktiv ein!

Es geht auch hier darum, einen Gesprächseinstieg zu finden. Sie könnten sagen: „Sie sind mir den ganzen Abend schon positiv aufgefallen,

was hält Sie davon ab, sich eine Zusammenarbeit näher anzusehen?".
So sind Sie im Gespräch. Solche kurzen Ansprachen von Dritten lassen
manchmal nach einigen Minuten ganz neue Perspektiven entstehen. Es
scheint nur einen kleinen Kick zu brauchen, um das Rad ins Rollen oder
das Möglichkeitsdenken ins Laufen zu bringen. Natürlich kann die gemeinsame Rückfahrt zur positiven Einstimmung und zur Vereinbarung
weiterer persönlicher Termine genutzt werden, um die guten Vorsätze in
den kommenden Tagen in die Praxis umzusetzen.

> **„Wenn wir die Menschen nur nehmen, wie sie sind,**
> **so machen wir sie schlechter; wenn wir sie behandeln,**
> **als wären sie, wie sie sein sollten, so bringen wir sie dahin,**
> **wohin sie zu bringen sind"**
> (Johann Wolfgang von Goethe, 1749 – 1832, deutscher Dichter).

Praxistipp

Was konkret werden Sie im Hinblick auf Ihre Einstellungsgespräche und
Ihre Infos verändern? Notieren Sie gleich jetzt fünf Punkte:

1. _____

2. _____

3. _____

4. _____

5. _____

4. Einarbeitung neuer Geschäftspartner

Warum die Einarbeitung unerlässlich ist

Ist die Hürde der Geschäftspartnergewinnung genommen, scheint es so, als sei das Schwierigste geschafft. Manche Führungskräfte sind der Meinung, mit der Anwerbung der Geschäftspartner sei die ganze Arbeit getan. Das Gegenteil ist der Fall. Es ist der erste notwendige Schritt auf dem Weg der ausdauernden und kontinuierlichen Unterstützung.

Die Illusion von Top-Verkäufern besteht in der Hoffnung, die angeworbenen Neulinge wären so gut wie sie selbst und hätten die gleichen Voraussetzungen und Talente. Mit dieser Sichtweise verschwenden sie im Vertriebsaufbau die ersten Jahre!

Denn genau das ist der größte Trugschluss und der Grund, warum sie den entscheidenden Schritt nach der Gewinnung, die Einarbeitung, so vernachlässigen. Es wird vielleicht Jahre dauern, bis Sie ein Naturtalent finden werden, das mit den gleichen Fähigkeiten ausgestattet ist. In der Zwischenzeit sollten Sie vermeiden, Einsteiger zu verlieren, indem Sie annehmen, sie seien so gut wie Sie selbst.

Wenn Sie die Menschen da abholen, wo sie stehen, und nicht zu viel voraussetzen, wird es Ihnen noch besser gelingen, talentierte Verkäufer nach und nach zu Vertriebs-Profis zu entwickeln. Vielleicht hätten Sie mit der Umsetzung der nachfolgenden Hinweise Ihr Team noch schneller entwickelt. Manche Interessenten sind in ihren Einstellungsgesprächen befangen und ängstlich, unabhängig davon, welche bisherigen beruflichen Erfolge sie zuvor hatten. Im Grunde setzen wirklich gute Führungskräfte alles daran, einen Interessenten auf den Start in ihrem Team vorzubereiten. Sie haben dem Interessenten, der von der Materie

Versprechen gegenüber Neueinsteigern

vor seinem Einstieg keinerlei Ahnung hat, ein Versprechen abgegeben! Sie haben direkt oder indirekt versprochen:

- Ich mache Sie erfolgreich!
- Ich helfe Ihnen bei Ihrem neuen Geschäft!
- Ich zeige Ihnen, wie das Geschäft funktioniert!
- Ich bringen Ihnen alles bei, was Sie wissen müssen!

Top-Leute, die den Bereich der Führung ernst nehmen und das Prinzip „Führen durch Vorführen" mit einer gewissen Geschäftsethik betreiben, gehen noch ein Stück weiter:

- Ich bin da, wenn Sie sich fürchten!
- Ich verlange von Ihnen nichts, wozu ich nicht selbst bereit bin!
- Ich gebe Ihnen Kraft und glaube an Sie, wenn Sie an sich selbst zweifeln!

Ehrenkodex Wenn Sie als Führungskraft diese Aussagen in Ihrem Team zum Credo oder sogar zu einer Art Ehrenkodex machen, werden Sie noch größere Erfolge erzielen. Im Grunde ist die professionelle Einarbeitung „eine Frage der Ehre". Wenn Sie A sagen, sollten Sie auch bereit sein, B zu sagen. Andernfalls wäre Ihr Einstellungsgespräch nur eine Masche gewesen, um Ihre Interessenten in Ihr Geschäft zu locken, damit diese für Sie Ihre Differenzprovisionen verdienen. Mit dieser Einstellung wird es schwierig, starke und unabhängige Führungskräfte nachzuziehen, die in absehbarer Zeit Ihr Geschäft eigenständig weiter vorantreiben.

> **Wenn Sie bei der Einarbeitung hoffen, Sie könnten sich die individuelle Betreuung sparen, ist dies so unverantwortlich, als würden Sie Ihren dreijährigen Sprössling auf eine achtspurige Autobahn zum Spielen schicken. Nach spätestens zehn Minuten würde das Kind erheblich zu Schaden kommen und Ihre Blauäugigkeit wahrscheinlich sogar mit seinem Leben bezahlen. Ähnlich wird Ihr neuer Vertriebs-Sprössling in der heutigen Zeit bei seinen ersten Gehversuchen in der Dienstleistungsbranche scheitern.**

Marktveränderungen Der Markt von heute ist nicht mehr mit dem Markt vor zehn Jahren vergleichbar. Die Produktvielfalt ist viel größer, die Kunden sind kritischer, aufgeklärter, viel besser informiert und durch die Medien und das Internet viel schneller in der Lage, sich über die angebotene Dienstleistung einen eigenen Überblick zu verschaffen. Es liegt nicht an der

Bereitschaft und am Einsatz der neuen Vertriebspartner. Diese nehmen ihre neue Aufgabe meist sehr ernst. Sie ahnen, wenn sie sich für den Einstieg entschieden haben, was auf sie zukommt. Wenn sie nebenberuflich in die Finanzdienstleistung für private Haushalte einsteigen, ist ihnen klar, dass ihre Hauptarbeitszeit am Abend sein wird. Sie gehen davon aus, ihr Wochenende zu investieren. Denn das ist die Zeit, in der ihre potenziellen Kunden Zeit für eine Analyse oder Beratung haben.

Manchmal werden die willigen Neueinsteiger geradezu von ihren Betreuern heruntergebremst. Die Führungskräfte, die es sich auf ihrem Erfolgs- und Einkommenslevel eingerichtet haben, scheinen nicht mehr bereit zu sein, den erforderlichen Preis der Leistung erbringen zu wollen. Sie glauben, es sei mit dem Theorietraining am grünen Tisch im Büro getan. Der neue Geschäftspartner müsse nur ausreichend trainiert und geschult werden und werde dann schon die erforderliche Praxiserfahrung alleine machen können. Gerade dann, wenn die neuen Partner die Erfahrung ihrer Führungskräfte am meisten brauchen, versagen sie. Sie schulen ihre Schützlinge lieber in der Theorie, als mit ihnen gemeinsam Schulter an Schulter dort hinzugehen, wo sie wirklich gebraucht werden: auf dem Sofa ihrer ersten Kunden. Führungskräfte mit ihrer Erfahrung aus Hunderten bereits geführten Kundengesprächen erkennen die körperlichen Abwehr- oder Kaufsignale sofort, weil sie sie schon so oft erlebt haben. Sie wissen genau, an welchen Stellen des Kundengesprächs sie wie zu reagieren haben. Wenn der neue Geschäftspartner dies allein in der Praxis lernen soll, wird in der heutigen Zeit auf diesem Weg viel unnötiges Porzellan zerschlagen und es werden damit auch zukünftige Karrieren fraglich.

Im Grunde ist es mit der Einarbeitung eine ganz einfache Sache. Es geht nur um die Frage: Wie gehen Sie mit Ihren Mitmenschen um?

Goldene Regel

Am besten fahren Sie und Ihre Geschäftspartner, indem Sie sich an die Goldene Regel halten. Und die lautet: Verhalte dich so, wie du dir wünschst, dass sich der andere verhält, wenn die Situation umgekehrt wäre!

In den Mokassins des Geschäftspartners gehen

Die umgekehrte Situation bedeutet im Fall des Neueinsteigers Folgendes: Stellen Sie sich vor, Sie hätten keinerlei Ahnung vom Vertrieb und genauso wenig vom Verkauf; „Finanzdienstleistung" kennen Sie nur aus dem Wörterbuch, wissen aber, dass diese Branche bei allen, mit denen Sie bisher oberflächlich gesprochen haben, einen negativen Ruf hat. Beim Thema Geld haben Sie sich bisher – weil Sie es nicht besser wussten – auf Ihren Bankberater verlassen. Bei Ihrem eigenen Vermögensaufbau sind Sie selbst bisher nicht viel weitergekommen, als sich ein paar Euro für Notfälle auf die hohe Kante zu legen. Weil Sie es nicht besser wussten, haben Sie wie alle anderen auch ein paar kleine Lebensversicherungen bei Ihrem Versicherungsvertreter abgeschlossen, ohne je geprüft zu haben, ob diese etwas taugen. Sie haben mit Ihren vermögenswirksamen Leistungen einen Bausparvertrag abgeschlossen, denn vor ein paar Jahren haben Sie fast 15.000 Euro bei Börsenspekulationen verloren und den Fonds eine darauffolgende Erholung nicht zugetraut. Sie haben das Gefühl, bei Ihren eigenen Investitionen bisher mehr mittelmäßige als gute Entscheidungen getroffen zu haben. Es handelt sich nur um eine Vermutung; denn genau wissen Sie es ja nicht. Jetzt jedoch soll alles anders werden, denn Sie haben vor zwei Wochen als Neueinsteiger in einem Finanzdienstleistungsvertrieb begonnen. Sie wollen hier möglichst schnell Karriere machen, weil Sie damit rechnen, dass Ihr derzeitiger Arbeitsplatz in den nächsten zwei bis drei Jahren wegrationalisiert wird. Sie haben die ersten Schulungen besucht und sind, um Routine für die Praxis zu bekommen, Ihren Kunden-Analysebogen ein paar Mal mit Ihrem Betreuer durchgegangen. Sie haben mit gemischten Gefühlen mit einem Ihrer besten Kumpels Beratungstermine vereinbart, bei dem Sie dessen bereits getätigte Finanzinvestitionen aufnehmen sollen. Zwar kennen Sie sich mit den Finanzformularen, denen Sie die Daten entnehmen sollen, nicht aus, aber irgendwie wird es wohl schon gehen, denken Sie. Natürlich wird von Ihnen erwartet, das alleine zu bewerkstelligen, denn Ihr Betreuer hat wichtigere Termine, wie er Ihnen glaubhaft versichert.

Also, liebe Führungskraft, wie wohl fühlen Sie sich in der Haut des anderen? Was würden Sie sich jetzt wünschen, wenn die Situation umgekehrt wäre und Sie wären jetzt der neue Geschäftspartner? Ich denke, Sie verstehen, was ich damit sagen will. Denken Sie bei der Gelegenheit noch mal an die Situation zurück, als Sie Ihren neuen Partner bearbeitet haben, bei Ihnen im Team einzusteigen, was Sie ihm versprochen haben und wie Sie ihn unterstützen würden, sobald er Sie braucht.

Prüfen Sie sich selbst: Haben Sie sich bei Ihren bisherigen direkten Geschäftspartnern immer so verhalten, wie Sie es sich in der umgekehrten Situation gewünscht hätten? Oder haben Sie es sich nicht ab und zu ein bisschen zu leicht gemacht und einfach andere Dinge vorgeschoben, die anscheinend in dieser Situation wichtiger gewesen sein sollen? Wenn Sie dem zustimmen, können Sie sich selbst fragen, wie viele Geschäftspartner Sie verloren haben, weil Sie die Einarbeitung nicht ernster genommen haben.

Prüfen Sie Ihr Engagement

Wie geht man also systematisch und professionell vor, um mit einer größtmöglichen Wahrscheinlichkeit zum Erfolg zu kommen? Selbstverständlich entscheidet jeder selbst über die Bereitschaft seines eigenen Einsatzes, den Grad, wie weit er geht, und den Preis der Leistung für den Erfolg. Die Intensität der Unterstützung wird von jeder Führungskraft unterschiedlich gesehen.

> **Es scheint nichts umsonst zu geben. Je schneller man das akzeptiert, desto schneller kommt man ins Handeln. Das ist im Übrigen ein wesentlicher Anspruch dieses Buches an den Leser.**

Hochqualifizierte Neueinsteiger, denen Sie zutrauen, ihren Karriereweg alleine zu schaffen, sind spärlich gesät. Wenn Führungskräfte daran arbeiten, ihr Team auf fünf oder mehr Säulen zu stellen, ist es um so erstaunlicher, wie leichtfertig damit umgegangen wird, wenn es darum geht, diese neuen Erwartungsträger zu unterstützen. Ist es Unwissenheit, Gleichgültigkeit, Naivität oder fehlendes strategisches Denken, wenn zu passiv oder gar nicht auf die Ergebnisse Einfluss genommen wird? „Friss oder stirb" scheint die Devise zu sein. Es ist traurig, sich vorzustellen, dass erstklassige Leute aus fehlender Unterstützung Vertriebe verlassen.

Notieren Sie drei messbare Handlungsvarianten, die Sie ab sofort bei der Unterstützung von Geschäftspartnern verbessern werden:

1. _____

_____

2. _____

_____

3. _____

_____

Sie sind in der Lage, ab heute alles zu verändern. Es liegt in Ihrer Hand, das Thema Geschäftspartner-Unterstützung zu optimieren. Haben Sie schon bestehende Mitarbeiter, dann beginnen Sie gleich. Wie können Sie Ihre Leute unterstützen? Wo können Sie Ihre Hilfe anbieten, um die Schwachpunkte Ihrer Geschäftspartner durch Ihr Zutun abzufedern? Sie können dazu beitragen, dass sie genau jene Ziele schaffen, an denen sie vorher gescheitert sind. Haben Sie derzeit noch keinen Partner in Ihrem Team, dann verstärken Sie ab dem ersten Geschäftspartner, den Sie einstellen, den Grad Ihrer Unterstützung.

Verschenktes Einkommen

Mir wurde in meiner eigenen Vertriebszeit klar, warum das Thema Einarbeitung meiner direkten Partner auch unter monetären Gesichtspunkten wichtig ist. Ich habe mir einmal ausgerechnet, welche Geldsumme erzielt wird, wenn ein neuer Geschäftspartner seine Führungskraft bei deren Karriereweg bis ganz nach oben begleitet. Dabei wurde unterstellt, dass der Abstand nur eine Position beträgt. Schon in diesem Fall hat die übergeordnete Führungskraft im Laufe der Zeit mehr als eine Million Euro an ihm verdient.

Man stelle sich vor: In Deutschland träumen Millionen von Menschen von einem Lottogewinn, den sie mit einer Größenordnung von einer Million Euro verbinden – und im Vertrieb wird diese Million verschenkt! Sollte allerdings die Führungskraft beim Start des Geschäftspartners aufgrund der Differenzprovision schon eine höhere Provisionsstufe innehaben, ist die Summe noch viel höher.

Viele Vertriebler setzen sich zu wenig mit ihrem System und der damit verbundenen Möglichkeit, Geld zu verdienen, auseinander. Ich frage in meinen Seminaren immer wieder die Teilnehmer, wie oft sie sich Zeit für solche Rechenexempel nehmen. Es überrascht mich, wie gering der Anteil derer ist, die sich regelmäßig ihr eigenes Organigramm aufmalen, einen Taschenrechner zur Hand nehmen und sich die unterschiedlichsten Einkommensvarianten ihrer Teamentwicklung durchrechnen.

Der Personenkreis, der angibt, aufgrund der guten Einkommensmöglichkeiten in die Finanzdienstleistungsbranche eingestiegen zu sein, die Menschengruppe, deren Hauptzielsetzung darin besteht, durch deren Beratung dafür zu sorgen, dass andere zu mehr Vermögen kommen, tun selbst zu wenig, um zu einem hohen Einkommen zu gelangen. Die Verdienst-Voraussetzungen sind in fast allen Positionen außerordentlich gut. Sie können wesentlich stärker genutzt werden, um damit zu Reichtum und finanzieller Unabhängigkeit zu kommen.

Stimulieren Sie Ihr Unterbewusstsein in höhere Dimensionen, indem Sie sich ständig in Form von Möglichkeitsdenken mit positiven Planungen befassen.

Setzen Sie sich viel öfter damit auseinander. Vergleichen Sie mehrmals wöchentlich schriftlich Ihre bestehenden Geschäftspartner und die zu erwartenden Umsätze auf dem Papier. Multiplizieren Sie Ihre eigene Leitungsvergütung bzw. Differenzprovision mit der in Erwartung gestellten Umsatzhöhe. So haben Sie das Ergebnis, mit dem Sie ohne großes Zutun rechnen können. Jetzt wird es interessant. Fragen Sie sich selbst: Wo kann ich wirkungsvoll Einfluss nehmen? Wo wird mein Einwirken, meine Unterstützung, mein Einsatz am besten – sprich: am höchsten – honoriert? Schlimmstenfalls ist die Mannschaft noch so klein, dass Sie durch Eigenumsatz Ihr Einkommensziel erreichen können!

Ihre Möglichkeiten jeden Monat, jede Woche, ja auch jeden Tag spielerisch durchzurechnen, ist nicht nur motivierend, sondern bringt Sie zu sehr viel mehr eigener Kontrolle, Eigenmacht, Überblick und zu den besten Entscheidungs- und Handlungsvarianten. Sie erkennen in welchen Teambereichen Sie sich aus monetären Gründen nicht einbringen, weil Sie hier keine oder geringe Differenzen beziehen. Andererseits wird klar, wie Sie in der Lage sind, Ihr Einkommen extrem zu steigern,

Möglichkeiten durchspielen

sobald Sie mit geringem, aber gezieltem Einsatz Geschäftspartner unterstützen, bei denen die Leitungsvergütungsdifferenzen entsprechend hoch sind. Führen Sie diese Berechnungen immer wieder durch, werden Sie mit der Zeit Ihre Leistung dort einsetzen, wo sie finanziell lukrativ ist.

Und siehe da: Sie arbeiten an Ihrer Teambreite. Sie lassen endlich die Finger von Ihren großen Teams. Dadurch können diese sich verselbstständigen. Sie haben mehr Zeit, sich um Expansion und Geschäftspartner-Anbau Ihrer schwachen Teams zu kümmern, die dadurch stabiler werden. Sie stellen verstärkt eigene direkte Geschäftspartner ein, weil Sie erkennen, dass Sie mit wenig Umsatz, bei dem Sie allerdings selbst mit Hand angelegt haben, mehr verdienen, als über die Gruppenproduktion von Dutzenden Geschäftspartnern in hohen Positionen mit geringen Differenzen.

Organigramme

Das Skizzieren von Organigrammen mit seiner motivierenden Wirkung ist gerade in Zeiten von Ablehnungen sehr hilfreich, Durststrecken zu überstehen. Wichtig ist dabei, sich selbst in die höchste Position der Karriere zu setzen. Ihre Gefolgsleute setzen Sie eine Position darunter und spielen diese Varianten mit den unterschiedlichsten Teambreiten durch. Sie erkennen bei diesen Planspielen exakt die unterschiedlichen finanziellen Auswirkungen, die Ihnen genau zeigen, in welche Richtung Sie bei Ihrem Teamaufbau heute schon arbeiten müssen, um nicht nur während des Aufstiegs, sondern auch, wenn Sie am Ziel angekommen sind, für sich den größten Ertrag mit dem geringsten Aufwand zu erreichen.

Bei der Einarbeitung und Motivation Ihrer neuen Partner helfen solche Zahlen und Karriereberechnungen sehr, weil Sie damit erfassen, welche großartigen Möglichkeiten der strukturierte Vertrieb bietet. Meine Erfahrung aus Hunderten Führungskräfteschulungen ist, dass die meisten Führungskräfte nicht in der Lage sind, ein motivierendes Karrieregespräch souverän und professionell zu führen. Der Grund: ihnen fehlt die nötige Berechnungspraxis, sie haben das Zahlenwerk des Karriereplans zu wenig durchdrungen und sind nicht in der Lage, spontan auf die jeweilige Situation ihrer Geschäftspartner einzugehen. Das beweist, dass Führungskräfte diese Zahlenspiele für sich selbst zu selten durchgerechnet und damit verinnerlicht haben. Dies ist die Voraussetzung, um souverän auf die jeweiligen Situationen der unterstellten Partner einzugehen.

Benutzen Sie genau jetzt, bevor Sie weiterlesen wollen, die nächste Seite im Querformat. Nehmen Sie sich, wenn nicht ohnehin griffbereit, einen Taschenrechner zur Hand. Malen Sie Ihr Organigramm auf und notieren Sie Ihren heutigen Umsatzstand. Berechnen Sie Ihre aktuell daraus resultierende Provisionshöhe. Danach spielen Sie die unterschiedlichsten Varianten durch, wie Sie Ihren Umsatz und Ihr Einkommen steigern können.

Praxistipp

Mein Organigramm

Datum

188

Einmal – aber dafür richtig!

Die zukünftigen Multiplikatoren sollen von Ihnen auf deren Führungsaufgaben vorbereitet werden. Trotzdem gehen Sie besser zu Beginn Ihrer Einarbeitungsaktivitäten davon aus, dass nichts von alleine läuft und dass Sie nichts voraussetzen können: Wenn Ihr neuer Partner sich selbst sein eigenes Namenspotenzial organisiert, toll; wenn er alleine Termine vereinbart, toll; wenn er alleine Kundenbesuche macht, toll; wenn er alleine Abschlüsse macht, supertoll. Aber stellen Sie sich vorher darauf ein, dass nichts, rein gar nichts dergleichen passieren wird. Zumindest noch nicht. Tut er etwas von sich aus, dann haben Sie Zeit gespart und wirklich Glück gehabt. Wenn nicht, kein Problem, damit haben Sie sowieso gerechnet.

> **Kalkulieren Sie daher stets für die Einarbeitung ausreichend Zeit ein. Mein Grundsatz bei der Einarbeitung neuer Partner ist: Besser gleich am Anfang einmal alles richtig, deutlich und ausführlich erklären, als ständig nur Stückwerk und Flickschusterei betreiben.**

Bei vielen Tätigkeiten wird es sich im Teamaufbau um immer wiederkehrende Arbeiten und Kenntnisse handeln, die von allen Geschäftspartnern beherrscht werden müssen.

Beispiel: Umsatzeinreichung erklären

Die Geschäftspartner sollen möglichst selbstständig handeln können. Das Beispiel der Umsatzeinreichung soll dies verständlich machen. Egal, ob die Umsatzeinreichung schriftlich, telefonisch oder per E-Mail erfolgt, beim allerersten Umsatz nimmt sich die einarbeitende Führungskraft wirklich ausreichend Zeit und bringt Geduld mit. Lassen Sie sich durch nichts anderes ablenken und dazu verleiten, Ihre Erläuterungen halbherzig und nebenbei erledigen zu wollen. Nur der neue Geschäftspartner und die genaue Erklärung der Umsatzeinreichung stehen jetzt im Mittelpunkt. Der Neue bekommt Block und Stift, um das Erklärte mitzuschreiben; so erstellt er sich selbst eine Vorlage mit allen notwendigen Schritten. Er kann alles jederzeit allein rekonstruieren. Muss Papier kopiert werden, erklären Sie, wie der Kopierer vergrößert und verkleinert, wo das Papier eingelegt wird usw. Sind Begleitformulare auszufüllen, wird erklärt, wo sie zu finden sind: Welcher Vorgang für welches Formular? Wofür braucht man wie viele Kopien und warum? Wer erhält sie wann? Was wird wo eingetragen und warum? Wo werden diese Unterlagen abgelegt, weitergeleitet oder an wen weitergemeldet? Sie achten selbstverständlich zwischenzeitlich darauf, dass alle Details schriftlich festgehalten werden. Auch Sonderfälle für spezielle Umsätze werden schon jetzt im Voraus mit dem Geschäftspartner besprochen. Wenn alles durchgegangen und alle Eventualitäten besprochen wurden, sieht die Führungskraft die Aufzeichnungen des Neuen im Detail auf deren Richtigkeit durch und vervollständigt diese, so dass keinerlei Fragen mehr offen sind. Wenn alles fertig ist, werden alle erforderlichen Formulare der Reihe nach zusammengestellt, geheftet und in eine Klarsichtfolie gesteckt.

Voraussetzung für Duplizierbarkeit schaffen

So kann ein Vorgang, der unter normalen Umständen nur zehn Minuten gedauert hätte, leicht ein- bis eineinhalb Stunden benötigen. Viel Zeit und Aufwand für so etwas Nebensächliches? Nur auf den ersten Blick, denn nach einer so genauen Erläuterung der Antragseinreichung kann man von seinem neuen Partner erwarten, dass er ab diesem Zeitpunkt seinen zukünftigen Umsatz nun alleine in der vorgegebenen Art einreichen kann. Das betrifft alle seine eigenen Abschlüsse und auch die aller seiner zukünftig eingestellten Geschäftspartner seines Teams. Schließlich kann er ja bei der Einweisung seiner Leute die Details in seinen Aufzeichnungen nachlesen. So wird Delegation in ein zukünftiges Team sinnvoll, motivierend und in der Tiefe des Teams unendlich duplizierbar. Dies kann der Abschied improvisierender Führung sein, bei der die Führungskraft immer als Informationsträger für die belanglosesten Fragen bereitgestanden hat.

> **Solange Sie die einzige Person sind, die weiß, wie was zu laufen hat, brauchen Sie sich nicht zu wundern, niemals entbehrlich zu werden. Das Ziel ist doch, mittel- und langfristig viele Top-Führungskräfte nachgezogen zu haben, die in der Lage sind, regelmäßige Abläufe so zu organisieren, dass Sie als Führungskopf für wichtigere Aufgaben Zeit und Potenzial zur Verfügung haben.**

Delegation

Das wird nur gehen, wenn Sie untergeordnete Aufgaben von sich wegdelegieren, und zwar am besten gleich von Anfang an. Wenn Sie Ihre direkten Partner einarbeiten, dann sollte Ihnen klar sein, dass es sich bei ihnen um Ihre zukünftigen Führungskräfte handelt. Wichtig ist es deshalb auch für deren eigenes Selbstbewusstsein, sie ab dem ersten Tag so zu behandeln und sie mit den Aufgaben, die auf sie zukommen, vertraut zu machen. Denn im Idealfall müssen sie nach wenigen Tagen, aber spätestens nach ein paar Wochen oder Monaten, alles an ihre eigenen Geschäftspartner weitergeben, was sie von Ihnen gelernt haben. Das war doch der Grund, warum Sie sich bei Ihrer Geschäftspartnerauswahl gerade für diesen Menschen entschieden haben! Deshalb ist am Anfang die Liebe zum Detail zwar etwas aufwendiger, aber um so wichtiger.

Stellen Sie sich vor, wie entspannt Sie reagieren können, wenn Sie von den neuen Mitarbeitern Ihrer Führungskraft angesprochen werden, ob Sie ihnen bei der Antragseinreichung helfen können. Jetzt haben Sie die Möglichkeit, ganz anerkennend auf Ihre neue Führungskraft zu verweisen, die sich mit dem Thema Antragseinreichung schon sehr gut auskennt. Das ist für alle Beteiligten das Beste: für Ihre neue Führungskraft, die sich bei ihrem Team schon als Experte profilieren kann, für den neuen Geschäftspartner, der weiß, an wen er sich wenden kann, und für Sie, weil Sie in Zukunft damit nichts mehr zu tun haben.

Die gemeinsame Erarbeitung des Namenspotenzials

Die eigentliche Arbeit mit Ihren neuen Geschäftspartnern kann erst dann beginnen, wenn Sie sich als Führungskraft ein eindeutiges Signal von ihnen eingeholt haben, dass es losgehen soll. Erst wenn sich die neuen Partner ausdrücklich zu ihrem Start bekannt haben, sollten Sie beginnen. Machen Sie ihnen klar, dass es für sie beide ein Weg ist, auf dem sich beide anstrengen müssen, wenn er von Erfolg gekrönt sein soll, und dass es auch für Sie mit Arbeit und Zeiteinsatz verbunden ist, sie zu unterstützen. Das kann helfen, dass bestimmte Aufgaben, die Sie fordern, auch durchgeführt werden.

Natürlich ist die Aufgabe der Erstellung des persönlichen Namenspotenzials in den meisten Vertrieben eine Binsenweisheit. Die optimale Grundlage für den neuen Geschäftspartner, im warmen Umfeld seine Geschäftserfolge zu erreichen, ist damit gegeben. Nachdem Sie selbst die Erfahrung gemacht haben, dass die Erarbeitung von mindestens hundert Namen mit Telefonnummern für Ihr persönliches Expansionsziel eine realisierbare Aufgabe gewesen ist, wissen Sie jetzt, dass Sie dies nun entsprechend von jedem Ihrer Geschäftspartner zu deren Geschäftsstart erwarten können, wenn Sie bereit sind, ihn dabei zu unterstützen.

Vorlagen zur Namenspotenzialanalyse

Die unterschiedlichen Vertriebe sind bei den Unterlagen für die Namenspotenzialanalyse sehr kreativ. Die einen verwenden vorgefertigte Listen mit Anhaltspunkten, die Denkanstöße geben, andere geben Vornamenlisten aus, andere stellen Starterhefte oder Karrierebroschüren zur Verfügung – alles, um zu helfen, dem neuen Partner bei den Ideen und Erinnerungen an Bekannte, Verwandte oder Freunde auf die Sprünge zu helfen. Geben Sie Ihrem Geschäftspartner die Aufgabe, die Vorlagen zu vervollständigen. Setzen Sie aber wenige Tage später rechtzeitig Kontrollpunkte, bei denen Sie die Durchführung checken können. Lassen Sie sich dabei die Aufzeichnungen immer zeigen.

Wenn der Namensaufbau nur langsam vorangeht

Gehen Sie jedoch davon aus, dass diese Zusammenstellungen weniger gewissenhaft gemacht werden, als Sie sich dies wünschen. Die neuen Geschäftspartner können die Bedeutung der Aufgabe zu diesem Zeitpunkt noch nicht nachvollziehen. Die besten und damit für Ihren gemeinsamen Geschäftsaufbau wirklich wichtigen Namen werden sie entweder vergessen oder absichtlich nicht notieren. Sie wissen jedoch aus eigener Erfahrung: Um nach oben zu rekrutieren, werden sie beide gerade diese Namen mit Telefonnummern brauchen. Gehen die Namensanalysen nur schleppend voran, so zögern Sie nicht lange, einen persönlichen Termin bei Ihrem Geschäftspartner zu Hause zu vereinbaren, da er nur dort einen relativ leichten Zugriff auf seine persönlichen Unterlagen, zu seinem Potenzial, haben wird. Planen Sie dafür mindestens vier Stunden oder mehr ein, Sie wissen ja noch aus eigener Erfahrung, wie viel Zeit Sie selbst für Ihren persönlichen Namensaufbau gebraucht haben. Jede Minute, die Sie investieren, lohnt sich. Je besser das Potenzial, desto einfacher werden Sie sich beide damit tun, die passenden Kunden zu finden. Sie vermeiden, sich bei Kundenterminen vor verschlossenen Türen wiederzufinden, weil das Verhältnis zu potenziellen Kunden und Ihren Geschäftspartnern nur oberflächlich ist.

> **Beim Teamaufbau Ihrer Schützlinge können Sie beeinflussen, dass von Beginn an nach oben rekrutiert wird. Sie bestimmen schon jetzt die Qualität aller Mitspieler des Teams und dadurch den Spaß, den Sie später mit der ganzen Gruppe haben werden. Deshalb lieber jetzt zu Beginn großzügig Zeit nehmen für diese so wichtige Aufgabe.**

Mit keinem anderen Einsatz werden Sie so viel Einblick in die zukünftigen Teamköpfe bekommen. Im schlimmsten – oder soll man sagen: im besten – Fall erkennen Sie gleich zu Anfang, dass es sich Ihr Schützling mit seinem kompletten Umfeld verscherzt hat und keinerlei Freunde oder Bekannte hat, weil ihn alle unsympathisch finden. Auch wenn Ihre Geschäftspartner erst kürzlich aus über 500 Kilometer Entfernung zugezogen sind und keinerlei Kontakte und Verbindungen haben, weil sie im Umfeld niemanden kennen, sollten Sie sich ernsthaft fragen, ob Sie Ihre Zusammenarbeit nicht noch mal in Frage stellen sollten: Sind Sie bereit, denjenigen als Multiplikator aufzubauen? Überdenken Sie lieber vorher, ob er all die zusätzlichen Investitionen Wert ist, die auf Sie zukommen. Es ist einiges erforderlich, um ein erfolgreiches Team über Ihren neuen Multiplikator aufzubauen. Oder ist es nicht wirklich sinnvoller, das Ganze gleich zu Beginn zu beenden und sich lieber zu entscheiden, so lange weiter zu rekrutieren, bis Sie einen echten potenziellen Führungskopf für einen Gruppenaufbau gefunden haben?

Ein gutes Namenspotenzial war für mich schon immer eines der wichtigsten Kriterien für meine Entscheidung. So kann ich einschätzen, inwieweit ein professionelles Coaching machbar ist. Sie sehen, warum dieser Termin beim Neueinsteiger zu Hause so wichtig ist. Ist das entsprechende Potenzial vorhanden, dann qualifizieren Sie die 20 besten Namen zum Rekrutieren für die vielversprechendsten zukünftigen Geschäftspartner. Das ist nun wirklich auf keinen Fall delegierbar, denn jetzt ist zur Auswahl Ihre Einschätzung und Erfahrung gefragt. Gehen Sie jeden einzelnen Namen mit ihm durch, indem Sie die Details der potenziellen Personen hinterfragen. Tun Sie das nicht, sucht Ihr neuer Geschäftspartner möglicherweise nur Arbeitssuchende oder Leute aus, die eine Nebentätigkeit nötig haben. Und das sind nicht die Menschen, die Sie für Ihre weitere Vorgehensweise brauchen. Sie wollen Ihren neuen Geschäftspartner als Führungskraft heranziehen. Dies ist am leichtesten, wenn Sie seine ersten Geschäftspartner aus seinem Umfeld generieren. Aus diesem Grund können Sie mit ihm vereinbaren, dass die 20 besten Leute aus seiner Liste für den Geschäftspartner-Aufbau reserviert werden. Das bedeutet, dass diese auf keinen Fall zu Kunden, sondern gleich zu Geschäftspartnern gemacht werden sollen. Fazit: Am Kunden verdient Ihr Partner nur einmal, am Geschäftspartner immer wieder. Sie gewährleisten mit einer sorgfältigen und gewissenhaften Namensanalyse gemeinsam mit Ihrem neuen Direkten, dass Sie eine gesunde Basis schaffen, auf der Sie aufbauen können. Alle weiteren Maßnahmen gehen einfacher, je besser das zur Verfügung stehende Namenspotenzial in Quantität und Qualität ist.

Jeden Namen prüfen

Die Terminvereinbarung

Die ersten Terminvereinbarungen alleine ohne Ihre Anleitung und Hilfestellung durchführen zu lassen, ist sehr gefährlich, denn Sie müssen damit rechnen, dass sich die neuen Geschäftspartner verplappern und damit das ganze Umfeld vorinformieren, ohne ein ernsthaftes persönliches Gespräch geführt zu haben. Im Nu kann ein Großteil des wertvollen Namenspotenzials verschossen sein durch die überschwengliche Begeisterung des Neueinsteigers, der am Telefon nicht nur interessiert, sondern auch informiert hat. Der wichtige warme Bereich muss für die ersten Erfolgserlebnisse genutzt werden.

Selektieren Sie aus dem Namenspotenzial Ihrer Schützlinge gerade für die ersten Kundengespräche die Bekannten und Verwandten, zu denen diese ein sehr vertrautes und unterstützendes Verhältnis haben. Sie können es sich und Ihrem neuen Geschäftspartner auf diese Weise viel leichter machen, die ersten Erfolge im Verkauf und im Partneraufbau zu erreichen. Machen Sie es sich nicht schwerer, als es ist. Machen Sie es leicht zu gewinnen und schwer zu verlieren. Dann schaffen Sie es, durch eine gute Vorauswahl der ersten potenziellen Kunden und vielversprechenden Persönlichkeiten für eine Mitarbeit die ersten wichtigen Siege zu erringen. Damit vermeiden Sie, dass Ihre neuen Leute aussteigen. So werden Ihre Mühen mit Erfolg belohnt.

Nichts zu verlieren aber viel zu gewinnen Zu diesem Zeitpunkt haben die neuen Geschäftspartner sehr wenig zu verlieren, weil sie als Quereinsteiger nicht wirtschaftlich auf diese Erfolge angewiesen sind. Wenn Ihre Partner erst einmal gefestigt sind und sich vollkommen zu Ihrem Geschäft bekannt haben, werden sie leichter Rückschläge jeglicher Art wegstecken. Vorher sind Sie als Betreuer gut beraten, Ihre Schützlinge wie rohe Eier zu behandeln und vor Enttäuschungen zu bewahren.

> **Beim Ausscheiden aufgrund fehlender Erfolge werden all Ihre Bemühungen, die Sie bis dahin aufgewendet haben, mit einem Schlag zunichte gemacht. Deshalb geben Sie für die ersten Telefonate Gesprächsleitfäden und Einwandbehandlungen vor. Verfolgen Sie die ersten Telefonate per Lautsprecher oder, noch besser, für Mutige: Führen Sie die Telefonate selbst.**

Auch wenn es nicht zum Termin kommt, wird Ihr Neuling Sie für Ihren Mut anerkennen. Sie sollten mitentscheiden, welche Kunden angerufen werden. Was helfen Ihnen unter Mühe gemachte Termine mit Hausfrauen, Studenten und Arbeitsuchenden, wenn Ihr Produkt ein Bonitätsraster von 1250 Euro netto vorsieht? Sie wissen aus eigener Erfahrung: Das Geld wird am Telefon verdient, beim Kunden wird es nur noch abgeholt.

Das gemeinsame Verkaufsgespräch

Wenn Sie bis hierhin alles richtig gemacht haben, bravo! Lassen Sie sich jetzt auf den letzten Metern zum Erfolg nicht auf ein Glücksspiel ein. Es gibt Hunderte andere Möglichkeiten, ein Nein zu bekommen anstatt ein Ja – gerade wenn Ihr neuer Partner noch keine oder wenig Verkaufserfahrung hat. Stellen Sie Ihren neuen Leuten ein Musterberatungsgespräch zur Verfügung. Es hat mehrere Vorteile:

Muster-gespräch

- Er fühlt sich mit einem roten Faden sicherer, weil er sich an ihm entlanghangeln kann.
- Er ist in der Lage, es seinem persönlichen Stil anzupassen, sobald Sie ihn auf die entscheidenden Passagen im Gespräch aufmerksam gemacht haben.

Nutzen Sie tote Zeiten, mit ihm im Rollenspiel das Beratungsgespräch so zu üben, bis er sich damit wohlfühlt. Bei der Einarbeitung meiner direkten Partner habe ich immer darauf geachtet, mir Zeitpuffer zu reservieren. Zeitliche Freiräume, z. B. wenn Termine ausfielen oder wenn sie verschoben wurden, habe ich stets genutzt. Ich habe gemeinsam mit den Leuten wichtige Passagen des Beratungsgespräches geübt. Sicher waren einige von meinem Perfektionismus genervt, merkten aber bald, dass die auswendig gelernten Schlüsselpassagen des Mustergespräches für sie in kritischen Verkaufssituationen eine echte Hilfe waren.

Der Fokus wird natürlich darauf gelegt, den ersten Abschluss mit einem Kunden zu machen – und zwar möglichst schnell. Denn sowohl der neue Geschäftspartner als auch dessen Umfeld hegen große Skepsis an der neuen Tätigkeit und den möglichen Erfolgen.

Bedeutung des ersten Abschlusses

> **Je länger der erste Erfolg auf sich warten lässt, desto größer werden auch die Zweifel. Damit eine solche Unsicherheit erst gar nicht aufkommt, ist Schnelligkeit gefragt. Aber auch auf die Professionalität der Führungskraft, die den neuen Geschäftspartner ja hautnah begleitet, kommt es an.**

Aufkommende Zweifel töten Motivation und den Glauben an die neu aufgenommene Geschäftstätigkeit. Die Folge kann sein: baldige Fluktuation eines oft mühsam gewonnenen neuen Geschäftspartners. Es geht dabei nicht um die Höhe des Abschlusses, denn bereits kleine Erfolge beweisen dem Neuling: „Ich kann es!" Auch minimale Provisionszahlungen beweisen schwarz auf weiß, dass er in seiner neuen Tätigkeit erfolgreich sein kann. Schnelle Abschlusserfolge sind wichtig, um negative Gedanken im Keim zu ersticken.

Es liegt an der einarbeitenden Führungskraft, ob diese positiven Ergebnisse erzielt werden. Dafür sollte der Verantwortliche und nicht nur der Neuling vollen Einsatz bringen. Gehen Sie am Anfang einige Male zum Beratungsgespräch mit. Selbst wenn es bei Ihnen schon Jahre her sein sollte, dass Sie einen Kunden aus der Nähe gesehen haben. Zum Trost: Der Neue hat noch mehr Angst als Sie. Stehen Sie das durch, auf jeden Fall so lange, bis die ersten ein oder zwei Abschlüsse getätigt sind. Sie werden reichlich belohnt. Abgesehen von Ihrer Leitungsvergütung sehen Sie das Strahlen in den Augen Ihres Zöglings und die Freude über seinen ersten Erfolg, die er mit keinem anderen als mit Ihnen teilen sollte. Das wird Sie beide mehr verbinden als alle Motivationsgespräche, die Sie je mit ihm führen können. Sie können Ihren neuen Geschäftspartner zum Essen einladen, motivieren und aufbauen. Die größte Motivation jedoch ist sein erster Abschluss, ganz unabhängig davon, dass Sie es waren, der oder die in der Abschlussphase das Gespräch übernommen hat. Die Tatsache eines Abschlusses macht den Anfänger über jeden Zweifel erhaben. Es funktioniert, er hat es mit eigenen Augen gesehen.

Fluktuation ausgeschlossen Ein Ausscheiden eines Geschäftspartners nach einem verprovisionierten Kunden habe ich selten erlebt. Er wird seinen ersten Abschluss und seine begleitende Führungskraft nie vergessen. Machen Sie sich für Ihre Geschäftspartner zu einem unvergesslichen „beweisenden Vorbild". Ich habe in den ersten Verkaufsbegleitungen immer darauf geachtet, dass der Anfang des Kundengesprächs von meinem neuen Geschäftspartner gemacht wurde. Wenn es jedoch beim Verkauf in die Abschlussphase ging, habe ich nie etwas dem Zufall überlassen. Schon kurz vorher übernahm ich die Gesprächsführung, um in der Abschlussphase keinen Bruch in den Gesprächsablauf zu bringen. Ich wollte sicher sein, dass das Ergebnis nicht durch Einwände oder durch Fehlinterpretationen von Kundenreaktionen durch den unerfahrenen Verkäufer gefährdet wird. In der Endphase geht es um zu viel – für den Kunden, für den Einzuarbeitenden und für die begleitende Führungskraft –, um die Dinge dem Zufall zu überlassen.

> **„Amateure hoffen. Profis handeln"**
> (Garson Kanin, *1913, amerikanischer Dramatiker,
> Drehbuchautor und Filmregisseur, Oscarpreisträger 1945).

Grundregeln der Einarbeitung

1. Erarbeiten und selektieren Sie das Namenspotenzial des Neuen mit ihm gemeinsam. Wählen Sie mit ihm die Personen aus, zu denen er ein sehr gutes Verhältnis hat. Stimmt die Chemie zwischen Verkäufer und Kunde, ist vieles leichter!

2. Stellen Sie für die Terminvereinbarung einen Gesprächsleitfaden zur Verfügung. Auf die zu erwartenden Einwände muss man vorbereitet werden.

3. Lassen Sie den neuen Geschäftspartner nie alleine telefonieren. Achten Sie darauf, dass der Neuling seine wichtigsten Kontakte nicht durch schlechte Telefonate „vermasselt".

4. Lassen Sie Ihren neuen Geschäftspartner schon in der Terminvereinbarung auf Ihre Begleitung hinweisen. Kein Kunde ist von Überraschungsbesuchen begeistert.

5. Erlauben Sie keine Beratungsgespräche ohne Ihre Begleitung. Zumindest bis der erste Abschluss gemeinsam getätigt wurde und Ihr Geschäftspartner einen positiven Gesprächsablauf kennengelernt hat und nachvollziehen kann.

6. Lassen Sie sich bei der Begrüßung von Ihrem Geschäftspartner vorstellen. Damit sorgen Sie für ein gutes Gesprächsklima und einen sympathischen Einstieg.

7. „Für den ersten Eindruck gibt es keine zweite Chance." Beteiligen Sie sich bereits am Smalltalk mit den Bekannten. So werden Sie vom Fremden zum Vertrauten!

8. Lassen Sie leichte Passagen des Beratungsgesprächs von Ihrem neuen Partner durchführen. Das macht ihn mit der Praxis vertraut und stärkt sein Selbstvertrauen.

9. Übernehmen Sie das Gespräch, sobald es entgleitet. Wenn beispielsweise der Bedarf nicht ausreichend geweckt, die Versorgungslücke nicht genügend aufgezeigt wird und wichtige Vorabschlüsse nicht eingebaut wurden, ist der Zeitpunkt gekommen, dass Sie das Gespräch mit dem Kunden übernehmen.

10. Die Abschlussphase ist absolute Chefsache! Hier wird nichts dem Zufall überlassen! Gefährden Sie nie das Ergebnis eines Abschlusses. Das ist das eigentliche Ziel Ihres Besuches. Nur der geübte Profi erkennt die Abschlusssignale des Kunden.

11. Führen Sie die Empfehlungsnahme sofort nach dem Beratungsgespräch durch – unabhängig von Abschluss oder Nichtabschluss. Dieser Zeitpunkt beweist, wie das funktioniert, was in der theoretischen Ausbildung behauptet wird.

Unternehmensphilosophie und Geschäftsethik vermitteln

Vertriebs-philosophie vermitteln

Was gehört noch zu einer perfekten Einarbeitung? Es ist vor allem die Vermittlung der gesamten Vertriebsphilosophie. Die Zeit, die Führungskraft und Neueinsteiger miteinander verbringen, sollte dafür genutzt werden. Alles, was der neue Geschäftspartner wissen, verstehen und übernehmen soll, kann in der Zeit zwischen den ersten Kundenterminen angesprochen werden. So kann jede Zusammenkunft dazu beitragen, die gesamte Philosophie zu übertragen.

> **In der Einarbeitungsphase nähern sich die Führungskraft und der neue Geschäftspartner einander an. Das ist wichtig, denn hier werden die Grundsätze der Vertriebskultur weitergegeben.**

Verhalten bei fragwürdiger Bonität

Der erste gemeinsam erreichte Abschluss ist ein Erlebnis, das verbindet. Lässt jedoch die Bonität eines Kunden ein Geschäft nicht zu, ist die starke Führungskraft gefragt. In diesem Fall muss der Vorgesetzte sowohl dem Interessenten als auch dem neuen Geschäftspartner unmissverständlich klarmachen, dass ein Geschäft nicht zustande kommen kann. Diese Haltung wird von der Führungskraft gelebt und so auf den neuen Geschäftspartner übertragen. Der später erfolgreiche Geschäftspartner wird dann bei der Umsatzeinreichung in punkto Qualität und Bonitätsbeurteilung für die Geschäftsleitung immer ein ehrlicher Partner sein. Saubere Abschlüsse zu schreiben kann nur von oben nach unten vorgelebt werden. Eine gute Einarbeitung ist kein Hexenwerk. Die Führungskraft muss sich dazu entschließen, die notwendigen Schritte zu tun, und die einfachen Grundregeln im Umgang mit den Mitmenschen beachten. Deshalb behandeln die Führungskräfte ihre neuen Partner immer mit Respekt und Hochachtung. Auch wenn sie ihnen fachlich und aufgrund ihrer Erfahrung zunächst überlegen sind, sollten sie sie dies nie spüren lassen.

Wie hätten Sie sich Ihren Ausbilder, Coach oder Einarbeiter gewünscht? Überprüfen Sie sich selbst anhand Ihrer damaligen Wunschvorstellung. Empfehlungsnahme, Terminvereinbarung und Verkaufsgespräch sind die Grundkenntnisse, die der neue Partner beherrschen soll. Der eigentliche Teamaufbau, der auf den neuen Partner zukommt, wird ihm noch mehr abverlangen. Auf diese Grundkenntnisse, die fest verankert sein werden, wird er immer wieder zurückgreifen. Umso besser wird er später selbst die Einarbeitungsphase seiner Partner gestalten und begleiten.

Zitronen auspressen – der Holzweg

Manche Führungskräfte in der mittleren Führungsebene verstehen es, gerade mit neuen Interessenten Neugeschäft zu schreiben. Es gelingt ihnen relativ schnell und mühelos, bei gemeinsamen Kundengesprächen innerhalb von deren Bekanntenkreis Abschlüsse zu machen und dadurch die entsprechende Differenzprovision zu erzielen. Diese allerdings sehr kurzfristige Erfolgsmasche besteht darin, den Neuen gar nicht als zukünftigen langfristigen Geschäftspartner heranzuziehen, sondern ihn lediglich als eine Art Umsatzbringer innerhalb seines eigenen Bekanntenkreises zu nutzen, um sich so dessen Vertrauensvorsprung im warmen Umfeld zunutze zu machen. Man könnte es auch weniger freundlich als „Verheizen neuer Partner" bezeichnen.

Masche mit kurzfristigem Erfolg

> **Leider wird die zu Beginn sehr intensive Betreuung oft dann eingestellt, wenn abzusehen ist, dass das Namenspotenzial innerhalb des Bekanntenkreises allmählich zur Neige geht. Oder es ist erkennbar, dass der Geschäftspartner durch die Summe der erreichten Umsätze seinen ersten Positionssprung schafft. Das führt dann zur Reduzierung der Differenzprovision des Einarbeiters.**

Man kann diese Strategie schon im Vorfeld erkennen, wenn der Einarbeiter sich nicht um die Generierung von Empfehlungen kümmert, die für eine endlose Weiterführung des Geschäftsbereichs des neuen Geschäftspartners eine wichtige Voraussetzung ist. Ein solches Verhalten hat für alle Beteiligten sehr negative Folgen. Der Neuling wird bei seinem Teamaufbau nicht optimal unterstützt und gibt, sobald die gewohnte Unterstützung seines Betreuers ausbleibt, auf. Er fühlt sich zu Recht von seiner Führungskraft ausgenutzt. Die Außenwirkung lässt die Schlussfolgerung zu, das System sei darauf aufgebaut, die Bekanntenkreise von Neuen „abzugrasen", was im vorliegenden Fall tatsächlich geschieht. Diese Sichtweise und die in der Öffentlichkeit durch die Presse bekannt werdenden Beispiele schaden der ganzen Branche und darüber hinaus allen, die sich innerhalb des Vertriebs der unterschiedlichsten Branchen eine Existenz aufbauen wollen!

Verhalten mit negativer Wirkung

Den größten Schaden fügt sich allerdings die Führungskraft selbst zu. Mit ihrem eigenen Kleindenken, das lediglich darauf ausgelegt ist, andere auszunutzen und keinerlei Win-win-Situation für sich und für ihren neuen Partner im Sinn hat, bestraft sich die Führungskraft selbst am meisten. Denn solche Führungskräfte werden sehr schnell auf niedrigen bis

Kleindenken schadet der Führungskraft

maximal mittleren Karriereebenen stecken bleiben, weil sie die für hohe Positionen erforderlichen Umsatzgrößen mit dieser Vorgehensweise nie erreichen können. Sie werden nach Jahren ihrer Zugehörigkeit immer noch Basisarbeit verrichten und sich mit der Vermittlung von Kundenverträgen beschäftigen. Des Weiteren werden sich mit dieser Arbeitsweise und Einstellung nie starke Teams entwickeln, weil das dafür wichtige Coaching nicht gegeben ist, um die Führungsköpfe zu starken Leistungsträgern zu entwickeln. Damit schadet sich der Vertriebler selbst, weil er aus einem großartigen System nur einen kleinen Bruchteil der Möglichkeiten herausholt. Er wird kein überdurchschnittlich hohes Einkommen erzielen, weil die beschränkten Ergebnisse nur durch seine unmittelbare Einwirkung zustande kommen und ein bestimmter Level nie überschritten werden kann. An diesem Beispiel zeigt sich, dass das System des Vertriebsaufbaus gerecht ist: Jeder bekommt das, was er verdient. Wenn es nur nach Jahren die Erkenntnis ist, dass man sich ausschließlich bei der sich stets wiederholenden Verkaufsarbeit wiederfindet.

Praxistipp !

Wenn Sie etwas verändern wollen und den Nutzen einer professionellen Einarbeitung erkannt haben, können Sie gleich jetzt mit Ihren bestehenden Partnern beginnen. Bedenken Sie an dieser Stelle: Wen in Ihrem Team können Sie durch Ihre persönliche Betreuung speziell zum Erfolg coachen? Wen können Sie innerhalb der nächsten 24 Stunden beim Beratungsgespräch, bei der Terminvereinbarung oder bei seinen Einstellungsgesprächen begleiten, um sofort messbare Ergebnisse zu bewirken? Sie werden schnell Schwachstellen erkennen, von denen Sie nie vermutet hätten, dass es sie gibt.

Welche sind die ersten drei Schritte, die Sie durchführen werden? Notieren Sie hier:

1. _____

_____

2. _____

_____

3. _____

_____

Der Einarbeitungswettbewerb

Wie klein der Erfolg auch sein mag, er hält den neuen Partner in Ihrem Geschäft. Je früher sich sein Erfolg einstellt, desto besser. Der Grund liegt darin: Wenn der neue Geschäftspartner am Wochenende Ihr Geschäft kennengelernt hat, um am Montag wieder wie gewohnt seiner Tätigkeit nachzugehen, ist er bereits negativen Einflüssen ausgesetzt. Die Situation „Vertriebler gegen den Rest der Welt" tritt ein. Er ist den befremdlichen Vorurteilen seines Umfeldes schutzlos ausgeliefert; mag Ihre Info-Veranstaltung noch so motivierend gewesen sein, jetzt ist er mit seiner bekannten Umwelt wieder alleine. Neu mit der Welt des Vertriebs konfrontiert, ist Ihr Neueinsteiger noch mehr draußen als drinnen. Es verbindet ihn noch zu wenig mit dem Vertrieb.

Die Einstellung zum Vertrieb ändern

Zwei Dinge werden seine Einstellung in der nächsten Zeit extrem verändern. Erstens: Je mehr Engagement Ihr Geschäftspartner in seine neue Tätigkeit legt – sein Zeiteinsatz, das Erstellen seiner Namensliste, die gewissenhafte Auswahl der zukünftigen Mitarbeiter, das stundenlange Üben des Beratungsgesprächs, auch die Zeit, die er in den Geschäftsräumen und mit seiner Führungskraft verbringt, alles eben, das er darauf verwendet, in Zukunft Erfolg zu produzieren –, desto mehr wird er davon abgehalten, seiner neuen Geschäftschance den Rücken zu kehren. Gerade am Anfang, wenn er noch wenig Aufwand eingebracht hat, hat er viel weniger zu verlieren als zu gewinnen. Eine gefährliche Situation für seine Führungskraft, denn die Wahrscheinlichkeit der Fluktuation ist hoch!

Feuerprobe

Der zweite Punkt, der ihn im Geschäft hält, ist sein ureigener Erfolg. Deshalb sollten Sie einen besonderen Wettbewerb für neue Geschäftspartner und deren erste messbare Erfolge aussetzen. Die Bedeutung für einen Anfänger, diesen Wettbewerb zu gewinnen, muss von allen Kollegen gemeinsam getragen werden.

> **Sie sollten das Gewinnen dieses Wettbewerbes zu einer Frage der Ehre machen. Nicht der Wettbewerbspreis soll hier im Vordergrund stehen, sondern die Feuerprobe der Anfänger, die lediglich wie alle anderen Einsteiger vor ihnen und alle zukünftigen nach ihnen einmal in ihrer Karriere diesen Wettbewerb gewinnen können.**

Nach Beendigung des Einstiegsseminars und der Zusage der Zusammenarbeit sollten alle neuen Geschäftspartner nur kurze Zeit zur

Verfügung stehen, um zum ersten Mal über ihre „rote Linie" zu gehen. Dies kann der erste Anruf eines potenziellen Kunden sein, eine erste verbindliche Terminvereinbarung, eine erste aufgenommene Kundenanalyse oder ein erster Abschluss. Entscheiden Sie selbst, was Sie zum entsprechend messbaren Kriterium machen wollen. Sie sollten Ihrem neuen Geschäftspartner die Einzigartigkeit dieses Wettbewerbs erklären. Ihm sagen, dass es für diesen Wettbewerb keine Wiederholungsmöglichkeit gibt, sich den begehrten Preis zu erkämpfen.

Es ist etwas Vertriebserfahrung erforderlich, wenn es gelingen soll, einen solchen Wettbewerb wirkungsvoll und dauerhaft zu installieren. Gelingt es, haben Sie einen lang anhaltenden und immer wiederkehrenden Erfolgsbaustein für die zukünftige Einarbeitung installiert.

Bausteine des Vertriebsaufbaus zur Gewohnheit machen

Wenn es Ihnen gelungen ist, die ersten vier Bausteine Ihres Vertriebsaufbau-Systems – Namenspotenzial, Terminvereinbarung, Einstellungsgespräch und Einarbeitung – sowohl bei sich selbst als auch bei Ihren wichtigsten Multiplikatoren als Gewohnheit zu installieren, wird Ihr Team weiter und weiter wachsen. Sie und Ihr Führungsteam werden nun durch die verbesserte Zuführung und Einarbeitung nicht, wie in der Branche üblich, ein bis zwei Geschäftspartner zu betreuen haben, sondern fünf bis zehn Leute in ihrem Team zählen.

Was nun wichtiger wird als je zuvor: Nachwuchsführungskräfte müssen lernen, wie dieses Team zu führen ist. Es werden nicht nur wie bisher einige Bekannte und Freunde sein, die sich Ihrer Geschäftsidee angeschlossen haben, sondern fremde Damen und Herren, die eine professionelle Anleitung brauchen, um mehr und mehr Erfolge zu produzieren. Die wichtigen Details für Ihre Anwendung der Führungshilfen werden im nächsten Kapitel vorgestellt.

| Das Namens-potenzial | Die Termin-verein-barung | Das Einstellungs-gespräch | Die Einarbeitung | Die Führungs-hilfen |

5. Führungshilfen

Bindung – weil nur zählt, was übrig bleibt

Wenn Sie die nachfolgenden Hinweise detailgetreu umsetzen, wird es Ihren Führungskräften gelingen, deren Teams auf fünf, zehn oder 15 Leute zu vergrößern. Die Folge einer solchen Veränderung ist neben der Freude über die Erfolge, dass sich die Führungskräfte plötzlich mit ganz neuen Situationen, Aufgaben und Erfordernissen konfrontiert sehen. Wenn man nicht das Risiko eingehen will, nach drei bis sechs Monaten wieder alleine dazustehen, ist es wichtig, Maßnahmen zu installieren, um die Geschäftspartner langfristig zu halten. Bindung ist also wichtig. Meist sind junge Führungskräfte, die aus ihrem ehemaligen Hauptberuf keine oder wenig Erfahrung im Umgang mit Mitarbeitern mitbringen, mit dieser Situation überfordert. Die zwei bis drei ersten Geschäftspartner konnten sie noch gut anleiten. Vielleicht hat man sich aus dem früheren Bekanntenkreis zusammengefunden, und das freundschaftliche Verhältnis federte die gröbsten Führungsfehler ab. Nichts wurde übel genommen und schnell vergeben. Spätestens, wenn die Gruppe eine gewisse Größe erreicht hat, gilt es dafür zu sorgen, keinen der gewonnenen Geschäftspartner zu verlieren.

> **Fluktuation unmittelbar nach dem Einstieg ist in erster Linie darauf zurückzuführen, dass es sich nicht um Bewerber, sondern um Interessenten handelt, die eine andere oder gar keine Vorstellung von der neuen Tätigkeit hatten.**

Sie erhofften sich, leicht ein zusätzliches Einkommen zu erzielen, hatten aber nicht die Absicht, sich eine unternehmerische Existenz aufzubauen. So muss man sich auf eine natürliche Fluktuation einstellen. Sind die ersten positiven Schritte von Erfolgen gekrönt und sehen beide Seiten – der neue Partner und die Führungskraft – eine längerfristige

Fluktuation am Anfang

Perspektive für eine berufliche Heimat, so geht es darum, für eine wirksame Bindung zu sorgen.

Die Erfahrung zeigt, dass die Gründe von Fluktuation selten im Karrieresystem, im geringen Einkommen oder in den mit dem Vertrieb einhergehenden Rückschlägen liegen. Die Hauptprobleme für Fluktuation sind zwischenmenschlicher Art. Das Verhältnis zwischen Führungskräften und Geschäftspartnern wird getrübt, und die Grundlage einer Zusammenarbeit gestört. In der Konsequenz kehrt der Geschäftspartner dem Vertrieb den Rücken. Gerade in der Anfangsphase, in der die Partner noch nebenberuflich tätig sind und selbst wenig zu verlieren haben, da sie nicht wie im klassischen Unternehmertum eigene Investitionen tätigen müssen, lässt sich die Zusammenarbeit leicht beenden. Trotz der Enttäuschung darüber, dass die in die neue Tätigkeit gesetzten Erwartungen sich nicht erfüllten, ist das Ende für die Neuen keine große Sache. Sie tun es gegenüber sich selbst damit ab, dass sie für den Vertrieb wohl nicht die Richtigen seien.

Den höheren Preis zahlt die Führungskraft — Das größere Nachsehen hat jedoch die Führungskraft. Spätestens wenn sie in Ruhe nachvollzieht, wie weit die bisherige zeitliche Investition, ihr Engagement und die damit verbundenen Hoffnungen für die gemeinsame Zukunft des Geschäftsaufbaus reichten, wird klar, dass sie bei der Fluktuation den höheren Preis zu zahlen hatte. Und das mit der Aussicht, den gleichen Aufwand beim systematischen Aufbau der nächsten Einsteiger wiederum betreiben zu müssen. Es dreht sich darum, die notwendigen Schritte zu vollziehen, um neue Partner zu halten und weiter zu multiplizieren.

> **„Niemand kann andere Menschen gut führen, wenn er sich nicht ehrlich an deren Erfolgen zu erfreuen vermag"**
> (Thomas Mann, 1875 – 1955,
> deutscher Schriftsteller, Literaturnobelpreisträgeer 1929).

Die Stimmung im Team — Im Folgenden wird genau erläutert, was Sie tun können, um Ihr Team zu halten, und wie Sie Ihre wichtigen Multiplikatoren für Ihren Teamaufbau binden. Stimmt zum Beispiel der Umsatz nicht, so sollten Sie zunächst nach der Stimmung fragen. Was war zuerst da: Huhn oder Ei – bzw. Umsatz oder Stimmung? Im Vertrieb ist die Reihenfolge klar: Erste Priorität hat die Stimmung. Wenn es Probleme geben sollte, dann sind es, wie schon erklärt, die zwischenmenschlichen.

Ein Vertriebsmitarbeiter kann grundsätzlich mit schwierigen Rahmenbedingungen umgehen, wie man deutlich beim Aufbau der Teams unter den bescheidenen Rahmenbedingungen in den neuen Bundesländern beobachten konnte.

Zum damaligen Zeitpunkt, in den frühen Neunzigerjahren, stimmte gar nichts, doch dies verstärkte den motivierenden Pioniercharakter noch. Sollte in Ihrem Team der Hausfrieden schief hängen, können Sie davon ausgehen, dass sich dieser Umstand sehr bald durch Umsatzrückgänge bemerkbar mach. Dies kann ein ganzes Team in Gefahr bringen. Hier ist seine wirklich sensible Stelle; denn wenn der Umsatz stagniert, stagnieren sofort die Provisionszahlungen.

Ein bis zwei Monate können die Vertriebsmitarbeiter der mittleren Ebene mit weniger oder sogar ohne Provision auskommen. Die nebenberuflichen Geschäftspartner, die ihr Einkommen nur als willkommenes Zubrot ansehen und nicht auf die monatlichen Bezüge aus ihrer Vertriebsarbeit angewiesen sind, sind weniger betroffen, ebenso die Top-Führungskräfte, die über finanzielle Reserven verfügen. Anders ist es jedoch bei den Führungssäulen, dem Mittelbau, der für die Ergebnisse des Tagesgeschäfts Verantwortung trägt. Hier liegt die Achillesferse des Vertriebes. Sollten dort die Provisionen längere Zeit ausbleiben, kann dies die Aufbauarbeit von Jahren innerhalb einiger Monate zerstören. Vertriebsvorstände wissen um diesen Umstand. Vielleicht haben Sie schon erlebt, wie Streitigkeiten, die oft mit Belanglosigkeiten begannen, dazu führten, dass die maßgeblichen Führungskräfte nicht mehr miteinander sprachen.

Achillesferse

Lassen Sie es nicht zu, dass – meist nur aus Motiven der Statusverteidigung und Ego-Problemen – versucht wird, eine unbedeutende Schlacht zu gewinnen, während in der Zwischenzeit alle Beteiligten unbemerkt übersehen, wie sie gerade dabei sind, den Krieg zu verlieren. Vermeiden Sie, aus verletzter Eitelkeit einen Konflikt auszusitzen.

Meiner Erfahrung nach sind es Kleinigkeiten, die, sobald man sich ausgesprochen hat, schnell zu bereinigen sind. Halten Sie sich nicht lange mit der Schuldfrage auf, sondern reden Sie miteinander, um Konflikte im Keim zu ersticken. Wer auch schuld gewesen sein sollte, es ist immer die Aufgabe der übergeordneten Führungskraft, auf ihre Geschäftspartner zuzugehen, um Konflikte aufzulösen – nicht umgekehrt. Arbeiten Sie daher lieber im Vorfeld an einer guten Stimmung und einer angenehmen Atmosphäre. Sie sollten, sobald Sie in der Entwicklung

Konflikte lösen

schlechte Stimmung vermuten, sofort der Sache auf den Grund gehen. Machen Sie als Führungskraft den ersten Schritt zur Versöhnung, auch wenn ein paar Anläufe dazu notwendig sein sollten. Jetzt ist Ihr schneller Einsatz gefragt. Je früher, desto besser. Dadurch vermeiden Sie professionell, dass sich kurzfristige Störungen zu großen Problemen entwickeln können.

Es ist nur natürlich, dass solche Situationen entstehen, denn in einem Umfeld, in dem sich starke Persönlichkeiten entwickeln und so eng und menschlich intensiv miteinander arbeiten und umgehen. Hier wird durch das System von Leistung und Anerkennung manch aufgeblähtes Ego strapaziert und auf die Probe gestellt.

> **„Autorität wie Vertrauen werden durch nichts mehr erschüttert als durch das Gefühl, ungerecht behandelt zu werden"**
>
> (Theodor Storm, 1817-1888, deutscher Schriftsteller).

Vertrauen

Die Grundlage einer guten Zusammenarbeit und der Teambildung im Vertrieb ist das gegenseitige Vertrauen. Der Geschäftspartner muss seiner Führungskraft vertrauen können. Er muss davon ausgehen, dass er zielgerichtet und motiviert seinen Karriereweg gehen kann. Dies ist besonders wichtig, weil sich der Vertriebspartner in einer starken Abhängigkeit gegenüber seiner Führungskraft sieht. Sie hat alle Informationen, die dem Geschäftspartner auf seinem Karriereweg hilfreich sind und es ihm leichter machen, die nächste Position zu erreichen.

> **Die Idealsituation ist die, dass der Vertriebsprofi sich ausschließlich um die Neukundengewinnung und die Mitarbeiterfindung kümmern kann, während alle störenden und nicht einkommensfördernden Arbeiten und Nebenkriegsschauplätze von seiner Führungskraft übernommen werden.**

Störungsfreie Arbeit

Solange der Anteil der Administration und des Innendienstes von Führungskräften seines Vertrauens erledigt werden, scheint alles wie von selbst zu laufen. Je reibungsloser der Vertriebsprofi seine Arbeitsabläufe organisiert oder diese an seine Führungskraft oder den Innendienst weiterleiten kann, desto seltener werden die Störungen sein, die ihn zwingen, seine Verkaufs- oder Vertriebsarbeit im Außendienst zu unterbrechen und sich mit dem Störenden zu befassen. Wie angenehm, wenn sich ein Geschäftspartner voll auf seine Führungskraft verlassen kann! Er kann das unterstützende Gefühl genießen, mit am selben Strang zu ziehen und für ein gemeinsames Ziel zu arbeiten.

Wichtig für alle Geschäftspartner ist, dass die Führungskraft einschätzbar und berechenbar bleibt und dass jeder Partner weiß, woran er bei seiner Führungskraft ist. Für Vertriebsprofis scheint wichtig zu sein, dass die Führungskraft zu ihren Worten steht. Regeln, wenn sie auch noch so hart sein mögen, werden gerne akzeptiert und befolgt, sofern sie für alle gleichermaßen gelten und es nicht für jeden Einzelfall eine Ausnahme gibt. Damit soll nicht gesagt werden, dass einmal getroffene Entscheidungen nicht umgeworfen werden können, ja sogar müssen. Wenn sich die Voraussetzungen ändern, wäre es sogar töricht, bei der alten Entscheidung zu bleiben. Doch sehr weise handelt die Führungskraft, wenn sie ihre neue Entscheidung und die veränderten Voraussetzungen erläutert. Dies werden ihre Geschäftspartner zu schätzen wissen. Sie werden einmal mehr hinter der neuen Entscheidung stehen und diese gegenüber ihrem Team entsprechend vertreten.

Berechenbare Führungskraft

> **„Nicht weil es schwer ist, wagen wir es nicht,**
> **sondern weil wir es nicht wagen, ist es schwer"**
>
> (Lucius Annaeus Seneca, 4 v.Chr. – 65 n.Chr.,
> römischer Philosoph und Dichter).

Großdenken mit Positionen und Beförderungen

Prof. Dr. Fredmund Malik, Leiter des Managementzentrums St. Gallen in der Schweiz, schreibt in seinem Bestseller *„Führen, Leisten, Leben"*: Die wichtigste Aufgabe einer Führungskraft besteht darin, für Ziele zu sorgen! Im strukturierten Vertrieb hat man für die Aufgabe der Zielsetzung eine wunderbare Voraussetzung, denn die Grundlage bildet das Karrieresystem. Dieses System unterstützt das Großdenken und Zielesetzen, indem man sich immer wieder an der nächst höheren Position orientieren kann. Das Karrieresystem hilft also, das Großdenken – das Denken in großen Dimensionen – zu erlernen.

Würde man an nebenberufliche Quereinsteiger die gleichen Umsatzan-
forderungen stellen, wie sie für die Erreichung der höchsten Position in
deren Karrieresystem gelten, so würden 99 Prozent aller Bewerber dem
Unternehmen unverrichteter Dinge den Rücken kehren.

> **Umsatzvolumen, die zur Erreichung der höchsten Positionen
> benötigt werden, sind für die meisten Einsteiger unfassbar
> hoch. Viele wollen lediglich ein „paar Euro dazuverdienen".**

**Entwicklung
von
Verkaufstalent**

Erst mit der Zeit ihrer Zugehörigkeit, mit der erlebten Erfahrung und
der praxisbegleitenden Ausbildung, die die Geschäftspartner durchlaufen, wachsen sie zu Persönlichkeiten heran, die sich diesen hohen
Umsatz- und Führungsanforderungen immer mehr gewachsen fühlen.
Sie eignen sich Verkaufstalente an, die sie zuvor nie bei sich selbst
vermutet hätten. Sie entwickeln Fähigkeiten, die es ihnen ermöglichen,
Geschäftspartner für ihre Idee zu gewinnen. Sie verbessern sich immer
mehr darin, Menschen zu lenken und zu unterstützen. Sie werden mit
der Zeit mit den Fähigkeiten vertraut, die sie brauchen, um ein Team zu
führen. Die anfangs kleinen Ziele im Eigenverkauf mit geringen Um-
sätzen und nur wenigen Geschäftspartnern steigern sich nach Monaten
ihrer Zugehörigkeit entsprechend.

**Wachsende
Ziele**

Mit steigender Mitarbeiteranzahl und wachsenden Führungsfähigkeiten
erhöhen sich auch die Umsätze, Ansprüche und Ziele, die die Geschäftspartner sich und ihren Partnern zutrauen. Die Persönlichkeitsentwicklung
scheint die Entwicklung von immer größeren Zielen nach sich zu ziehen.
Hier sind die im Laufe der Jahre gesetzten Ziele von Positionen, die einerseits erreicht und manchmal auch verfehlt worden sind, eine große
Hilfe. Es wird nicht etwa das Erreichen der höchsten Position des Systems angestrebt, sondern immer größer werdende Teilziele, an denen die
Vertriebspartner sich messen und dabei wachsen können. Durch den Umgang mit Planung, Zielsetzung und Anwendung lernen sie, sich selbst immer besser einzuschätzen. Sie erlangen mehr Zutrauen, sich höhere Ziele
zu setzen, und sind in der Lage, an diesen ständig weiterzuwachsen. Ein
Scheitern ist auf Dauer nicht möglich, denn sie haben ja stets die Möglichkeit, in einem neuen Zeitraum mit anderen besseren Voraussetzungen
ihr Ziel zu erreichen. Wenn sie dranbleiben, werden die Geschäftspartner
mit wachsender Vertriebserfahrung mehr und mehr in der Lage sein, ihre
Strategien so weit zu optimieren, bis sie auch die größten Ziele erreicht
haben. Nur eins kann sie an der Erreichung ihres Zieles hindern: zu frü-
hes Aufgeben. Am Ende werden Ziele realisiert, die die Geschäftspartner
bei ihrem Eintritt niemals für möglich gehalten hätten.

Einer meiner Mentoren pflegte zu sagen: „Zu uns kommen Menschen, bei uns sind Damen und Herren!" Ich beobachtete einen jungen Mann, den eine meiner Führungskräfte eingestellt hatte, mit Argwohn. Sie werden schmunzeln, aber es war der Prototyp eines „Manta-Fahrers". Er fuhr tatsächlich mit einem Manta vor, und auch sonst deckte sich alles mit dem entsprechenden Klischee: der Fuchsschwanz an der Antenne, die sauerstoff-blondierte Freundin, die wirklich Frisöse war, und sein Haarschnitt, der typischerweise vorne kurz und hinten lang war. Er kam aus dem Handwerk und hatte als Möbel-Schreiner gearbeitet. Aber was ihm keiner absprechen konnte, war seine sympathische menschliche Art. Er hatte Charme, verbunden mit einer großen Bereitschaft, an sich zu arbeiten. In seinem neuen geschäftlichen Umfeld nahm er die Hinweise seiner Führungskräfte dankbar und bereitwillig an. Nach und nach änderte er seinen Haarschnitt und seine Kleidung. Außerdem arbeitete er daran, seine Umgangsformen zu verbessern. Als die wirtschaftlichen Voraussetzungen stimmten, wechselte er sein Fahrzeug und war bereits nach etwas mehr als zwei Jahren eine der vorzeigbaren Führungskräfte, die auf dem Einstiegsseminar schon die ersten Ausbildungsstunden hielt. Er heiratete später seine Freundin, die nach einer Umschulung nach und nach zu einer der wichtigen Kräfte im Innendienst unserer Geschäftsstellen wurde. Sie veränderte sich ebenfalls sehr zu ihrem Vorteil, wurde selbstbewusster und äußerst stilsicher. Dies ist eines von vielen anderen Beispielen – keineswegs ein Einzelfall –, die ich in meiner Vertriebspraxis erlebt habe. Vertriebsarbeit ist eben eine Menschen-Schule. Deshalb gilt: Zu uns kommen Menschen. Bei uns sind Damen und Herren.

Der Manta-Fahrer

> **Vertriebe sind ein erstklassiger Nährboden für persönliches Wachstum.**

Welche Rolle die Erreichung der nächsten Position im System spielt, wird im Folgenden näher erläutert.

Sei realistisch – plane ein Wunder!

„Sei realistisch – plane ein Wunder" – dieses Zitat stammt vom Erfolgs-Autor Karl Gamper und bringt es auf den Punkt. Dieser Grundsatz gilt immer, wenn Sie sich mit der Erreichung der nächsten Position auseinandersetzen. In jedem gesunden Vertrieb werden die Karriere- und Aufstiegspläne so sein, dass die Erreichung der nächsthöheren Beförderung ein Mehrfaches an Umsatz- und Geschäftspartner-Volumen erfordert als die Position, die man derzeit innehat. Für den vorwärts strebenden Vertriebsprofi ist daher bei jeder weiteren Position eine gehörige Portion Großdenken und meist etwas „Größenwahn" erforderlich. Wir wissen doch, dass jeder Sieg zunächst im Kopf entschieden und dann errungen werden muss.

Die Grundlage jeden Erschaffens – und da ist die nächsthöhere Position keine Ausnahme – ist das Zusammenspiel von Denken, Sprechen und Handeln. Jeder, der schon einmal eine unerreichbar scheinende Position erklommen hat, weiß nur zu gut, dass man bis zum Ende ein Wechselbad der Gefühle durchlebt.

Mentale Reifeprüfung

Bis zum letzten Monat, bis zur letzten Woche, dem letzten Tag oder manchmal sogar der Stunde wird man immer wieder hin- und hergerissen. Hoffnungen und Zweifel scheinen sich abzuwechseln und auf diese Weise immer wieder erneut unser Großdenken auf die Probe zu stellen. Als würde uns das Schicksal zwingen wollen, alles zu geben, um unser Ziel zu erreichen. Es scheint eine mentale Reifeprüfung zu sein, die es zu bestehen gilt, um damit die erforderliche Persönlichkeitsentwicklung zu erreichen. Dadurch gestärkt, wird man umso mehr den Aufgaben der nächsten Position gerecht. Um es deutlich zu sagen: Dieses persönliche Wachstum stellt sich in dieser Form nur bei Positionen ein, die entsprechend hart zu erkämpfen sind. Hier gilt: viel Kampf – viel Ehr!

Nicht zu kleine Ziele stecken

Wenn Ihre Führungskräfte eine Beförderung planen, die unter ihren jetzigen Voraussetzungen realistisch ist, so sollten Sie hinterfragen, ob das geplante Ziel nicht zu klein ist! Warum? Es ist wichtig, dass sich Ihre Führungscrew strecken muss, um die geplanten Ziele zu erreichen. Wenn das Ziel nicht groß genug ist, lässt es sich mit den bekannten Mitteln erreichen. Die Komfortzone braucht nicht verlassen zu werden, und man braucht sich zu wenig neue Mittel und Wege einfallen zu lassen, um ans Ziel zu gelangen. Die Führungskräfte müssen sich und ihr Handeln zu wenig verändern, um das Vorgenommene zu erreichen. Eine leichtfertig unterschätzte Position, die zu wenig Veränderungspotenzial freisetzt, könnte dann womöglich, aus welchen Gründen auch immer, nicht einmal am Ende des Beförderungszeitraumes erreicht werden. Daher mein Appell an Sie: Seien Sie realistisch – planen Sie ein Wunder! Schauen Sie sich einmal an, wie es zu Beginn Ihrer eigenen Karriere im Vertrieb war. Sie mussten alles lernen: Terminvereinbarung mit Bekannten und Fremden, die Analysenaufnahme, das Beratungsgespräch, den Verkauf oder den Vertragsabschluss sowie die Empfehlungnahme bei Kunden, ganz zu schweigen von allen Produkt-

und Beratungsveränderungen der letzten Jahre. Alles war Ihnen fremd, und Sie haben irgendwie angefangen und sich weiterentwickelt. Irgendwie gelang Ihnen, was Sie sich vorgenommen hatten. Uns gelingt viel mehr, als wir es selbst für möglich halten. Was sind also die Schritte zu höheren Positionen?

> **Treffen Sie eine Entscheidung, denn die Wahrheit ist: Wenn Sie die Bereitschaft in sich spüren, gerade jetzt für eine überschaubare Zeit alles zu geben, was Körper, Geist und Seele vermögen, dann starten Sie heute! Sie wollen Ihr Leben verändern? Auf was warten Sie noch? Legen Sie endlich los. So sind Sie Gestalter Ihrer Zukunft.**

Verbindlichen Schlusstermin festlegen

Liegt in Ihrem Vertrieb ein rollierendes System vor – das heißt, das jeweilige Ende der Beförderungszeiträume ist nicht an feste Monate gekoppelt, sondern die kumulierten Umsätze können in einem bestimmten Zeitraum von drei, sechs oder zwölf Monaten für die Beförderungen gezählt werden –, so ist dies für das Erreichen von Positionen nicht unbedingt ein Segen. Denn es kann dazu führen, dass Sie Ihr Beförderungsziel immer wieder von Monat zu Monat verschieben, bis Sie es letztendlich aus den Augen verlieren. Wenn Sie sich also für eine Position entschieden haben, entscheiden Sie sich auch verbindlich für den Schlusstermin und tun Sie so, als gäbe es keine Verlängerung. Es ist nur natürlich, dass solch hohe Ziele, die Ihr Denksystem nicht fassen kann, weil ihm der Glaube fehlt, im Unterbewusstsein zunächst abgelehnt werden. Sie müssen sich diese Ziele auf allen drei Ebenen vornehmen: Denken – Sprechen – Tun. Wer sich auf allen drei Ebenen verändert, kann einen festen Glauben entwickeln, indem er Gedanken, Sprechen (auch mit sich selbst) und Tun verändert.

Als Führungskraft sind Sie auch Beförderungs-Coach. Ihre Aufgabe besteht darin, stets dann Ihren Geschäftspartnern den Glauben und die Kraft zu geben, wenn sie selbst keinen mehr haben. Das ist in Beförderungsperioden ständig der Fall. Als Führungskraft dürfen Sie keinen Zweifel an Ihren Geschäftspartnern und deren Fähigkeiten und Zielerreichung zulassen. Sie werden sagen: Das ist aber schwer! Das ist wahr. Aber an seinem eigenen Glauben zu arbeiten und in Situationen, in denen der Geschäftspartner zweifelt, dafür zu sorgen, dass er seinen Glauben zurückgewinnt, ist eine Spitzenleistung für Führungskräfte. Daran erkennt man die Denk- und Führungsprofis. Deshalb sind gute Führungskräfte dünn gesät.

An seine Geschäftspartner glauben

Wie groß sind denn wirklich die Chancen, die Karriereleiter ganz nach oben zu erklimmen, wenn Sie als Führungskraft nicht oder nicht mehr an Ihren Geschäftspartner glauben? Betrifft es Sie selbst als Positionsanwärter und haben Sie eine aufbauende Führungskraft, dann herzlichen Glückwunsch! Wenn nicht, dann lassen Sie sich Ihre eigenen großen Ziele von Ihrer Führungskraft nicht ausreden. Es ist wichtig, dass Sie als Vertriebsprofi mit der Beförderung Ihre eigenen Erfahrungen sammeln. Sie müssen vielleicht einige Male auf die nächste Beförderung hinarbeiten, mit voller Kraft bis zum letzten Tag alles geben, um das hohe Ziel zu schaffen. Erst wenn Sie das eine oder andere Mal scheitern, können Sie den erforderlichen Einsatz richtig einschätzen. Für Sie selbst und für alle zukünftigen Positionen Ihrer Geschäftspartner ist das ein entscheidender Vorteil: So wird aus einem guten Schüler ein erfahrener Lehrer auf dem Gebiet des Erreichens von Positionen.

> **Verhält sich die Führungskraft in der Phase der Beförderung unterstützend, fördernd und als wirklicher Helfer, kann sie sich der Loyalität ihrer Geschäftspartner für die Zukunft sicher sein. Sie war in der schwersten Zeit, in der ihr Schützling vor einem hohen Ziel stand, sehr wichtig.**

Weil sie persönlich ihre eigenen Positionen ja schon erreicht hat, kann sie als Betreuer die Situation sehr objektiv einschätzen. Sie kann dem Partner zu- oder abraten, die Beförderung zum jeweiligen Zeitraum anzugehen. Die Gruppendynamik, der Schulterschluss, der in der Endphase den Einsatz jedes Einzelnen im Team erforderlich macht und die Mehrbelastung, die der Ausfall des jeweilig zugeteilten Umsatzanteils eines Mitglieds mit sich bringt, ist für Vertriebler, die dies noch nie erlebt haben, nicht nachvollziehbar. In dieser Situation heißt es: „Einer für alle und alle für Einen".

Eine vorbildliche Führungskraft

In meiner eigenen Führungskraft hatte ich selbst ein wirklich gutes Beispiel, wie man es richtig macht: Als es bei mir im Dezember 1986 um die erste wichtige Beförderung in die Position zum Chef-Repräsentanten ging, erlebte ich in meinem Vertriebsleben das Unfassbare. Zum damaligen Zeitpunkt war mein Betreuer selbst in der Position des Chef-Repräsentanten. Noch dazu war die Erreichung meiner Position für uns alle ein echter Gewaltakt. Eine sehr schlechte Voraussetzung hatte ich insofern, als die ersten drei Monate des Positionshalbjahres mit sehr bescheidenen Ergebnissen zu Buche standen. Ich war also viel zu schwach gestartet, um nach objektiver Einschätzung eine realistische Chance zu haben. Doch was ist im Vertrieb schon realistisch? Meine Gruppengröße fasste nur etwa ein Drittel der erforderlichen Teamgröße, um das Ziel anzugehen. Mit diesem Kraftakt stand ich vor der Entscheidung, meinen Betreuer bei Erreichung meiner Position einzuholen. Im Klartext: Sollte ich die Position des Chef-Repräsentanten erreichen, wäre unser Provisionssatz vorläufig gleich hoch und seine Differenzprovision wäre bis zu seinem nächsten Karrieresprung für ihn weggefallen. So hätte er in den nächsten ein bis zwei Jahren an meinem Geschäftsbereich kein Geld mehr verdient. Was tat er?

Er gab nicht nur mir Zuspruch und motivierte mein Team, an unser Ziel zu glauben, sondern schnappte sich in den letzten Tagen sogar noch einen Juniorverkäufer, mit dem er gemeinsam den notwendigen Umsatz für mein Positionsziel mitproduzierte. Wir erreichten die für die Position erforderliche Umsatzgrenze von 10.000 Einheiten ganz knapp mit 10.103 Einheiten. Sicher hätten wir zum damaligen Zeitpunkt das Gruppenziel ohne meinen Betreuer nicht erreicht. Neben meiner Dankbarkeit und der Loyalität, derer er sich in Zukunft bei seinen Beförderungen sicher sein konnte, trat er den Beweis dafür an, seine Teammitglieder auch dann zu unterstützen, wenn es für ihn kurzfristig einen Nachteil bedeutete. Zwar verzichtete er kurzfristig auf Einkommen, aber er schuf ein Fundament für alle weiteren Beförderungen und eine Philosophie, die ab diesem Moment bei allen Führungskräften Zeichen setzte.

Uneingeschränkte Unterstützung

Entsprechend ernst nahm ich in Zukunft alle Beförderungen, die im Bereich des Möglichen lagen. Ich unterstützte mein Team seither nicht nur mit guten Worten, sondern auch mit Taten, damit alle ihre Positionen erreichten. Damit werden Spitzenleistungen erreicht, die weit größer sind, als errechenbare und logische Hochrechnungen vermuten lassen. Selbst die erfahrensten Profis sind immer wieder fasziniert von den Ergebnissen, die sich in den letzten Wochen, Tagen und manchmal Stunden entwickeln können. Hier gilt – wie ohnehin im Vertrieb – der Grundsatz:

> **Wenn der letzte Moment nicht wäre, würde Vieles nicht getan!**

Da jedem der am Ziel Beteiligten klar ist, dass am Ende der Zeitperiode, die man als Gruppe zur Erreichung des Umsatzzieles hat, der gesamte Umsatz auf Null gestellt wird und das Team dann möglicherweise die nächsten sechs oder zwölf Monate brauchen wird, bis das Umsatzziel erreicht werden kann, entwickelt sich ein außerordentlicher Ehrgeiz, sobald eine echte Chance der Erreichbarkeit in greifbare Nähe rückt.

Sog statt Druck – Zeit zur Ernte

Zeit zur Revanche

Die Tatsache, dass Führungskräfte und Geschäftspartner jahrelang zusammenarbeiten und aufeinander angewiesen sein werden, macht eine gegenseitige Abhängigkeit deutlich. Oft ist ein harmonisches Miteinander über Jahrzehnte hinweg möglich. Je stärker die Führungskraft ihre Geschäftspartner unterstützt – und dies gerade in den Phasen, in denen es um die Erreichung von deren Karrierezielen geht –, desto größer wird die Verpflichtung, sich für die Unterstützung zu revanchieren. Die beste Möglichkeit, Loyalität zu beweisen, ergibt sich dann, wenn es bei der übergeordneten Führungskraft um deren nächste Beförderung geht. Die größeren Positionen können meistens nur erreicht werden, wenn mehrere Führungskräfte im Team ihr eigenes Beförderungsziel haben und dafür kämpfen. Doch auch andere Teammitglieder, die auf ihre eigene Beförderung keine Chance haben, sehen jetzt die Gelegenheit, sich zu revanchieren.

Andererseits kann man sich sehr gut vorstellen, wie gleichgültig sie sich verhalten werden, wenn sie in der Vergangenheit bei ihrer Beförderung nicht unterstützt worden sind. Man bekommt eben alles im Leben zurück, sowohl das Gute als auch das Schlechte.

> **„Wenn jeder dem anderen helfen wollte,**
> **so wäre allen geholfen"**
> (Marie von Ebner-Eschenbach, 1830-1916,
> österreichische Schriftstellerin).

Wenn Sie, nachdem Sie Ihr Team durchleuchtet haben, feststellen, dass sich in Ihrer Mannschaft Damen und Herren befinden, die reif für die nächsten Beförderungen sind, dann kommen Sie möglichst gleich ins Tun! Damit Sie dies effektiv leisten können, zeigen Ihnen die nächsten Seiten, wie Sie das Coaching in Ihrem Team optimieren.

Praxistipp

Welche grundsätzlichen Entscheidungen wollen Sie im Hinblick auf zukünftige Beförderungen treffen, wen wollen Sie als nächstes coachen?

_____

_____

_____

Führungs-Bausteine

Um es Ihnen offen zu sagen: Führung mit den im Folgenden beschriebenen Führungshilfen ist eine Disziplinübung und eine Prüfung Ihrer persönlichen Konsequenz und Ausdauer! Vor der Einführung in den Vertrieb sollte allen Beteiligten klar sein, dass sie die Wirkung und den Nutzen in der Weise steigern, in der sie die Durchführung über einen längeren Zeitraum konstant beibehalten. Der größte Preis und das höchste Maß an Konsequenz wird von der Führungskraft verlangt – sie profitiert allerdings auch am stärksten.

Führungskräfte arbeiten mit freien, unabhängigen und selbstständigen Partnern zusammen. Dies erfordert die Einsicht, dass für sie die persönliche Freiheit ein wichtiger Grundwert ist. Hier kann nicht nach dem Prinzip „Befehl und Gehorsam" geführt werden. Ein harter und autoritärer Führungsstil ist auf Dauer zum Scheitern verurteilt, und man sollte sich generell fragen, wie zeitgemäß er noch ist.

Autoritärer Führungsstil nicht angebracht

> **Einem autoritären Führungsstil wird sich der die selbstbewusste und talentierte Top-Mann/Top-Frau schnellstmöglich entziehen wollen – er oder sie wird der Führungskraft und deren „Unterstützung" so weit wie möglich aus dem Weg gehen.**

Wenn Ihnen dies als Führungskraft passiert, haben Sie sich selbst ins Abseits gespielt. Auch wenn Ihre Unterstützung noch so gut gemeint ist, der Partner wird sich nicht an die Absprachen halten! Wichtig ist es daher, alle Führungshilfen, die Sie anwenden wollen, Ihren Partnern entsprechend zu erläutern. Rechnen Sie nicht mit der Einhaltung von Zusagen aufgrund von Loyalität oder Status oder vertraglichen Meldepflichten oder Anwesenheitsverpflichtungen. Natürlich können diese Dinge helfen, aber fragen Sie sich selbst: Wann tun Sie etwas am besten? Wenn Sie es tun müssen oder wenn Sie es tun wollen? Gerade Ihre stärksten Leistungsträger werden sehr genau abwägen, ob ihnen das, was von ihnen vorgegeben wird, etwas bringt. Doch gerade diese Leute sind wichtiger für Ihren Vertrieb als die unkritischen Ja-Sager, die aus Loyalität alles tun, was man ihnen vorgibt. Darauf sollten Sie Ihre Kommunikation mit Ihren Führungskräften und Geschäftspartnern abstimmen.

Regelmäßige Wochenmeetings

Das regelmäßig stattfindende Wochenmeeting ist die wichtigste Führungshilfe der Geschäftspartnerunterstützung und für Ihre Teamführung unentbehrlich. Denn die Vertriebsergebnisse unterliegen dem „Gesetz der großen Zahl". Es gibt auf Dauer weder Erfolg noch Misserfolg. Beim Verkauf, bei der Partnergewinnung und beim Vertriebsaufbau gibt es in der Summe mehr Misserfolge als Erfolge. Das bedeutet: Es gibt keine Glückssträhne und keine Aneinanderreihung von Erfolgen ohne Tiefschläge. In Phasen des Misserfolgs ist der regelmäßige Meetingbesuch überlebenswichtig! Hier wird der Motivations-Akku von Woche zu Woche immer wieder neu geladen.

> **Wenn ein Verkäufer oder eine Führungskraft regelmäßig unter der richtigen Anleitung arbeitet und die Anzahl der Aktivitäten stimmt, wird er bzw. sie mit Erfolg belohnt. Die durchschnittlichen Verhältniswerte eines Vertriebs werden sich immer bei den einzelnen Geschäftspartnern bestätigen, das scheint ein Naturgesetz zu sein.**

Was man aber nicht vorherbestimmen kann, ist der genaue Zeitpunkt des Erfolgs.

Fachausbildung Der Aufhänger der Wochenmeetings ist die Fachausbildung, die Übermittlung einer aktuellen und immer komplexer werdenden Wissensfülle. So kann dem neuen Geschäftspartner die Notwendigkeit seiner regelmäßigen Teilnahme als Basis der Zusammenarbeit erklärt werden. Es ist einleuchtend für jeden Branchenfremden, dass er nach seinem Einstieg in der vorliegenden komplexen Thematik ausgebildet und geschult werden muss, um auf alle Fragen der Kunden und seiner späteren Geschäftspartner kompetent Rede und Antwort stehen zu können. Noch wichtiger für alle Beteiligten ist jedoch der „Klebstoff", der die Geschäftspartner durch deren Meetingteilnahme im Geschäft hält. Erreichte Erfolge werden für Vertriebler doppelt wertvoll, wenn sie in Anwesenheit ihrer Kollegen gelobt werden. Und während einer Pechsträhne hilft der Zuspruch der Kollegen, die versichern, dass auch sie solche schlechten Zeiten durchlebt haben. Auch sie haben gezweifelt, durchgehalten, weitergemacht, bei Rückschlägen standgehalten und letztendlich Erfolg gehabt.

Grundregeln für Wochenmeetings

* Wöchentlich wiederkehrender Termin
* Bereitschaft zur längeren Durchführung; dafür ein bis zwei Jahre einplanen
* Stets gleicher Wochentag, gleiche Uhrzeit und gleicher Ort
* Vertriebe mit nebenberuflichen Geschäftspartnern wählen den Abend oder das Wochenende
* Regelmäßiger Ablauf in folgender Weise:
  1. A-Teil: Abgabe der Statistiken, Kopie der Wochenplanung für die kommende Woche
  2. B-Teil: Schulung = Fachausbildung in unterschiedlichen Themen
  3. C-Teil: anschließendes gemeinsames Zusammensein, z.B. im Restaurant

A-Teil

Der A-Teil hilft Ihnen beim kollektiven gemeinschaftlichen Abgeben der notwendigen Statistik-Tools. Damit wird es der Führungs-Crew erleichtert, die für deren Coaching benötigten Unterlagen zu erhalten.

B-Teil

Im B-Teil hat sich zweimal je eine Dreiviertelstunde mit Konzentration auf ein Fachthema bewährt, wobei die Fachthemen aufeinander aufbauen. So ist gewährleistet, dass in einem rollierenden Turnus alle Ausbildungsthemen geschult werden und der gesamte Vertrieb auf ein einheitliches Mindestlevel gebracht wird. Bei der Schlussmotivation, die zwischen 15 und 30 Minuten dauert, sollte jeweils eine andere Top-Führungskraft die aktuelle Situation von Umsatz, Expansionsentwicklung, Beförderungen oder Zielsetzungen in einer motivierenden Art abfragen, stimulieren und zusammenfassen.

C-Teil

Der C-Teil sollte in einem nahe gelegenen Gastronomiebetrieb stattfinden, um möglichst alle Geschäftspartner in entspannter Atmosphäre dabei zu haben. Bei der Auswahl der Location sollte darauf geachtet werden, dass keine großen Entfernungen zurückgelegt werden müssen, um nicht durch eine längere Anfahrt Teilnehmer zu verlieren. Der gewählte Ort sollte auf die Belange des Zusammenkommens eingestimmt sein. Sorgen Sie dafür, dass der Inhaber das Erscheinen einer größeren Gruppe zu späterer Stunde für gut heißt. Wenn nicht, sind mögliche Spannungen vermeidbar! Wählen Sie ein anderes Lokal aus. In einer harmonischen und entspannten, eher privat wirkenden Atmosphäre lassen sich persönliche Gespräche besser führen, Nichtabschlüsse und andere Rückschläge tröstend abfangen sowie Fragen individuell beantworten.

Inhalte C-Teil Vertriebsprofis sehen den C-Teil nicht nur als gemütliches Zusammensein ihres Teams. Sie fragen sich schon vorher:

- Mit welchen Geschäftspartnern muss ich mich heute Abend ausführlicher unterhalten?
- Mit wem steht ein Gespräch an, durch das ich die Ergebnisse positiv beeinflussen kann?
- Zwischen welchen Geschäftspartnern lassen sich abzeichnende Differenzen im Vorfeld auflösen, um es nicht zum Konflikt kommen zu lassen?
- Wer von meinen Leuten hatte schon längere Zeit wenig Erfolg und braucht meinen persönlichen Zuspruch oder Motivation, um aktiver zu werden?
- Mit welchem meiner Teams kann ich bis zur nächsten Woche eine Wette, einen Anreiz oder einen kleinen Wettbewerb initiieren?
- Welche Unterlagen nehme ich für die persönlichen Gespräche mit, um meine Leute optimal zu motivieren?
- In welchem Team haben heute welche Geschäftspartner gefehlt, und wie können wir gemeinsam dafür sorgen, dass die Teams nächste Woche alle vollzählig erscheinen?

Sie sehen, es kann einiges sehr Wesentliche im C-Teil bearbeitet werden, wenn Sie sich auch hier die Zeit nehmen, vorher über sinnvolle Inhalte nachzudenken. So haben Sie mit überschaubarem Zeitaufwand ein wesentliches Bindungsinstrument optimal platziert.

Maßnahmen beim Fehlen

Schon im Vorfeld wurde erwähnt, wie wichtig die regelmäßige Teilnahme – gerade ganz neuer Geschäftspartner – bei ihren ersten Wochenmeetings ist.

Das eventuelle Fehlen ist bei neuen Partnern kein mangelndes Interesse, sondern eine Frühwarnmeldung für ihr zu befürchtendes Ausscheiden. Sie sollten daher, um der Gleichgültigkeit oder fehlenden Professionalität Ihrer Führungskräfte entgegenzuwirken, periodisch die lückenlose Teilnahme der Meetingbesucher überwachen.

Seien Sie sich darüber im Klaren, dass Ihre jungen Partner diese Zusammenhänge nicht selbst erkennen und deren Bedeutung unterschätzen.

Haben Ihre Neulinge erst einmal über mehrere Wochen regelmäßig an den Meetings teilgenommen, wird ein Fehlen selten in Frage kommen, weil sie sich an den Turnus gewöhnt haben. Umso mehr sollten Sie Ihre Geschäftspartner für die ersten Meetings sensibilisieren. Sie sollten wissen, dass bereits beim ersten Fehlen nach dem Geschäftseintritt Gefahr im Verzug ist. Sicher könnte auch ein anderer wichtiger Grund für das Fernbleiben vorliegen. Sobald Sie jedoch schon im Vorfeld darauf hingewiesen haben, wie wichtig Ihnen für die Zusammenarbeit die Teilnahme an den Meetingabenden ist, sollten Sie keinerlei Begründungen mehr akzeptieren.

Gefahr im Verzug

Trauen Sie sich ruhig, noch am gleichen Abend fehlende Partner anzurufen und aufzufordern, kurzfristig in der folgenden Pause dazuzustoßen, schließlich wird ein wichtiges Thema geschult, das für seine Ausbildung notwendig ist. Professionelle Führungskräfte beugen dem Fehlen in den ersten Veranstaltungen dahingehend vor, dass sie sich frühzeitig genug mit ihrem Geschäftspartner verabreden, ihn persönlich abholen und so dafür Sorge tragen, dass er erscheint. Ist dies nicht möglich, weil z.B. der Geschäftspartner direkt von seiner Arbeitsstelle zum Wochenmeeting kommen will und er nun fehlt, sollten Sie in Betracht ziehen, unmittelbar einen persönlichen Termin zu vereinbaren, um ihn ausdrücklich auf die Wichtigkeit seiner Teilnahme hinzuweisen. In meinem Team war ich für mein Vorgehen beim Fehlen von Partnern bekannt: Jeder wusste, dass er fünf Minuten nach Meetingbeginn mit einem Anruf von mir rechnen konnte. Ich hatte mir angewöhnt, mein ganzes verkäuferisches Geschick einzusetzen, um meinen Geschäftspartnern die sich selbst verordnete Meetingpause auszureden – mit dem Ergebnis, dass sie zur zweiten Stunde ins Meeting kamen. Meine Hartnäckigkeit hatte sich unter den Mitarbeitern herumgesprochen. Sie versuchten gar nicht mehr mit mir über Fehlen zu verhandeln. Was ich Ihnen, lieber Leser damit sagen will, ist:

Fehlende Partner anrufen

Nehmen Sie für die Meetingteilnahme eine entsprechende Haltung ein! Fehlen Neulinge auch das zweite Mal hintereinander auf dem Wochenmeeting, so ist wirklich für deren weitere Geschäftspartnerschaft Gefahr im Verzug.

Jetzt müssten bei Ihnen alle Alarmglocken läuten! Wurde überdies mit dem neuen Partner noch kein Umsatz erzielt, so dass er mit keiner Provisionsauszahlung rechnen kann, und für ihn noch kein Geschäftspartner eingestellt, wird sein Zweifel am Geschäft wachsen. Neben einem Gespräch über seine Teilnahme bei der Ausbildung konzentrieren Sie sich in der kommenden Woche darauf, mit ihm messbare Ergebnisse zu erzielen.

Turnaround

Gelingt es Ihnen, Umsatz zu generieren oder einen neuen Geschäftspartner für ihn einzustellen, haben Sie Ihren Geschäftspartner wieder im Boot. Gelingt Ihnen dies nicht, kann es helfen, wenn Sie ihn nochmals zu einer Info-Veranstaltung oder einem Einstiegsseminar mitnehmen, um bei ihm die Motivationsspeicher in Bezug auf Ihre Geschäftsidee wieder aufzuladen. Mit diesem Einsatz können Sie den „Turnaround" schaffen. Nehmen Sie die Warnsignale beim Fehlen im Meeting ernst und gehen Sie aktiv auf die neuen Partner zu. Sagen Sie ihnen so etwas wie: „Ich bin sehr überrascht, dass Sie nicht da waren, obwohl wir dies verabredet hatten. Sie sollten wissen, dass mir Ihr Erscheinen am Herzen liegt, denn ich bin mir sicher, dass Sie bei uns Ihren Weg machen werden. Ich rechne mit Ihnen als zukünftige Führungskraft. Um so wichtiger ist mir Ihre lückenlose Teilnahme, um eine optimale Unterstützung Ihres späteren Teams sicher zu stellen."

Schrumpfen oder Wachsen

Wenn Ihr Vertrieb stetig wachsen soll, Ihr Team zum Zeitpunkt der Lektüre eine Größenordnung von 15 bis 30 Geschäftspartnern hat und davon zwei Drittel die Meeting-Veranstaltungen besuchen, sollten Sie sich darüber im Klaren sein, dass Sie sich an einer kritischen Schwelle befinden. Die Wochenmeetings werden weniger für die bereits seit Jahren zugehörigen Geschäftspartner abgehalten als für Ihre neu Zugeführten. Wenn sich Ihre alten Hasen beschweren, dass sie die Themen schon Dutzende Male gehört haben und daher nicht mehr erscheinen wollen, so sollten Sie ihnen klarmachen, dass diese Meetings weniger für sie als vielmehr für die Neuen – die Grundlage Ihrer Arbeit – gedacht sind.

Führungskräfte, die ihr eigenes Erscheinen für weniger wichtig halten, haben sicher ihren Teamaufbau seit langem vernachlässigt, so dass sie schon länger keine eigenen Partner bei den

Meetings mehr zu betreuen haben.

Sie selbst stehen vor einem Problem größeren Ausmaßes: Ihre zu geringe Zuführung von Neueinsteigern hat seit Monaten nur die natürliche Fluktuation ausgeglichen. Tatsächlich hat sich die Anzahl Ihrer gesamten Teilnehmer vielleicht sogar reduziert! Hier sollten Sie alles tun, um innerhalb der nächsten ein bis drei Monate für deutlichen Zuwachs an neuen Leuten zu sorgen. Sie brauchen einen klar erkennbaren Neuzugang von neuen Partnern. Auf diese Weise wird der Glaube an die Expansion sowohl bei den neuen als auch bei den alten Geschäftspartnern zurückkommen, nachdem sie beobachtet haben, wie die Anzahl der neuen Partner in den Wochenmeetings immer weiter ansteigt. Lassen Sie sich bei dieser Aufgabe von außen durch Coaching helfen, denn es ist ein wichtiger Prozess für den Glauben an Ihre Vertriebsidee. Sie wissen, beim Vertriebsaufbau gibt es nur zwei Richtungen: schrumpfen oder wachsen! Sorgen Sie dafür, dass Ihr Team wächst – zur Not auch mit externer Hilfe.

Die Wochenplanung

Das regelmäßig stattfindende Wochenmeeting sollten Sie ebenfalls dafür nutzen, das wichtigste Controlling-Instrument im Vertrieb von Ihrem Team einzufordern: die Wochenplanung. Im Zeitalter der Agendas, MDA, Taschencomputer und des Communicators scheint eine Wochenplanung als Terminvereinbarungsinstrument ein Relikt aus vergangener Zeit zu sein. Das Gegenteil ist der Fall: Die Wochenplanung beinhaltet sowohl für den Geschäftspartner als auch seine betreuende Führungskraft unvergleichliche Vorteile. Wie sollte die Wochenplanung aussehen, die Sie in ihrem Vertrieb einsetzen?

Für die Terminvereinbarung ist es hilfreich, wenn der Geschäftspartner die nächsten zwei bis drei Wochen auf je einem Blatt vor sich sieht. Bevor er mit der Terminvereinbarung beginnt, sollte er alle festen Zeiten – auch private – eintragen. Dies hilft ihm, bei der Terminvergabe an seine Kunden keine seiner anderen Verpflichtungen zu vergessen. Bei der Alternativtechnik, der Fragetechnik in der Terminvergabe, ist eine schnelle Reaktion wichtig. Hier werden zur Verfügung stehende Zeiten auf einen Blick erkannt.

Wochenplanung

GP-Name: _____

GP-Nr.: _____

Telefon: _____

Handy: _____

von: _____   bis: _____

Betreuer: _____

	Mo	Di	Mi	Do	Fr	Sa	So
06:00 **Vormittag**							
12:00 **Nachmittag**							
18:00 **Abend**							
00:00							

GP-Name: Karl-Heinz Schmidt
GP-Nr.: 33028
Telefon: 01234-884488
Handy: 0199-3391993

Wochenplanung

von: 04.06.2007 **bis:** 10.06.2007

Betreuer:
B. Müller

	Mo	Di	Mi	Do	Fr	Sa	So
Vormittag 06:00	TK 6:10 07:00	TK 6:10	TK 6:10	TK 6:10	TK 6:10 07:00	TK 6:10	
12:00							10:00 Telefonparty
Nachmittag	16:00		16:45 Ana. K. Master Telefon: 069/12345 Maienstr. 15 FFM		14:15		13:00 Mittagspause
18:00			16:45 NT L. Müller Telefon: 06209/9484 Lundstr. 8 Mainz				
Abend		20:00 Meeting		20:00 Privatparty			
00:00							

Die meisten der auf dem Markt angebotenen Zeitplanungssysteme sehen für jeden Tag ein separates Blatt vor. Das Blättern hat sich bei der Terminvergabe aber nicht bewährt, auch EDV-Timer sind dafür nicht geeignet. Denn bei der Monats- und Jahresübersicht fehlt der Platz, um mehrere Termine für einen Tag einzutragen; außerdem kann die Woche als Ganzes nicht überschaut werden, wenn jeder Tag auf einem Blatt steht. Von daher sind Wochenkalendarien den Tageskalendarien in der Vertriebsarbeit vorzuziehen. Die Hauptarbeitszeiten der Finanzdienstleister sind der Abend und das Wochenende. Hier werden Nebenberufler zu Hauptberuflern. Die meisten angebotenen Systeme sind auch deshalb ungeeignet, weil sie Termine nur bis 19.00 bzw. 20.00 Uhr vorsehen und Samstage und Sonntage nur als Rumpftage aufführen.

Wenn Sie dafür sorgen, dass Ihre Geschäftspartner in die Tagesspalte der Wochenplanung gleich den Termin mit Adresse und Telefonnummer des Gesprächspartners eintragen, stehen bei einer Terminverschiebung sofort alle Daten zur Verfügung und Sie haben für Ihren Partner ein optimales Wiedervorlage-Instrument sowie gleichzeitig eine einfache Vorlage für die Erstellung der späteren Statistiken geschaffen.

Hat die betreuende Führungskraft die Wochenplanungen seiner Geschäftspartner für die kommende Woche, kann sie noch besser führen, betreuen und coachen: Wie viele Termine stehen im Voraus an? Wie optimal nutzen die Geschäftspartner die zur Verfügung stehende Zeit? Bei welchen Gesprächen kann sie unterstützen oder begleiten?

Nutzen erklären

Die Führungskraft muss ihren Geschäftspartnern den Nutzen der Wochenplanung und die Weitergabe an sie als Vorteil erläutern, damit sie darin nicht ein Kontrollinstrument ihres Betreuers sehen, sondern ein hilfreiches Werkzeug, mit dem sie sich selbst besser organisieren können. Nehmen Sie sich daher für die erste Erklärung und das Ausfüllen der ersten Wochenplanungen genügend Zeit. Später können Sie bei der wöchentlichen Abgabe schon am Grad der Bemühung, die Ihr Partner beim Ausfüllen seiner Wochenplanung investiert hat, ablesen, wie es um seine momentane Einstellung zum Geschäft bestellt ist.

Optimaler Zeitpunkt

Das wöchentliche Meeting ist der optimale Zeitpunkt, an dem Sie sich die Wochenplanungen aller Ihrer unterstellten Geschäftspartner in Kopie übergeben lassen können. Dafür ist speziell der A-Teil des Meetings bestimmt, da bei Nichtabgabe während der Meetingpausen positiv Einfluss genommen werden kann. Sie können genau ablesen, wie stark das

Engagement Ihrer Geschäftspartner in der nächsten Woche sein wird. Mit dem genauen Überblick, welche Aktivitäten Ihre Geschäftspartner planen, haben Sie die Möglichkeit, die Ergebnisse positiv zu beeinflussen. Sie haben als Führungskraft mit dieser Übersicht ein System, mit dem Sie Ihre Geschäftspartner zum Erfolg führen können. Wenn es Ihnen gelungen ist, Ihr Team sowohl an das Wochenmeeting als auch an die Wochenplanung zu gewöhnen, dann schaffen Sie auch noch die Königsdisziplin: den täglichen Telefonkontakt. Damit kommen wir schon in die hohe Schule der Führung, weil dafür großes Fingerspitzengefühl benötigt wird.

Der tägliche Telefonkontakt

Der tägliche Telefonkontakt ist wohl die effektivste Art, die Ergebnisse eines Vertriebs unmittelbar zu steuern. Kein Steuerungsinstrument wird jedoch so sehr unterschätzt. Nur die besten Führungskräfte wenden dieses Instrument konsequent an. Der Grund: Nichts erfordert mehr Aufwand, Hingabe und Engagement und damit persönlichen Einsatz der Führungskraft als die konsequente Durchführung eines professionell durchgeführten Telefonkontakts. Vielleicht wird nur der kleinste Teil der Leser diese Technik genau anwenden. Sie jedoch werden mit einem bisher noch nie gekannten Ein- und Überblick ihres Geschäfts belohnt. Nutzen Sie also zumindest für einige Wochen die Chance, Ihre Ergebnisse sofort extrem zu steigern. Vielleicht macht es Ihnen ja so viel Spaß, dass Sie diesen Führungsbaustein ständig beibehalten möchten!

> **Es sollte Ihnen gelingen, dass Ihre Geschäftspartner Sie täglich anrufen. Sie wiederum rufen dann Ihre Führungskraft an. Jeder tätigt nur einen aktiven Anruf pro Tag, wobei das ganze Unternehmen in einer Kette informiert wird. Der Anruf erfolgt täglich, wenn möglich zu einer festen Uhrzeit. Jeder Anrufer erhält 10 Minuten Redezeit.**

Der fixe Anrufzeitpunkt ist am konsequentesten und damit für eine kontinuierliche Durchführung am besten morgens möglich und sinnvoll.

Am Morgen sind die aktuellen Informationen des Vortages durchweg präsent. Ein Außendienst, der auch nebenberufliche Geschäftspartner beschäftigt, macht einen abendlichen Anruf ohne Unterbrechung schwierig, da zu diesem Zeitpunkt Kundengespräche stattfinden werden. Im Übrigen wirkt sich die hohe private Beeinträchtigung, die spätabendliche Telefonate mit sich bringen, nicht positiv aus. Abends kann

Fixer Zeitpunkt frühmorgens

es bei Ihren Telefonaten immer nur um eine Vergangenheitsbewältigung gehen. Die Wirkung ist höher, wenn Sie am Morgen des bevorstehenden Tages mit klaren Aufgaben motivieren können. Beide Gesprächspartner haben die Wochenplanung des Mitarbeiters in Kopie und Original vor sich. Sie ist die Grundlage des Telefonkontakts, da so die vergangenen und zukünftigen Gespräche besprochen werden können. Sie können sich vorstellen: Ich hatte genügend nebenberufliche direkte Partner, die sehr früh das Haus verließen. Das bescherte mir als ehemaliger Nachtschwärmer meist sehr wenig Schlaf.

Einstimmung auf morgendliche Telefonate Die Führungskraft sollte die morgendliche Kontrolle „als Chance zum Loben" nutzen. Sie sollte anerkennen, dass bereits der Anruf und somit die Einhaltung der vereinbarten Zusammenarbeit ein Grund zur Anerkennung ist. Die Führungskraft ist natürlich schon vor dem ersten Anrufer wach, sie ist vorbereitet und lässt sich nicht etwa vom ersten Geschäftspartner wecken. Die professionelle Führungskraft fragt sich: „Wie kann ich durch mein Telefonat unterstützen?" Diese Frage kann sie unmöglich unmittelbar vor oder gar während des Telefonats beantworten.

> **Ein Profi nimmt sich daher am Vorabend bei der Durchsicht aller Wochenplanungen die Frage zu Herzen: Mit welchen drei Tipps, Fragen, Anregungen, Übungen oder Kontrolle kann ich meine Geschäftspartner fördern? Er notiert vorher diese drei Punkte auf der Wochenplanung seines Geschäftspartners.**

Damit stellt er sicher, an alles Wesentliche zu denken. Das hinterlässt bei Mitarbeitern die Gewissheit, dass für ihn der Kontakt immer mehr Nutzen bringt, als es ihn Aufwand kostet.

Grundregeln des Telefonkontakts

- Geschäftspartner ruft seine Führungskraft an
- Täglicher Anruf (wenn Sie wollen, lassen Sie die Sonntage aus)
- Immer um die gleiche Uhrzeit
- 10 Minuten pro Geschäftspartner
- Möglichst vormittags
- Nur von zu Hause (mit Ausnahme von Seminaren, bei denen Sie vom Hotelzimmer aus telefonieren)
- Beide Geschäftspartner verwenden Wochenplanungen
- Telefonate: Chance zum Loben – schon den pünktlichen Anruf loben
- Führungskraft ist vor dem ersten Anruf wach!

Nachdem Sie die Entscheidung getroffen haben, einen neuen Geschäftspartner zu coachen, erklären Sie ihm gleich zu Beginn seiner Tätigkeit mit dem nachfolgenden Text den regelmäßig stattfindenden Telefonkontakt:

Erklärung des Telefonkontakts

„Herr Muster, für Sie beginnt heute eine neue Tätigkeit. Wenn Sie heute an Ihre Ausbildung in Ihrem Hauptberuf zurückdenken, hatten Sie damals tausend Fragen. Sicher hatten Sie damals in Ihrem Büro einen Ansprechpartner, einen Lehrvater oder Ausbilder, der immer zur Verfügung war, um Ihre Fragen zu beantworten. Man hatte eine Frage, ging zu ihm, und sie wurde beantwortet. Zehn Minuten später die nächste Frage, das gleiche Spiel. Hier sehen wir uns unter Umständen drei bis vier Tage nicht. Zu Beginn ist das im Vertrieb ein großes Problem, gerade für Einsteiger wie Sie.

Deshalb sitze ich morgens am Telefon, um mit Ihnen alles zu besprechen. 10 Minuten in denen alles geklärt wird. Außerdem bin ich dann auch informiert, was bei Ihnen gelaufen ist. Danach rufe ich meine Führungskraft an und sie ihre. So muss jeder nur einen Anruf tätigen, und alle wissen über ihr ganzes Team Bescheid. So läuft es im ganzen Unternehmen. Alle machen das so.

Wie finden Sie das System? Übrigens, auch wenn mal nichts anliegt: nur kurz anrufen und sagen: ‚Es liegt nichts an'. Vielleicht habe ich dann mal etwas für Sie. Können wir ab sofort so verfahren?"

Sicher ist dies ein Text, mit dem Sie recht mühelos dem neuen Partner den Nutzen erklären können, den er von einem intensiveren Coaching hat. Sie können diese Maßnahmen eben nicht anweisen, sondern Sie sollten immer nur auf seinen Vorteil hinweisen. Dabei hilft es Ihnen, diesen Text inhaltlich auswendig zu lernen. Darin sind einige Einwand-Vorwegnahmen enthalten, und Sie haben die Inhalte parat, um sich voll auf die Reaktionen Ihrer neuen Partner einzustellen, ohne sich dabei auf Ihren Text konzentrieren zu müssen. Sie können damit gut einschätzen, wie viel Engagement er zu bringen bereit ist, um seinen Weg im Vertrieb zu machen. Sie sehen: Auf den ersten Blick sehr viel Aufwand, doch Sie wissen: Beim Aufbau Ihres Teams gibt es nur zwei Richtungen – wachsen oder schrumpfen! Um wie viel aufwendiger war es, als Sie die einmal gewonnenen Geschäftspartner durch fehlendes Coaching verloren und wieder von vorn beginnen mussten! Sie werden

Nutzen des Coachings erklären

sehen, nachdem Sie sich für die intensive Betreuung entschieden haben, werden Ihnen die oben genannten Hinweise helfen, damit Ihr Team kontinuierlich wächst.

Der Fisch stinkt zuerst am Kopf

Wenn sich Ihre Führungskräfte bei Ihnen über die Unzulänglichkeit ihrer Geschäftspartner beschweren, diese würden nicht zu den wöchentlichen Meetings kommen, wären unzuverlässig mit der Abgabe der Wochenplanung oder hielten den vereinbarten täglichen Telefonkontakt nicht ein, dann stellen Sie ihnen die Frage: „Was haben Sie dafür getan, um die Einhaltung der verabredeten Führungshilfe für die Geschäftspartner zu einem guten Deal werden zu lassen?" Hier können Sie nachhaken, wie viel Mühe Ihre Führungskräfte sich bei der Vorbereitung, Umsetzung und Anwendung Ihrer Führungsinstrumente gemacht haben.

> **Die Ursache für mangelnde Umsetzung und fehlenden Einsatz der Führungshilfen ist bei der übergeordneten Führungskraft zu suchen. Wenn die Meetingteilnahme, die Abgabe der Wochenplanung oder der Telefonkontakt unregelmäßig oder gar nicht eingehalten werden, dann suchen Sie bei sich selbst nach der Ursache.**

Beim Nachlassen der Führungshilfen Dem neuen Partner wird ein bestimmtes Maß an Einsatz von Zeit, Mühe und Aufwand für Anfahrten zum Meeting, die morgendlichen Anrufe und das sorgfältige Ausfüllen der Wochenplanungen abverlangt. Er tut das so lange, wie er davon überzeugt ist, dass es ihm mehr bringt, als es ihn kostet. Die Fragen, die Sie sich stellen können, wenn die Durchführung der Führungshilfen nachlässt, lauten:

- Habe ich dafür gesorgt, dass mein Geschäftspartner alles von mir bekommt, womit ich ihn unterstützen kann?
- Habe ich mir für Inhalte, Themenauswahl, Präsentation der Meetings genug Zeit genommen, um sie spannend, neu, inspirierend und nutzbringend für die Zuhörer zu gestalten?
- Welche Unterlagen habe ich besorgt?
- Ist mein Präsentationsstil fesselnd und motivierend?
- Was konkret wird dem Zuhörer mehr Termine, Abschlüsse und damit mehr Geld und Einkommen bescheren?
- Welche Besprechungspunkte habe ich mir am Vorabend für den Telefonkontakt überlegt, damit sein Anruf und das entsprechend

zeitigere Aufstehen am Morgen für ihn einen wirklichen Nutzen bringt?

- Womit kann ich motivieren, was kann ich am Telefon schulen, besprechen oder woran kann ich ihn erinnern, das ihm und somit mir einen geschäftlich größeren Nutzen bringt?

Ich habe mich, als ich selbst Meetings hielt, immer an meine Anfangszeit zurückerinnert. Die einfache Strecke zu meinem Wochenmeeting betrug ca. 90 Kilometer. Ich wollte immer, dass bei diesem hohen Aufwand von Zeit und Geld, den meine Meetingbesucher auf sich nahmen, durch ein Spitzen-Meeting für sie mehr herauskam, als sie investierten. Wenn Sie unter diesem Gesichtspunkt Ihre Meetings vorbereiten und durchführen, werden sie so erstklassig sein, dass Ihre Leute auch regelmäßig teilnehmen, weil sie selbst es wollen.

Das Teammeeting

Hat sich ein Einzelkämpfer oder eine Führungskraft mit zwei bis drei Nebenberuflern so weiterentwickelt, dass sein Team nun aus fünf bis zehn Leuten besteht und sich der eine oder andere zur Hauptberuflichkeit entschlossen hat, wird es für ihn Zeit, neue Wege zu gehen. Er sollte damit beginnen, sein Team mehr und mehr auf sich zu fixieren. Dieser Zusammenschluss wird allen in der Gruppe helfen, ihre Ziele schneller zu erreichen. Das Wir-Gefühl macht die gegenseitige Notwendigkeit sichtbarer und die Win-win-Situation lässt sich immer öfter zum Gesprächsthema machen.

Hilfreich für die Entscheidung, ein neues Gremium einzuführen, ist folgende Situation:

Der richtige Zeitpunkt

- Eintritt wichtiger Partner in die Hauptberuflichkeit
- Die Entwicklung einer Formation von Leistungsträgern innerhalb des Teams
- Das Erreichen oder Anstreben der nächsten Position
- Die Qualifikation für ein Incentive oder einen Wettbewerb
- Das Erreichen einer Qualifikation zur Eröffnung eines Büros oder einer Niederlassung

In solchen Situationen wird von außen das Erreichen einer bestimmten Gruppenleistung notwendig – eine ideale Möglichkeit, die Sie zum Anlass nehmen können, um Ihr Team entsprechend zu formieren. Die Führungskräfte werden hier auf die Probe gestellt, denn sie müssen die

Führung an den Teamkopf weitergeben und bereit sein, loszulassen und vertrauensvoll davon auszugehen, dass er das Team entsprechend auf Kurs bringen wird. Das ist eine exzellente Chance zum Wachstum für alle: für die übergeordnete Führungskraft, die nun Kapazitäten frei hat, um ihrerseits intensiver nach neuen Multiplikatoren Ausschau zu halten, für den Teamkopf, der sich in seine neue Rolle einfinden muss, und für das Team, das sich neu aufstellen kann.

Entscheidungen gemeinsam treffen

Natürlich gilt für das Teammeeting wie für die Wochenmeetings auch:

> **Beim Start sollten alle Beteiligten in die Entscheidungen für die Rahmenbedingungen mit einbezogen werden. Dadurch werden die Spielregeln von allen gemeinsam festgelegt, was zur Folge hat, dass die Mitglieder sehr viel stärker motiviert sind, sich selbst an die von ihnen getroffenen Entscheidungen zu halten.**

Darf in den Meetingräumen geraucht, getrunken, gegessen werden? Wie regelmäßig werden Pausen gemacht? Sollen die Handys abgeschaltet werden oder unter bestimmten Ausnahmen in Betrieb bleiben?

Die Kriterien der regelmäßigen Teilnahme: Kann man in diesem Gremium ein Fehlen überhaupt entschuldigen? Wenn, was sind die Kriterien, unter denen es akzeptiert wird und ab wann wird es nicht geduldet? Soll es einen Ausschluss von der Teilnahme geben, wenn beispielsweise drei Mal gefehlt wurde? Wie wird mit Unpünktlichkeit umgegangen? Wird pünktlich begonnen, werden zu spät kommende Teilnehmer nach Hause geschickt, mit einer Strafe belegt oder mit einem Augenzwinkern begrüßt?

Nehmen Sie sich Zeit, diese Details beim Beginn Ihres Gremiums zu besprechen, denn erfahrungsgemäß wird es früher oder später zum Thema werden und Sie tun sich damit leichter, bevor die ersten Meetings durchgeführt wurden. Bedenken Sie, wie großzügig Sie bei den Rahmenbedingungen sein wollen. Das Führungskräfte-Meeting Ihres Teams wird für alle untergeordneten Teams der Verhaltensmaßstab sein. Daran wird man sich orientieren, denn das ist der Level, mit dem die Keimzellen aller weiteren Gremien genährt werden.

Zu spät kommen

Als in meinen eigenen Führungsrunden mit der Zeit die Pünktlichkeit der Teilnehmer mehr und mehr zu wünschen übrig ließ und sich dadurch die Anfangszeiten der Treffen immer mehr nach hinten verschoben, gewöhnten sich auch die Pünktlichsten an, fünf bis zehn Minuten nach dem offiziellen Beginn zu erscheinen. Mit Recht, denn sie waren es Leid, immer wieder auf die anderen warten zu müssen, weil nie mehr pünktlich begonnen wurde. Eine solch negative Entwicklung konnten Sie vielleicht auch schon in Ihren Teams oder in den Wochenmeetings beobachten. Ich machte damals diese Situation in unserem obersten Gremium zum Thema. Alle sieben Teilnehmer sprachen sich dafür aus, dass jeder, der ab sofort in unserer eigenen Runde zu spät kam, einen Obolus von hundert DM zu zahlen hatte. Das Thema Pünktlichkeit wurde von allen Teilnehmern in allen Ausbildungsveranstaltungen mit einer viel größeren Aufmerksamkeit bedacht, nachdem die ersten Teilnehmer unserer Runde zum ersten Mal ihre eigenen hundert DM bezahlt hatten. Nach wenigen Wochen wurden „Zuspätkommen-Kassen" in allen Wochenmeetings eingeführt, die entsprechend der Position mit zehn DM aufwärts gespeist wurden. Unter tosendem Applaus und entsprechender Schadenfreude wurde jeder zu spät kommende Teilnehmer freudig begrüßt. Dabei wird wieder deutlich: Der Fisch stinkt am Kopf zuerst, und die Veränderungen sind im Vertrieb am besten durchzusetzen, wenn sie von oben nach unten erfolgen.

Die Bedeutung dieser zusätzlich eingeführten Teamrunde rechtfertigt eine entsprechende Sorgfalt bei der Vorbereitung des Leiters. Er sollte sich Tage zuvor zwei bis drei Stunden Zeit genommen haben, um in Ruhe zu überdenken, was mit der Zusammenkunft erreicht werden soll. Wichtig auch hier: Womit wird eine positive Stimmung erzeugt? Bedenken Sie, es handelt sich um ein Vertriebsmeeting, deshalb müssen Zahlen, Daten, Fakten – kurz ZDF – immer das Herzstück eines jeden Meetings mit Ihren Führungskräften sein.

Vorbereitung mit Sorgfalt

Es kann durchaus über Umsatz und Provisionseinnahmen gesprochen werden, eine Thematik, die alle Vertriebler sehr motiviert: Wo stehen wir zur Zeit hinsichtlich Umsatz, Expansion, Anzahl der neu angeworbenen Geschäftspartner, Prokopf-Umsatz der Teams und Einkommensstände? Notieren Sie die Ergebnisse stets transparent. Schreiben Sie diese immer auf. Beginnen Sie mit Ihrem eigenen Namen und schreiben Sie Ihre aktuellen Zahlen dahinter. Damit setzen Sie sich auch ein wenig unter den Erfolgs- und Gruppendruck, mit Ihren guten Ergebnissen den Standard im Team weiter nach oben zu schieben. Und Sie selbst bleiben nahe an der Basis.

Bedenken Sie, was immer Ihnen schon gelungen sein mag: Der Zug wird nie schneller fahren als die Lok, die ihn zieht. Sie sind die Lok, und an Ihnen wollen und sollen sich alle in Ihrem Team orientieren. Bemühen Sie sich darum, dass es eine Orientierung in die richtige Richtung ist.

Bericht der Leistungsträger

Nimmt die Administration in solchen Meetings überhand und wird das „ZDF" vernachlässigt, schwindet auch die Motivation. Um eine positive Grundstimmung zu erreichen, fragen Sie sich schon im Voraus: Wen kann ich loben? Wer hat derzeit herausragend gute Ergebnisse erzielt? Womit sind mir selbst als Kopf oder Inhaber herausragende Ergebnisse gelungen? Kann ich selbst seit längerer Zeit von keinen Erfolgen mehr berichten, sollte mich das nachdenklich machen; vielleicht kann ich bis zum nächsten Treffen an einer Verbesserung arbeiten!

Denken Sie immer daran: An erster Stelle steht die Stimmung, dann kommt der Umsatz, und das führt zu guten Einkommen. Also: Wen können Sie loben? Sie verstärken die Wirkung Ihrer Anerkennung damit, dass Sie die Leistungsträger bitten, über die Details ihrer Arbeit vor der Gruppe zu berichten. Das hat mehrere Vorteile: Sie bringen sich selbst aus dem Rampenlicht des ständig Vortragenden, der sich mit der Zeit abnutzt. Und Sie geben den Leistungsträgern die Möglichkeit, Helden sein zu können und sich vor der Gruppe zu profilieren. Das gibt ihnen nochmals die Möglichkeit, ihre positiven Vorgehensweisen zu reflektieren, wenn sie diese in eigene Worte fassen sollen.

Den Kollegen wiederum werden gerade erlebte Vorgehensweisen erklärt, die sie durch Hinterfragen vertiefen können. Sie bekommen Mut und Zuversicht, dem positiven Beispiel zu folgen. In der gleichen Ebene kommt sofort der Gedanke: „Was die Kollegen schaffen, kann ich schon lange." Darüber hinaus strengen sich bis zum nächsten Meeting andere Teilnehmer verstärkt an, Spitzenleistungen zu erreichen, um zu berichten, was ihnen gelungen ist. Wichtig, um hier eine entsprechende Sog-Wirkung zu erreichen: Sie sollten über diese Ergebnisse Bescheid wissen und daran denken, sie beim nächsten Mal präsentieren zu lassen.

Wenn Ihr Team noch in den Handwerkszeugen gecoacht werden muss, bauen Sie in Ihre Meetings praktische Übungen ein. Bedenken Sie dabei, dass Sie diese nicht im Vortragsstil präsentieren, sondern durch Abfragen. Achten Sie darauf, dass Ihre Zuhörer zu zwei Dritteln sprechen und Sie selbst Ihren Redeanteil auf ein Drittel reduzieren, indem Sie sich auf das Kommentieren beschränken. Überlegen Sie sich für die Meetings einen guten Ein- und Ausstieg, der Ihre Kernaussage des Treffens zusammenfassen kann. Zitieren Sie zum Beispiel aus guten Büchern, die Sie aktuell gelesen haben oder auf die Sie von Zeit zu Zeit zurückgreifen.

> **„Eine mächtige Flamme entsteht aus einem winzigen Funken"**
> (Dante Alighieri, 1265 – 1321, italienischer Dichter).

Meetingtermine

Setzt sich Ihr harter Kern aus hauptberuflichen Teilnehmern zusammen, und arbeiten diese mit überwiegend nebenberuflichen Vertriebspartnern, werden die Resultate vorwiegend am Wochenende oder in den Abendstunden erzielt. Um die Ergebnisse positiv zu beeinflussen, haben sich die folgenden Termine sehr bewährt: Mit einem wöchentlichen Meeting am Freitag von 13:00 bis 15:00 Uhr nehmen Sie Einfluss auf das Wochenende. Mit einem Termin am Montagmorgen, von 9.00 bis 12.00 Uhr, können Sie die Ergebnisse abfragen und danach für einen positiven Start in die Woche sorgen. Mit diesen beiden Eckpunkten und der Umsetzung der vorgenannten Details wird Ihnen eine optimale Einwirkung auf noch bessere Ergebnisse schnell gelingen.

Konzentration der Kräfte

Es liegt nun an Ihnen, mit den in diesem Kapitel vorgestellten Führungshilfen – den wirkungsvollsten Instrumenten – Ihr Team am besten zu unterstützen. Genau das ist auch Ihre Aufgabe! Der Hauptfehler in der Führung liegt darin zu glauben, dass Sie alle Ihre Geschäftspartner gleich behandeln müssen. Vielmehr ist Gleichbehandlung im Vertrieb die größte Ungerechtigkeit. Sie verfügen nicht über unendlich viele Ressourcen. Tatsächlich müssen Sie sehr gut wissen, wo Sie Ihre Bemühungen konzentrieren müssen, um das gewünschte Ergebnis zu erzielen.

> **Ihre Kraft, Ihre Zeit, Ihre Motivation und Ihr Einsatz müssen genau da eingebracht werden, wo Sie mit dem größten Nutzen und den besten Ergebnissen rechnen können.**

Wenn Sie fünf direkte Geschäftspartner haben und alle gleich behandeln wollten, müssten Sie für alle Ihre Direkten 20 Prozent investieren. Niemals liegen jedoch bei allen fünf Köpfen die gleichen Voraussetzungen vor. Fähigkeiten, Zukunftsperspektiven, Bereitschaft für Zeiteinsatz und Fertigkeiten sind so individuell wie die Menschen selbst.

Ihre Engpässe sind Ihre Zeit und Ihre Kraft. Selbst wenn Sie beides zu hundert Prozent einbringen, wird Ihre Investition nur bedingt angenommen. Sie werden viele persönliche Einzelsituationen erleben. Je mehr Sie sich dem Ergebnis verpflichtet haben, umso intensiver müssen Sie dafür sorgen, dass Ihre Investition auch auf fruchtbaren Boden fällt.

Mit den beschriebenen Führungshilfen wird es Ihnen noch besser gelingen, Ihre bestehenden Geschäftspartner nach deren Bereitschaft für Leistung und Einsatz zu coachen. Sie können diese entweder lediglich bei der Stange halten, systematisch und langfristig auch bei großen räumlichen Entfernungen ausbilden und unterstützen, oder mit einer direkten und engen Führung ganz unmittelbar durch laufende Aufgaben und Kontrolle sehr gut zu deren Zielen führen. Sie sehen: Ihr Erfolg ist durchaus nicht nur von der Einsatzbereitschaft Ihrer Partner abhängig. Sie selbst sind sehr gut in der Lage, mit Hilfe der beschriebenen Fördermaßnahmen erheblich Einfluss zu nehmen, wenn Sie es wirklich wollen!

Praxistipp

Entscheiden Sie hier und jetzt, möglichst noch bevor Sie das Buch zu Ende lesen: Welche der beschriebenen Maßnahmen bin ich persönlich bereit umzusetzen?

_____

_____

Wie engagiert sind meine Geschäftspartner zur Zeit?

_____

_____

Mit wem in meinem Team bin ich bereit, welche der oben beschriebenen Maßnahmen durchzuführen?

_____

_____

Mit welchem meiner Partner kann ich mich noch heute über meine Entscheidung, ihn besonders unterstützen zu wollen, austauschen?

_____

_____

Schlusswort

Zum Schluss möchte ich Ihnen ein Zitat mit auf Ihren Weg geben. Es kommt von einem Mann, aus dem man zu Lebzeiten vier Topmänner hätte machen können. Er war Theologe, Schriftsteller, Musiker und Tropenarzt. Dieser Mann war Albert Schweitzer, der den meisten von uns noch durch sein selbstloses Engagement beim Aufbau von Tropenkrankenhäusern in Erinnerung geblieben ist. In seiner Abhandlung *Ein freier Mensch* schreibt er das Folgende:

Ein freier Mensch

„Ich will unter keinen Umständen ein Allerweltsmensch sein.
Ich habe ein Recht darauf, aus dem Rahmen zu fallen
– wenn ich es kann. Ich wünsche mir Chancen,
nicht Sicherheiten.
Ich will kein ausgehaltener Bürger sein,
gedemütigt und abgestumpft, weil der Staat für mich sorgt.
Ich will dem Risiko begegnen, mich nach etwas sehnen
und es verwirklichen, Schiffbruch erleiden und Erfolge haben. Ich
lehne es ab, mir den eigenen Antrieb
mit einem Trinkgeld abkaufen zu lassen.
Lieber will ich den Schwierigkeiten des Lebens entgegentreten, als
ein gesichertes Dasein führen;
lieber die gespannte Erregung des eigenen Erfolgs,
statt die dumpfe Ruhe Utopiens.
Ich will weder meine Freiheit gegen Wohltaten hergeben,
noch meine Menschenwürde gegen milde Gaben.
Ich habe gelernt, selbst für mich zu denken und zu handeln,
der Welt gerade ins Gesicht zu sehen und zu bekennen,
dies ist mein Werk.
Das alles ist gemeint, wenn wir sagen:
Ich bin ein freier Mensch."

(Albert Schweitzer, 1875 – 1965,
Arzt, Schriftsteller und Nobelpreisträger)

Albert Schweitzer bringt es auf den Punkt, und nie schien sein Zitat aktueller als heute. Sie und ich, lieber Leser, liebe Leserin, die wir uns dem Vertrieb verschrieben haben, haben uns spätestens bei unserem Start entschieden, keine Allerweltsmenschen zu sein. Das Vertriebsleben ist das richtige Umfeld, um aus dem Rahmen der Normen und Normalitäten auszusteigen, ohne dass ein Ausstieg aus dem Standard mit einem Alleingang gleichgesetzt wird. Vielmehr ist das System so aufgebaut, dass einen auf dem Weg nach oben andere Menschen begleiten.

Die Chancen, die dieses System Ihnen bietet, sollten Ihnen Mut machen, zu gegebener Zeit Ihre vermeintliche Sicherheit eines anderen Berufes aufzugeben, um im Vertrieb alles auf eine Karte zu setzen. Im gleichen Maße, wie Sie ins Risiko gehen, werden Sie durch Ihren Einsatz entsprechend belohnt. Auf dem Weg nach oben werden Sie, wenn nicht bereits geschehen, starke Schwankungen erleben. Sie werden sich immer wieder fragen, ob Sie die richtige Entscheidung getroffen haben. Lassen Sie sich davon nie entmutigen. Die letzten Jahre haben gezeigt, dass vermeintliche Sicherheiten von Seiten eines Arbeitgebers oder des Staates ohnehin nicht existieren. Sicherheiten sind trügerisch und werden uns vorgegaukelt, um uns dann unversehens und überraschend wieder entzogen zu werden. Für Ihre Sicherheit und Ihre Zukunft sind allein Sie selbst verantwortlich.

> **Wann immer Sie die Versuchung verspüren, die Flinte ins Korn zu werfen – tun Sie es nicht, sondern bleiben Sie dran! Steigen Sie nie aus, bevor Sie in Ihrem System alles erreicht haben, was möglich ist. Erst wenn Sie am Gipfel angekommen sind, werden Sie wirklich beurteilen können, ob sich der Weg für Sie gelohnt hat. Ihr Weg ist Ihr Ziel!**

Ich wünsche Ihnen für Ihre Umsetzung der für Sie zusammengetragenen und aufbereiteten Inhalte die erforderliche Kraft und freue mich, Sie wiederzusehen, *und zwar ganz oben!*

Ihr Klaus Gunkel

Über den Autor

Klaus Gunkel, 1961 als Unternehmersohn geboren, begann bereits 1982 parallel zu seinem Betriebswirtschaftsstudium seine Karriere bei einer der größten Vertriebsorganisationen der Versicherungswirtschaft in Europa. Durch seinen Teamaufbau qualifizierte er sich für die höchste Führungsebene des Unternehmens und entwickelte kontinuierlich leitende Führungspersönlichkeiten in seinem Bereich weiter.

Seit 2001 ist er als Consultant für dutzende namhafte Unternehmen innerhalb und außerhalb der Finanzdienstleistungsbranche tätig und hat sich als FührungsPartner einen Namen im deutschsprachigen Raum gemacht. Später betreute er Banken, Dienstleistungs- und Produktions-Unternehmen. Man schätzt ihn als kompetenten FührungsPartner, der den umsetzbaren Praxisbezug immer in seinem Fokus behält.

Die engen Kontakte zu Vorständen, Geschäftsführern und Top-Führungskräften, mit denen ein intensiver und vertrauensvoller Austausch über wesentliche Details des Vertriebsaus- und -aufbaus besteht, führen dazu, dass er sein eigenes Know-how und seine Persönlichkeit beständig weiterentwickelt.

Alle Aktivitäten von Klaus Gunkel sind allein den verbesserten Ergebnissen verpflichtet. Mit Controlling- und Führungsinstrumenten engagiert er sich nachhaltig dafür, dass Entwicklungsprozesse weitergeführt werden, bis sich messbare Erfolge einstellen. Daher sieht er sich weniger als Sprecher und Motivator denn als „Mit-Anpacker", der weiß, welche Hebel bewegt werden müssen, um die Ergebnisse zu steigern.

In der Fachpresse wie auch als Co-Autor des Buches von Edgar K. Geffroy *Die Zukunft der Finanzdienstleistung* hat Klaus Gunkel mit seinen praxisnahen und umsetzbaren Artikeln auf sich aufmerksam gemacht.

gunkel consulting
Nachhaltige FührungsPartnerschaft

Wachstum beginnt im Kopf. Und im Herzen.

Erst wenn es dort verankert ist, kann es physische und wirtschaftliche Realität werden sowie Unternehmen, Teams und Führungspersönlichkeiten voranbringen. Das gilt besonders für vertriebs- und kundenorientierte Unternehmen.

Erfolg ist nie das Resultat eines Ego-Trips, sondern die Fähigkeit, mit Mitarbeitern und Kunden gemeinsam ein Wir-Team zu bilden.

gunkel consulting setzt auf Konzepte, die fünfundzwanzig Jahre Führungserfahrung mit erprobten Controllinginstrumenten kombinieren. Besonders im Vertrieb werden die Wirkungszusammenhänge der Führungsebenen harmonisiert – und nachhaltiges Wachstum wird geschaffen.

Die Kunden werden inspiriert, die Initiative zu ergreifen – und vor allem auch auf Dauer zu behalten. Deshalb bleibt gunkel consulting so lange in den Prozess der Optimierung integriert, bis die Erfolge messbar und greifbar sind.

Wir-Gefühl heißt bei gunkel consulting aber auch: Wir respektieren die gewachsene Identität und Persönlichkeit eines Unternehmens. Wir verstehen unsere Kunden als Partner und sehen uns selbst als Inspirator, der auf die wirklichen Bedürfnisse eingeht, anstatt eigene Konzepte durchsetzen zu wollen.

Es entsteht eine FührungsPartnerschaft, die nachhaltig und langfristig erfolgreich wirkt und gedeiht.

gunkel consulting
wir alle können mehr

luckpad, der Glücksnavigator ist ein Selbstmanagement-Instrument von gunkel consulting, um alle Lebensbereiche nachhaltig zu stärken. Es diszipliniert Erfolgstypen, sich beständig auf die Bereiche Berufung, Finanzen, Beziehung und Gesundheit zu besinnen. Täglich, wöchentlich – und nicht nur zu Beginn eines Jahres. Es wird zur guten Gewohnheit. www.luckpad.de

luckpad

Es liegt in Ihrer Hand. Zum Glück.